Android
开发入门与实战
（第二版）

eoe 移动开发者社区 组编　姚尚朗 靳岩 等 编著

人民邮电出版社

北京

图书在版编目（CIP）数据

Android开发入门与实战 / eoe移动开发者社区组编
. — 2版. — 北京：人民邮电出版社，2013.6
ISBN 978-7-115-31464-2

Ⅰ. ①A… Ⅱ. ①e… Ⅲ. ①移动终端－应用程序－程序设计 Ⅳ. ①TN929.53

中国版本图书馆CIP数据核字(2013)第065975号

内 容 提 要

本书遵循第一版的写作宗旨，通过本书的学习，让不懂Android开发的人系统地快速掌握Android开发的知识。

本书主要内容为：Android开发环境搭建、Android SDK介绍、Android应用程序结构剖析，并对Android中最重要的组件Activity、Intents&Intent Filters&Broadcast receivers、Intent、Service、Content Providers进行了详细的讲解；然后对线程&进程、数据存储、Widget、网络通信和XML解析、多设备适配、Android UI Design（设计规范）等核心技术和读者关心的流行技术结合实例进行了详细讲解；最后精选了6个真实的案例，如图书信息查询、eoe Wiki客户端、广告查查看看、手机信息小助手、土地浏览器、地图跟踪，让读者把各种技术贯穿起来，达到学以致用的目的。

书中内容的安排循序渐进、由浅到深，跟随本书的步调，一定可以学会Android开发。本书除了理论知识的介绍外，还加入很多实战经验技巧和实战案例剖析，让大家在学习的时候能理论结合实战，融会贯通，真正掌握Android的开发技术。

◆ 组　　编　eoe移动开发者社区
　编　　著　姚尚朗　靳岩　等
　责任编辑　张　涛
　责任印制　焦志炜

◆ 人民邮电出版社出版发行　北京市丰台区成寿寺路11号
　邮编　100164　电子邮件　315@ptpress.com.cn
　网址　http://www.ptpress.com.cn
　固安县铭成印刷有限公司印刷

◆ 开本：800×1000　1/16
　印张：24.75　　　　　　　2013年6月第2版
　字数：595千字　　　　　　2024年7月河北第19次印刷

定价：59.00元

读者服务热线：(010)81055410　印装质量热线：(010)81055316
反盗版热线：(010)81055315
广告经营许可证：京东市监广登字20170147号

前 言

谨以此书献给 Android 开发者社区里所有的朋友们！

时间很快，距本书第一版出版已经过去 3 年多时间，在这 3 年时间里，移动互联网发生了天翻地覆的变化。Android 从最初的移动互联网新秀成长为移动互联网霸主，不仅把 Symbian 拉下马，还把 iPhone（iOS）请下神坛，顺便又把 BlackBerry、WebOS 等逼上绝路，而 Android 继续攻城掠地巩固自己的霸主地位。

在这 3 年时间里，Android 开发技术也发生了很多变化，从 2009 年的 1.5 版 Android SDK 到现在的 Android SDK 4.x 版，引入了 NDK、NFC，规范了 UI 设计指南，发布针对平板电脑的版本，还有诸如无线充电等新的技术。而 Android 设备也由第一部 Android G1 发展到现在各种各样不少于 500 种的 Android 设备。

种种迹象表明，第一版的内容旧了，在出版社再三督促和读者的期待下，我们完成了本书的第二版，就是现在你拿在手中的这个版本。

本次更新相比本书的第一版来说，内容是完全重新写了一遍，几乎没有用第一版书稿的一段文字。我们重新策划、重新组织、重新编撰、重新审核。除了用最新的 SDK 重写了第一版中大家喜欢的内容外，我们在本版中加入开发进阶内容，也重新挑选了 6 个真实的应用开发案例。

我们会持续更新和完善这本书，努力做一本帮每一位 Android 开发者入门的标准教程，也非常乐意看到有越来越多的学校和培训机构采用本书作为其标准 Android 学习教材。

本书适合

本书适合所有对 Android 技术感兴趣的人，特别是还没有进行过 Android 系统学习的人，本书会循序渐进地为你揭开 Android 开发的神秘面纱，让你系统地学习 Android 开发知识。

本书也非常适合已经学习过 Android 开发但是知识不成体系的人，特别是被一些培训机构填鸭式教育出来的人，通过本书的学习，可以帮你梳理知识，学会 Android 开发。

本书也适合那些靠自学成长，但是知识点比较零散的人，通过本书的学习，让你从体系和结构上对 Android 有一个更清晰的认识，把自己之前学的知识点串起来而成为真正掌握 Android 开发的高手。

本书还特别适合学校或培训机构用来作为 Android 教学的标准教材，除了对理论知识的介绍外，书中的真实案例可以让读者更深刻地体验到企业的真实产品需求，让学习和实践联系得更加紧密。

本书不太适合那些已经俱备丰富理论和实战经验的开发者，本书不适合光说不练的开发者。

本书特色

本书遵循第一版的写作宗旨，通过本书的学习，让不懂 Android 开发的人系统地快速掌握 Android 开发的知识。书中内容的安排循序渐进、由浅到深，跟随本书的步调，一定可以学会 Android 开发。本书除了理论知识的介绍外，还加入很多实战经验技巧和实战案例剖析，让大家在学习的时候能理论结合实战，融会贯通，真正掌握 Android 开发技术和技巧。

本书内容

接下来，针对本书的内容组织和大家做个简短的说明。

第 1 章　Android 开发扫盲

本章主要给还不熟悉 Android 开发的读者做个扫盲，让大家对 Android 开发有一定的认知，了解整个 Android 行业和 Android 开发行业。

紧接着阐述了如何搭建标准的开发环境，认知 Android SDK 以及第一个 Hello EoE 程序，以下各章主要内容介绍如下。

第 2 章　Android 开发环境搭建

本章主要介绍了搭建 Android 开发环境需要的条件，诸如系统要求、SDK、IDE 等需求，然后分别介绍了在 Windows、Ubuntu 和 Mac OS 上搭建开发环境的过程和步骤。总体来看，本章简单且重要，好的开始是继续前进的动力。

第 3 章　Android SDK 介绍

本章主要介绍了 Android SDK 的相关内容，包括其文档解读、示例解读，以及相关 API 介绍，通过本章学习，可以比较清晰地把握 Android SDK 的全貌，熟悉其提供的相关示例，以及附带的工具使用。

第 4 章　Hello EoE

本章演示了如何创建第一个"Hello EoE"项目，通过这个项目我们了解到如何快速构建一个 Android 的项目工程，以及如何对 Android 的项目进行调试。

通过上面 3 章的内容介绍，大致了解了 Android 环境的搭建和 Android SDK，并通过一个真实的项目工程大致了解了 Android 项目结构。

第 5 章　Android 应用程序架构分析

本章主要对 Android 系统的体系架构进行了简单的分析，让大家能够基本了解 Android 系统的构成。

第 6 章　Activity

本章主要对 Android 中最重要的组件之一 Activity 进行了基本的讲解。在本章的最开始就已经说明了 Activity 对整个应用程序的重要性。所以，学好 Activity 可以说是开发 Android 应用程序必备基础技能之一，尤其是对 Activity 的生命周期及基本状态的了解也是非常重要的。

第 7 章　Intents&Intent Filters&Broadcast Receivers

本章为大家讲解了 Android 的灵魂 Intent，程序的跳转和数据的传递基本上都是靠它，另外，也讲解了 Intent-Filter 和 BroadcastReceiver 等基础概念。最后的小实例结合了 Intent-Filter、BroadcastReceiver 及 Notification 等知识点。

第 8 章　Service

本章主要讲了什么是 Service，以及 Service 的两种形式和生命周期的基本理论知识，之后又结合一个小实例对 IntentService 和 Service 类进行了比较，知道使用 IntentService 来创建启动形式 Service 更为合适。用关于绑定形式 Service 实例，进一步演示了如何绑定一个 Service 并与之通信交互 。

第 9 章　Content Providers

本章主要介绍了 ContentProvider 及 ContentResolver 的基本概念，并通过两个小实例演示了如何调用系统提供的数据，以及如何通过 ContentResolver 调用自定义的 ContentProvider。

第 10 章　用户界面

本章是分量比较重的章节，介绍了用户界面常用的一些布局和控件，并用实际代码演示了基本用法。重点介绍了最常用的线性布局（Linear Layout）和相对布局（Relative Layout），演示了基本写法和展示了示例图。此外，还介绍了 Listview、输入控件（Input Controls）、菜单（Menu）、活动栏（Action Bar）和通知（Notification）的用法。

第 11 章　线程&进程

在本章学习中，首先介绍了 Android 系统里线程、进程的基本概念，然后通过一个应用程序的运行过程，讲解了应用运行过程中进程、线程及各类组件的关系。

第 12 章　信息百宝箱——全面数据存储

在本章中，读者可以学习到 SharedPreferances、流文件存储、面向对象的数据库的使用方法和 SQLite 数据库的使用方法，并且通过一个记事本的实例，完整地展示了 SQLite 数据库的增、删、改、查的操作方法。

第 13 章　Widget

本章主要学习了 Android 中 Widget 的基本概念、Widget 的生命周期、如何设计出更好的 Widget，并且和大家一起学习了一个 eoeWiki 的实例来加深对 Widget 整体的理解。

上面第 5～13 章这 9 章的内容构成了对 Android 主要知识点的阐述，熟练掌握这些内容后，再加以练习和实战就可以进行一般 Android 应用的开发。

第 14 章　网络通信和 XML 解析

本章主要介绍了 Android 应用开发中最常见的网络通信的处理，以及网络传输的 XML 数据的解析方式，让大家以后在和网络打交道的时候更游刃有余。

第 15 章　灵活的应用

本章首先介绍了 Android 中常见的自定义组件的方法，然后介绍了一些关于片断布局的技巧，最后介绍了画布的技巧。希望通过本章的引导式学习让大家能在自己实际的工作中创建更加灵活的应用。

第 16 章　多设备适配

本章对 Android 应用中大家最关心的多屏幕、多语言、多版本问题进行了介绍，希望大家通过本章的学习能开发出适配性很好的应用。

第 17 章　开发好应用

本章简单介绍了如何开发好应用，用"如何更省电"这个最常见的话题来阐述开发思路，最后还介绍了一些需要特定硬件（如 NFC）支持的功能是如何开发的。希望通过本章的学习，让大家能继续深入研究 Android 技术。

第 18 章　Android UI 设计规范

本章首先介绍了 Android UI 的设计规范，进而告诉大家 Android 中应该努力遵守的 UI 设计原则，最后通过 3 个典型例子介绍了 Android 中的 UI 设计规范的实战技巧。

上面第 14～18 章这 5 章的内容主要是为了打开大家的思路，让自己能修炼进阶。而接下来的是本书的实战部分，精选 6 个真实的案例和大家分享，分别介绍如下。

第 19 章　综合案例一——图书信息查询

通过本章的学习，可以了解到 RelativeLayout 的布局细节，如何通过 Intent

启动第三方应用，如何通过 Intent 传递对象，如何从网络下载数据，如何使用豆瓣图书 API，如何解析 JSON 等。

第 20 章　综合案例二——eoe Wiki 客户端

本章以 eoe Wiki 客户端应用为例，以整个软件开发流程为讲解主线，为大家讲述了软件开发各个阶段我们需要做的事情及注意事项，并重点分析了 eoe Wiki 客户端中的功能模块：滑块特效、网络交互、JSON 解析、数据与缓存等。通过本章的学习，我们应该对整个软件开发的流程及每个阶段有一个清楚的了解，并且对网络社交应用有一定的经验积累，可以顺利地进行其他类似社交应用的开发。

第 21 章　综合案例三——广告查查看看

本章实例是个很时髦的话题，主要讲解如何对加入了广告的应用进行检测分析，并选择性删除。其中也涉及一些基础的小知识，如各大广告平台预览、解析 XML 文件等。

第 22 章　综合案例四——手机信息查看小助手

本章以一个手机信息查看助手的应用分析为起点，讲述了如何获取和查看手机设备自身的一些信息，例如，系统信息、硬件配置信息、软件安装情况，以及一些运行时的信息。通过本章的学习，相信能使读者在硬件操作方面积累一定的经验，可以顺利地进入手机硬件相关的应用开发。

第 23 章　综合案例五——土地浏览器实例

在土地浏览器开发这一章中，首先讲到了为什么要开发浏览器，开发浏览器的意义。然后，一一列举了土地浏览器中的各项功能。接下来，根据列举的各项功能，分别详细讲解了各项功能的实现过程。

第 24 章　综合案例六——地图跟踪

本章我们以一个百度地图的示例程序，学习通过百度地图 SDK 开发手机地图应用程序的过程，并讲解了百度地图 SDK 中主要功能 API 的用法。

如何阅读

本书建议的阅读方式是按顺序阅读，并且要仔细阅读，通过前面的理论学习后，一定要对书中的案例进行理解、思考和实践，并动手修改案例添加一些新的功能。

读完一遍后，建议将本书放在比较显眼的地方，在实际工作中遇到难题的时候有针对性地翻阅，希望你的每次阅读都会有新的收获。

读者交流专区

作为本书的内容答疑和技术支持，我们在 eoeAndroid 开发者社区为本书创建了专门的讨论区，如果你对书中内容有不是很理解的地方，都可以来这里提出，我们一定会认真解答。另外，我们还会在这里就书中的问题展开拓展讨论、错误修订和源程序下载等。

讨论专区及源程序下载网址：http://www.eoeandroid.com/group-35-1.html。

友情提醒

Android 还是一个新兴的平台，其截止到我们完稿，都还处在高速发展过程中，版本更新和使用方法都会或多或少发生变化，我们力求撰写的内容能跟上最新的版本，但是上市之后，如果再有新版本发布，我们会及时将需要修改或者完善的内容，包括源程序在"读者交流专区"发放出来，记住最新的源程序或者新版变化到社区中获取。

支持网站和社区：

http://www.eoeandroid.com；

http://www.eoe.cn。

目 录

第1章 掀起你的盖头来——Android 开发扫盲 ············· 1
1.1 Android 行业概述 ············· 1
1.1.1 Android 缘起 ············· 1
1.1.2 Android 市场发展轨迹 ············· 2
1.1.3 Android SDK 发布里程碑 ············· 5
1.2 Android 开发概述 ············· 7
1.2.1 Android 开发生态链 ············· 7
1.2.2 Android 国内开发者现况 ············· 8
1.3 Android 开发资源 ············· 9
1.3.1 Android 开发线上社区 ············· 9
1.3.2 Android 学习资料 ············· 11
1.3.3 Android 开发线下活动 ············· 12
1.4 本章小结 ············· 13

第2章 工欲善其事必先利其器——搭建环境 Android ············· 14
2.1 开发 Android 应用前的准备 ············· 14
2.1.1 操作系统要求 ············· 14
2.1.2 Android 软件开发包 ············· 14
2.2 Windows 开发环境搭建 ············· 14
2.2.1 安装 JDK ············· 14
2.2.2 安装 Eclipse ············· 16
2.2.3 安装 Android SDK ············· 18
2.2.4 安装 ADT ············· 20
2.2.5 真实体验——创建 Android 虚拟设备（AVD）············· 22
2.3 Linux 一族——Ubuntu 开发环境搭建 ············· 23
2.3.1 安装 JDK ············· 23
2.3.2 安装 Eclipse ············· 25
2.3.3 安装 Android SDK ············· 27
2.3.4 安装 ADT ············· 29
2.3.5 创建 Android 虚拟设备（AVD）············· 31
2.4 Mac OS 一族——苹果开发环境搭建 ············· 33
2.5 本章小结 ············· 33

第3章 清点可用的资本——Android SDK 介绍 ············· 34
3.1 Android SDK 概要 ············· 34
3.2 深入探索 Android SDK 的密秘 ············· 34

3.2.1　Android SDK 的目录结构 ·············· 34
　　3.2.2　android.jar 及其内部结构 ·············· 35
　　3.2.3　SDK 文档及阅读技巧 ·················· 35
　　3.2.4　先来热身——Android SDK 例子解析 ·············· 37
　　3.2.5　SDK 提供的工具介绍 ·················· 40
3.3　Android 典型包分析 ·············· 42
　　3.3.1　开发基石——Android API 核心开发包介绍 ·············· 42
　　3.3.2　拓展开发外延——Android 可选 API 介绍 ·············· 43
3.4　本章小结 ·············· 43

第 4 章　千里之行始于足下——Hello EoE ·············· 44
4.1　Hello EoE 应用分析 ·············· 44
　　4.1.1　新建一个 Android 项目 ·············· 44
　　4.1.2　Android 项目目录结构 ·············· 46
　　4.1.3　运行项目 ·············· 46
4.2　调试项目 ·············· 47
　　4.2.1　设置断点 ·············· 48
　　4.2.2　Debug 项目 ·············· 48
　　4.2.3　断点调试 ·············· 49
4.3　本章小结 ·············· 49

第 5 章　良好的学习开端——Android 应用程序架构分析 ·············· 50
5.1　Android 系统架构 ·············· 50
　　5.1.1　Applications（应用程序层）·············· 51
　　5.1.2　Application Framework（应用程序框架层）·············· 51
　　5.1.3　Libraries Android Runtime（库以及 Android 运行环境）··· 52
　　5.1.4　Linux Kernel（Linux 内核）·············· 52
5.2　Android 应用程序工程结构分析 ·············· 53
　　5.2.1　应用程序工程结构组成分析 ·············· 53
　　5.2.2　AndroidMainfest 文件分析 ·············· 54
5.3　本章小结 ·············· 56

第 6 章　Android 的核心——Activity ·············· 57
6.1　什么是 Activity ·············· 57
6.2　Activity 的生命周期 ·············· 57
6.3　Activity 的监控范围内的三个主要循环 ·············· 59

6.4	Activity 拥有四个基本的状态	60
6.5	Task、栈以及加载模式	60
6.6	配置改变	63
6.7	如何保存和恢复 Activity 状态	63
6.8	启动 Activity 并得到结果	64
6.9	Activity 小实例	65
6.10	本章小结	71

第 7 章 我来"广播"你的意图——Intent & Intent Filters & Broadcast Receivers ... 72

7.1	什么是 Intent	72
7.2	Intent 结构	72
7.3	Intent 的两种类型	74
	7.3.1　显式 Intent	74
	7.3.2　隐式 Intent	74
7.4	什么是 Intent Filter	74
7.5	什么是 Broadcast Receiver	75
7.6	如何创建 BroadcastReceiver	75
7.7	BroadcastReceiver 生命周期	76
7.8	广播类型	76
7.9	Intent&BroadcastReceiver	76
7.10	本章小结	80

第 8 章 一切为用户服务——Service ... 81

8.1	什么是 Service	81
8.2	Service 的两种形式	81
8.3	如何创建 Service	82
	8.3.1　创建启动形式 Service	82
	8.3.2　创建绑定形式 Service	83
8.4	Service 的生命周期	84
8.5	Service 小实例	85
	8.5.1　启动形式 Service	85
	8.5.2　绑定形式 Service	89
8.6	本章小结	93

第 9 章 提供数据的引擎——Content Providers ... 94
9.1 什么是 ContentProviders ... 94
9.2 什么是 ContentResolver ... 94
9.3 如何调用系统的 ContentProvider ... 95
9.4 如何使用 ContentResolver 访问自定义 ContentProvider ... 96
9.5 本章小结 ... 101

第 10 章 我的美丽我做主——用户界面（User Interface） ... 102
10.1 布局- Layout ... 102
10.1.1 线性布局—Linear Layout ... 103
10.1.2 相对布局—Relative Layout ... 105
10.2 列表视图 ... 107
10.2.1 列视图-Listview ... 107
10.2.2 表视图-GridView ... 110
10.3 输入控件—Input Controls ... 113
10.3.1 基本输入控件 ... 113
10.3.2 对话框控件—Dialog ... 121
10.4 菜单—Menu ... 125
10.5 活动栏—Action Bar ... 129
10.6 通知—Notifications ... 132
10.7 本章小结 ... 134

第 11 章 循序渐进——线程&进程 ... 135
11.1 线程（Thread）&进程（Process）概念 ... 135
11.2 线程、进程与 Android 系统组件的关系 ... 135
11.3 实现多线程的方式 ... 138
11.3.1 Thread ... 139
11.3.2 AsyncTask ... 140
11.4 本章小结 ... 141

第 12 章 信息百宝箱——全面数据存储 ... 142
12.1 SharedPreferences（分享爱好） ... 142
12.1.1 相识 SharedPreferences ... 142
12.1.2 保存数据 ... 144
12.1.3 删除数据 ... 146

12.1.4　修改数据 147
　　　12.1.5　查询数据 148
　　　12.1.6　监听数据变化 148
　12.2　流文件存储 149
　　　12.2.1　基本方法简介 149
　　　12.2.2　存储流程图 150
　　　12.2.3　数据保存和查询的实例 150
　12.3　实战 db4o 数据库 153
　12.4　SQLite 数据库 157
　　　12.4.1　什么是 SQLite 数据库 157
　　　12.4.2　Android 中的 SQLite 157
　　　12.4.3　SQLiteOpenHelper 157
　　　12.4.4　创建或打开数据库 158
　　　12.4.5　关闭数据库 158
　　　12.4.6　创建数据表 159
　　　12.4.7　删除数据表 159
　　　12.4.8　增加数据 159
　　　12.4.9　查询数据 160
　　　12.4.10　修改数据 160
　　　12.4.11　删除数据 161
　　　12.4.12　事务 161
　　　12.4.13　SQLite 可视化管理工具 161
　　　12.4.14　图片的保存和查询 163
　12.5　记事本实例 166
　　　12.5.1　创建主界面 167
　　　12.5.2　添加内容界面的创建 168
　　　12.5.3　保存数据 169
　　　12.5.4　以列表的形式查询数据 170
　　　12.5.5　选项的菜单 171
　　　12.5.6　"查看"选项的事件 172
　　　12.5.7　"修改"选项的事件 172
　　　12.5.8　"删除"选项的事件 173
　12.6　本章小结 174

第 13 章　不积跬步无以至千里——Widget 175
　13.1　认识 Widget 175
　13.2　使用 Widget 176

13.3 Widget 生命周期 ·········· 180
13.4 Widget 设计向导 ·········· 182
   13.4.1 添加配置页面 ·········· 182
   13.4.2 Widget 设计向导 ·········· 186
13.5 Widget 实例——eoeWikiRecent Widget ·········· 188
13.6 本章小结 ·········· 197

第 14 章 更上一层楼——网络通信和 XML 解析 ·········· 198

14.1 Android 网络通信基础 ·········· 198
   14.1.1 Apache 网络接口 ·········· 199
   14.1.2 标准 Java 网络接口 ·········· 199
   14.1.3 Android 网络接口 ·········· 199
14.2 基于 HTTP 协议的网络通信 ·········· 199
   14.2.1 HTTP 介绍 ·········· 199
   14.2.2 使用 Apache 接口 ·········· 200
   14.2.3 使用标准 Java 接口 ·········· 202
   14.2.4 总结 ·········· 203
14.3 基于 Socket 的网络通信 ·········· 203
   14.3.1 Socket 介绍 ·········· 204
   14.3.2 Android Socket 编程 ·········· 205
14.4 XML 解析技术介绍 ·········· 206
   14.4.1 DOM 方式 ·········· 207
   14.4.2 SAX 方式 ·········· 208
   14.4.3 PULL 方式 ·········· 210
14.5 本章小结 ·········· 212

第 15 章 灵活的应用 ·········· 213

15.1 Android 自定义 UI 控件 ·········· 213
   15.1.1 Android UI 结构 ·········· 213
   15.1.2 Android 绘制 View 的原理 ·········· 214
   15.1.3 Android 自定义控件分析 ·········· 215
   15.1.4 Android 自定义控件小结 ·········· 216
15.2 片段（Fragment）布局 ·········· 217
   15.2.1 Fragment 简介 ·········· 217
   15.2.2 Fragment 设计理念 ·········· 217
   15.2.3 创建一个 Fragment ·········· 218

- 15.2.4 添加用户界面 219
- 15.2.5 向活动中添加一个片段 220
- 15.2.6 添加没有 UI 的片段 220
- 15.2.7 管理片段 221
- 15.2.8 执行片段事务（Fragment Transaction） 221
- 15.2.9 和活动进行通信 222
- 15.2.10 小结 222
- 15.3 画布和画笔 222
  - 15.3.1 画布简介 222
  - 15.3.2 画笔简介 223
  - 15.3.3 例子 224
- 15.4 本章小结 224

第 16 章 万变不离其宗——多设备适配 225
- 16.1 多屏幕适配 225
  - 16.1.1 屏幕适配概述 225
  - 16.1.2 屏幕的分类 226
  - 16.1.3 如何支持多屏幕 227
  - 16.1.4 从项目中怎么适配多屏幕 228
- 16.2 多语言处理 230
  - 16.2.1 多语言处理概述 230
  - 16.2.2 多语言在程序中的实现 230
- 16.3 多版本处理 231
  - 16.3.1 支持不同的版本 231
  - 16.3.2 设备运行时检查系统的版本 231

第 17 章 开发好应用——省电、布局、快速响应、NFC、Android bean 等好玩的应用 233
- 17.1 开发省电的应用 233
  - 17.1.1 数据传输时避免浪费电量 233
  - 17.1.2 电池续航时间优化 237
- 17.2 近距离无线通信——NFC 238
  - 17.2.1 近距离无线通信——NFC 概述 238
  - 17.2.2 近距离无线通信——NFC 基础 238
  - 17.2.3 Android 对 NFC 的支持 239
  - 17.2.4 Android 应用中实现 NFC 241
- 17.3 本章小结 242

第 18 章 没有规矩不成方圆——Android UI 设计规范 ... 243
- 18.1 UI 设计概述 ... 243
  - 18.1.1 Android UI 设计概述 ... 243
  - 18.1.2 自成体系的风格设计 ... 244
- 18.2 UI 设计原则（Design Principles）... 246
  - 18.2.1 让我着迷—Enchant Me ... 247
  - 18.2.2 简化我的生活—Simplify My Life ... 248
  - 18.2.3 让我感到惊奇—Make Me Amazing ... 250
- 18.3 UI 设计规范 ... 252
  - 18.3.1 应用结构规范 ... 252
  - 18.3.2 导航规范 ... 253
  - 18.3.3 通知规范 ... 255
- 18.4 本章小结 ... 257

第 19 章 综合案例一——图书信息查询 ... 258
- 19.1 项目介绍 ... 258
- 19.2 ZXing ... 259
  - 19.2.1 ZXing 介绍 ... 259
  - 19.2.2 ZXing 调用流程 ... 259
- 19.3 豆瓣图书 API ... 259
  - 19.3.1 豆瓣图书 API 介绍 ... 259
  - 19.3.2 豆瓣图书 API 调用流程 ... 259
- 19.4 项目效果图 ... 260
- 19.5 项目编码 ... 262
  - 19.5.1 实体类 ... 263
  - 19.5.2 欢迎界面 ... 266
  - 19.5.3 数据下载 ... 269
  - 19.5.4 数据解析 ... 271
  - 19.5.5 信息显示界面 ... 273
- 19.6 本章小结 ... 276

第 20 章 综合案例二——eoe Wiki 客户端 ... 277
- 20.1 背景与简介 ... 277
  - 20.1.1 eoe Wiki 网站 ... 277
  - 20.1.2 eoe Wiki 客户端 ... 277
- 20.2 项目设计 ... 278

		20.2.1 原型图设计	278
		20.2.2 流程图设计	279
	20.3	功能模块	280
		20.3.1 项目目录结构	281
		20.3.2 滑块特效	282
		20.3.3 网络交互	290
		20.3.4 JSON数据解析	295
		20.3.5 数据库与缓存	299
	20.4	最终演示	307
	20.5	本章小结	309

第21章 综合案例三——广告查查看看 310
21.1 产品开发背景 310
21.2 产品功能简介 311
21.3 本章小结 314

第22章 综合案例四——手机信息小助手 315
22.1 背景与简介 315
    22.1.1 应用背景与简介 315
    22.1.2 手机信息小助手功能规划 315
22.2 手机信息小助手编码实现 316
    22.2.1 手机信息小助手主界面 316
    22.2.2 系统信息 320
    22.2.3 硬件信息 325
    22.2.4 软件信息 329
    22.2.5 运行时信息 331
    22.2.6 文件浏览器 334
22.3 项目细节完善 337
22.4 手机信息小助手功能展望 338
22.5 本章小结 338

第23章 综合案例五——"土地浏览器"实例 339
23.1 土地浏览器简介 339
    23.1.1 为什么要开发土地浏览器 339
    23.1.2 土地浏览器的基本功能 340
23.2 土地浏览器的设计 340

23.3 土地浏览器的开发过程 ·············· 341
　　23.3.1 启动界面的开发 ················ 341
　　23.3.2 网址输入栏的设计 ·············· 344
　　23.3.3 网址输入栏的触屏弹出和收缩 ····· 346
　　23.3.4 网址的获取 ··················· 347
　　23.3.5 如何在本程序中打开浏览器 ······· 349
　　23.3.6 网站标题的获取 ················ 349
　　23.3.7 网站图标的获取 ················ 349
　　23.3.8 网站打开进度的获得 ············ 350
　　23.3.9 网页网址的获得 ················ 350
　　23.3.10 网页的触屏滑动翻页 ··········· 350
　　23.3.11 网页缩放 ···················· 351
　　23.3.12 书签和历史记录 ··············· 351
　　23.3.13 底部菜单 ···················· 355
　　23.3.14 关于设置 ···················· 356
　　23.3.15 皮肤 ······················· 358
　　23.3.16 壁纸设置 ···················· 359
　　23.3.17 主页设置 ···················· 359
　　23.3.18 JavaScript 设置 ·············· 360
　　23.3.19 缓存设置 ···················· 361
　　23.3.20 缓存删除 ···················· 361
　　23.3.21 其他 ······················· 362
23.4 本章小结 ······················· 362

第24章 综合案例六——地图跟踪 ········· 363
24.1 百度地图示例应用分析 ············· 363
　　24.1.1 百度地图 SDK 开发准备 ········· 363
　　24.1.2 百度地图示例程序讲解 ········· 364
24.2 本章小结 ······················· 374

后记 ································ 375

第 1 章 掀起你的盖头来
——Android 开发扫盲

从本章你可以学到：

Android 行业概述 □
Android 开发概述 □
Android 开发资源 □

1.1 Android 行业概述

1.1.1 Android 缘起

让我们先从 Android 系统的历史说起，首先我们就要说说 Android 这个名字的来历。Android 这个词最先出现在法国作家维里耶德利尔·亚当于 1886 年发布的科幻小说《L'Eve Future》中，中文翻译为《未来夏娃》，又称《未来的夏娃》。在《未来夏娃》中，作者将外表像人类的机器起名为"Android"（安德罗丁），这也就是 Android 名字的由来。它由 4 部分组成，分别如下：

（1）生命系统（平衡、步行、发声、身体摆动、感觉、表情、调节运动等）；
（2）造型解质（一种盔甲，关节能自由运动的金属覆盖体）；
（3）人造肌肉（在上述盔甲上有肌肉、静脉、性别特征等人的身体的基本形态）；
（4）人造皮肤（含有肤色、机理、轮廓、头发、视觉、牙齿、手爪等）。

知道了 Android 名字的来历后，我们再来看一下 Android 系统的来历。说到 Android 就必须要提到的一个人就说安迪·鲁宾（Andy Rubin），Andy Rubin 创立了两个手机操作系统公司，分别是 Danger 和 Android。

Danger 在 2008 年以 5 亿美元卖给 Microsoft。Microsoft 依靠收购 Danger 的团队启动了 Kin 的研发计划 "ProjectPink"，用了两年时间研发，2010 年 4 月 12 日，Microsoft 发布 KinOne 和 KinTwo 两款 Kin 机器，2010 年 5 月 6 日上线，并于 2010 年 5 月 13 日由 Verizon Wireless 开始销售。但仅仅上市 48 天，2010 年 6 月 30 日微软已经决定不再推广 Kin 品牌手机，并且终止 Kin 手机的欧洲沃达丰发布计划，将 Kin 的团队并入到 Windows Phone 7 团队。

Android 于 2005 年以 4 千万美元卖给了 Google，也就是本书将要介绍已经席卷全球的 Android 手机操作系统。这也就是说 Android 系统一开始并不是由 Google 研发出来了。Google 在 2005 年收购了这个仅成立 22 月的高科技企业后，Android 系统也开始由 Google 接手研发，Android 系统的负责人以及 Android 公司的 CEO 安迪·鲁宾（Andy Rubin）成为谷歌公司的工程部副总裁，继续负责 Android 项目的研发工作。

经过两年时间的研发，在 2007 年 11 月 5 日，Google 正式向外界展示了这款名为 Android 基于 Linux 平台的开源移动操作系统平台，并且在当天 Google 宣布与 34 家手机制造商、软件开发商、电信运营商以及芯片制造商组成开放手持设备联盟（Open Handset Alliance）。这一联盟将共同研发 Android 系统以及应用软件，共同开发 Android 系统的开放源代码，并生产 Android 系统的智能手机。

▲图 1-1　Andy Rubin

当天，发布了第一个面向开发者的软件开发包（SDK）Android 1.0 beta，Android 平台由操作系统、中间件、用户界面和应用软件组成，号称是首个为移动终端打造的真正开放和完整的移动软件平台。

至此，Android 进入大家的视野，成为大家重点关注的对象，也开始了移动互联网的伟大征程。

1.1.2　Android 市场发展轨迹

苹果公司（Apple, Inc.）在 2007 年 1 月 9 日举行的 Macworld 宣布推出 iPhone，iPhone 于 2007 年 6 月 29 日在美国上市，开启了智能手机的革命，并且很快获得了消费者的青睐。但 Android 平台正以一个更快的速度蔓延世界。从第一台 Android 设备 T-Mobile G1（Dream）于 2008 年 10 月 22 日在美国上市以来，在不到 4 年的短短时间里，Android 成长为移动操作系统的霸主。截至 2012 年第二季度豪取全球 52.6% 的市场份额，较 7 月多了 0.4%，与同年 5 月相比有 1.7% 的成长，如图 1-2 所示。

Top Smartphone Platforms 3 Month Avg. Ending Aug. 2012 vs. 3 Month Avg. Ending May 2012 Total U.S. Smartphone Subscribers Ages 13+ Source: comScore MobiLens			
	Share (%) of Smartphone Subscribers		
	May-12	Aug-12	Point Change
Total Smartphone Subscribers	100.0%	100.0%	N/A
Google	50.9%	52.6%	1.7
Apple	31.9%	34.3%	2.4
RIM	11.4%	8.3%	-3.1
Microsoft	4.0%	3.6%	-0.4
Symbian	1.1%	0.7%	-0.4

▲图 1-2　Android 2012 年 Q2 占有率达 52.6%

其中从 2012 年第二季度来看，国际数据公司 IDC 发布的一项最新报告数据显示，2012 年第二季度大约有 1.54 亿部智能手机出货。其中，Android 和 iOS 占所有智能手机系统的 85%。而 BlackBerry 和 Symbian 所占的份额都下降到 5% 以下，如图 1-3 所示。

第 1 章 掀起你的盖头来——Android 开发扫盲

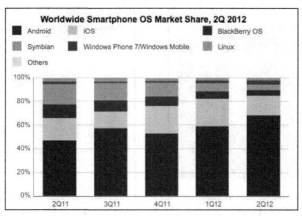

▲图 1-3 2012 年 2Q 全球智能机市场占有率比例图

仔细看下具体的数据，如图 1-4 所示。

Top Smartphone Operating Systems, Shipments, and Market Share, Q2 2012 (Units in Millions)					
Operating System	Q2 2012 Shipments	Q2 2012 Market Share	Q2 2011 Shipments	Q2 2011 Market Share	Shipment Growth (YoY)
Android	104.8	68.1%	50.8	46.9%	106.5%
iOS	26.0	16.9%	20.4	18.8%	27.5%
BlackBerry OS	7.4	4.8%	12.5	11.5%	-40.9%
Symbian	6.8	4.4%	18.3	16.9%	-62.9%
Windows Phone 7 / Windows Mobile	5.4	3.5%	2.5	2.3%	115.3%
Linux	3.5	2.3%	3.3	3.0%	6.3%
Others	0.1	0.1%	0.6	0.5%	-80.0%
Grand Total	154.0	100.0%	108.3	100.0%	42.2%

▲图 1-4 2012 年 2Q 全球智能机详细数据

从图 1-4 所示中可以看到，在 2012 年第二季度：

- Android 的市场份额占有率为 68.1%，比去年同期增长超过 15%。
- iOS 的市场份额占有率为 16.9%，而去年同期达到 23%，下降了 6.1%。
- BlackBerry 占据第三的位置，但是所占份额只有 4.8%，而去年同期达到了 11.5%。BlackBerry 的所占份额创下了 2009 年以来的最低纪录。RIM 在第二季度的手机出货量只有 740 万部。
- Windows Phone 以及 Windows 系统的占有率达到 3.5%，比去年同期的 2.3%上升了 1.2%。
- Symbian 则由去年同期的 16.9%下降到现在的 4.4%。

大家可能在惊叹，Android 疯狂蔓延全球是如何做到的。在 2012 年的世界移动大会上，Accenture（埃森哲）的分析师 Lars Kamp 分享了一份非常有参考价值的研究报告，揭示了移动世界的未来趋势，同时也充分展示了 Android 发展的强劲势头，我们一起来看一下。

首先，世界人口在 2007～2012 年这 5 年里增长了 6%，而移动用户增幅超过了 4 倍，如图 1-5 所示。

Android 设备每天的激活量仍然快速增长，如图 1-6 所示。

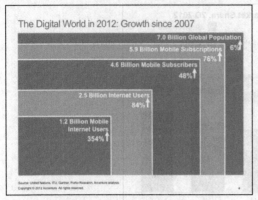

▲图 1-5 移动用户增长图

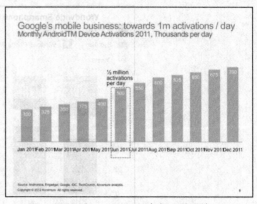

▲图 1-6 Android 设备每日激活数

从图 1-6 所示中可以看到，Android 设备在 2011 年底每天激活的 Android 设备数已经接近 100 万部。据最新消息（笔者写作的时候），在 2012 年 10 月，每天激活的 Android 设备数已经达到 150 万部。Android 设备型号也从最初的 HTC 一家硬件厂商逐渐成为各个硬件厂商的新宠，各种型号的 Android 设备层出不穷，如图 1-7 所示。

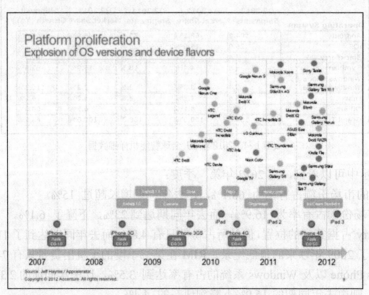

▲图 1-7 Android 设备型号

在整个移动操作系统的对决中，Android 从 2009 年起开始飙升，并于 2010 年超过 iOS，并很快超越 RIM 一举成为份额最大的操作系统，如图 1-8 所示。

在图 1-8 所示中可以看到，伴随 Android 的迅速崛起，RIM、Windows Phone 和塞班成为最大的输家，特别是 RIM，直接从 50%的市场占用率跌到不足 10%的份额，塞班系统目前只有 0.8%的市场份额。

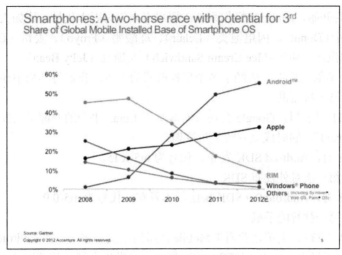

▲图 1-8　移动设备增长趋势

目前在手机市场上，随着 Android 平台的发展以及不断完善，越来越多的手机厂商开始选择 Android 系统作为其主要发展方向。自 2008 年 9 月 Android 系统的第一个版本发布至今，Android 系统在手机市场大放异彩，已经占据市场份额第一的位置许久。IDC 高级研究员 Kevin Restivo 表示现在全球的手机用户很多还在使用功能手机，因此智能手机系统的市场份额之战远未结束，一些手机系统的竞争者依旧有增长的空间。

随着 iOS 新版本的不断推出，以及 Microsoft 已经推出的 Windows Phone 系统的不断完善，再加上 RIM 即将推出的全新操作系统 BlackBerry 10 做最后一搏，手机智能系统的竞争越加激烈。但就目前来说，Android 手机的统治地位还是无法改变的，而我们要做的，就是在这个时候，果断加入 Android 开发者阵营。

1.1.3　Android SDK 发布里程碑

Android SDK 最早对外发布的一个版本开始于 2007 年 11 月的 Android 1.0 beta，至今为止已经更新到 Android 4.x 版本。这些更新版本都在前一个版本的基础上修复了 bug 并且添加了前一个版本所没有的新功能。

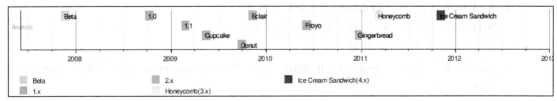

▲图 1-9　Android SDK 发布

如图 1-9 所示，Android SDK 采取大写字母表顺序来命名代号的习惯，最开始两个不太为人知晓的预发布的内部版本分别是铁臂阿童木（Astro）和发条机器人（Bender）。真正被大家广泛接受的是从 2009 年 4 月开始，Android 操作系统改用甜点来作为版本代号，比如大家熟知的纸杯蛋糕（Cupcake）、甜甜圈（Donut）、闪电泡芙（Éclair）、冻酸奶（Froyo）、姜饼（Gingerbread）、蜂巢（Honeycomb）、冰淇淋三明治（Ice Cream Sandwich）及糖豆（Jelly Bean）。

在整个 SDK 更新的历程中，历经了多个里程碑式的大事，我们将其列举如下。

- 里程碑 1：第一次面世
  - 2007 年 11 月 5 日，Google 公司宣布其基于 Linux 平台的开源手机操作系统的项目代号为"Android"，同时成立开放手机联盟。
  - 2008 年 3 月，Android SDK 发布，代号为 m5-rc15。
- 里程碑 2：第一次对外发布 SDK
  - 2008 年 8 月，Android 0.9 SDK beta 版本发布，代号为 m5-0.9。
- 里程碑 3：第一款智能手机
  - 2008 年 9 月 23 日，美国运营商 T-Mobile 在纽约正式发布第一款 Android 手机——T-Mobile G1。该款手机由宏达电（HTC）代工制造，是世界上第一部使用 Android 操作系统的手机，支持 WCDMA 网络，并支持 Wi-Fi。当天，Android 1.0 SDK 发布。
  - 2009 年 2 月 2 日，Android 1.1 SDK 发布。
  - 2009 年 4 月 30 日，Android 1.5 SDK 发布，代号为 Cupcake，该版本基于 Linux2.6.27 内核。
- 里程碑 4：加入 NDK 支持
  - 2009 年 9 月 15 日，Android 1.6 SDK 发布，代号为 Donut，该版本基于 Linux2.6.29 内核。
  - 2009 年 10 月 26 日，Android 2.0 SDK 发布，代号为 Eclair。
  - 2009 年 12 月 3 日，Android2.0.1 SDK 发布。
  - 2010 年 1 月 12 日，Android2.1 SDK 发布，同时 Google 在美国加利福尼亚州山景城（Mountain View）总部的 Android 发布会上，正式发布自有品牌手机 Nexus One，该机正是采用 Android 2.1 操作系统。
  - 2010 年 5 月 20 日，Android 2.2 SDK 发布，代号为 Froyo，该版本基于 Linux2.6.32 内核。
  - 2011 年 1 月 18 日，Android 2.2.1 SDK 发布。
  - 2011 年 1 月 22 日，Android 2.2.2 SDK 发布。
  - 2010 年 12 月 6 日，Android 2.3 SDK 发布，代号 Gingerbread，基于 Linux2.6.35 内核。
  - 2011 年 2 月 9 日，Android 2.3.3 更新包发布。
  - 2011 年 7 月 25 日，Android 2.3.5 更新包发布。
  - 2011 年 9 月 2 日，Android 2.3.6 更新包发布。
- 里程碑 5：开始支持平板电脑
  - 2011 年 2 月 22 日，Android 3.0 SDK 发布，代号 Honeycomb，该版本基于 Linux2.6.36 内核。
  - 2011 年 5 月 10 日，Android 3.1 SDK 正式发布。
  - 2011 年 7 月 15 日，Android 3.2 SDK 正式发布。
  - 2011 年 9 月 20 日，Android 3.2.1 SDK 发布。
  - 2011 年 8 月 30 日，Android 3.2.2 SDK 发布。

- 里程碑 6：手机版和平板电脑版本合并
  - 2011 年 10 月 19 日，Android 4.0 发布，代号 Ice Cream Sandwich，同日发布搭载 Andorid 4.0 的 Galaxy Nexus 智能手机。
  - 2012 年 6 月 28 日，Android 4.1（Jelly Bean 果冻豆）在 Google I/O 大会上随搭载 Android 4.1 的 Nexus 7 平板电脑一起发布。

1.2 Android 开发概述

前面我们了解了 Android 的缘起和市场发展轨迹，并了解了 Android SDK 的发布时间点和里程碑性的事件，接下来我们来看看 Android 开发相关的一些内容。

1.2.1 Android 开发生态链

前面了解了 Android 及其 SDK 的发展历史，做为开发者，我们这里有必要了解下 Android 生态圈，看看我们到底在那个地方扮演什么角色，如图 1-10 所示。

从图 1-10 所示可以看到 Android 的生态圈很复杂，但是我们大致可以将其划分为如下几个部分。

- 芯片商：这些厂商生产 Android 设备需要的芯片，诸如 Intel、高通、MTK 等。
- 厂商：厂商又叫设备厂商，其生产 Android 设备，诸如华为、中兴、Moto、三星、HTC、小米、酷派、魅族等都是这个角色的典型代表。

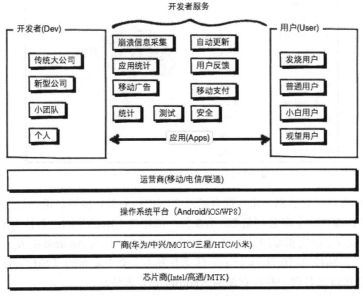

▲图 1-10 Android 生态圈

- 操作系统平台：这里的操作系统指的是 Android，iOS 或者 Windows Phone，Black Berry 等

专门针对智能手机的操作系统。
- 运营商：运营商在整个生态链中起到了非常重要的推动作用，诸如移动、电信、联通的网络状况，资费状况对整个生态链的发展有很大的影响。
- 开发者：这个群体就是包括笔者在内的广大开发人员了，其中有的是传统大公司的移动业务开发人员，有的是新型创业公司的从业人员，也有一些是以团队合作或者单枪匹马的开发者。开发者开发移动应用，最终用户来使用。
- 开发者服务：这个群体也相当大，因为有很多开发者在开发应用中需要的服务是共性的，诸如大家都需要支付功能，都有应用内统计功能等，这样就有公司将开发者的需求做成单独的服务供开发者服务。
- 用户：也称最终用户，这群用户是这个生态圈最后服务的对象，也就是我们常说的手机用户，用户购买手机，使用应用，产生付费或者其他有价值的行为。

上面阐述的 Android 生态圈是比较笼统和抽象的，只为了让大家能大致了解整个环节，搞清楚我们开发者的地位。

1.2.2 Android 国内开发者现况

根据国内最大的 Android 开发者社区 eoeAndroid 社区近 60 万的注册开发者的统计数据来看，国内 Android 开发者主要分布在北京、上海、深圳、广州等城市。

从 eoeAndroid 社区最近 1 个月的访问来源来看，也得出一样的结论，如图 1-11 所示。

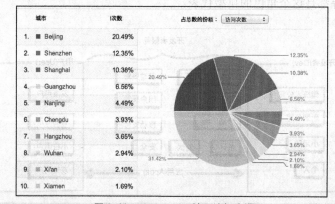

▲图 1-11　eoeAndroid 社区访问来源

从图 1-11 所示可以清楚看到，北京拥有超过 20%的访问数，也就是说，北京占据了差不多 1/5 的 Android 开发者；深圳、上海分列第 2、第 3 位，都超过 10%的份额；紧接着的城市是广州、南京、成都、杭州、武汉、西安和厦门。这 10 个城市是目前为止国内 Android 开发人员最聚集的城市。

另外，据靳岩于 2012 年 10 月 14 日 eoe 移动开发者大会上发布的《2012 eoe 移动开发者生存报告》来看，我们还可以看到一些很有趣的 Android 开发者特征。

从图 1-12 所示中可以看到，Android 开发群体中女性开发者只有 8%的比例，这也说明了女开发者的缺口很大。此外，在年龄的统计上，Android 开发者群体较为年轻，成长空间大，29 岁以下的移动开发者约占到了 94%。而在开发经验上有 3 年以上开发经验的很少，不足 1 年开发经验人数很多，也说明了大家的技术水平并无太大的差距，就算现在才接触 Android 开发，也是这个行业的先行者。

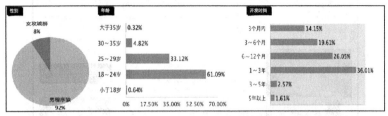

▲图 1-12　Android 开发者特征

1.3　Android 开发资源

Android 开发也就是最近 3 年的事，大家普遍觉得可以参考的开发资源有限，这里给大家推荐一些我们觉得有助于大家学习和成长的资源。

1.3.1　Android 开发线上社区

关于 Android 开发人员最聚集的线上开发社区，这里介绍三个对大家最有用的。第一个要推荐的自然是 Android Developers（http://developer.android.com/），如图 1-13 所示。

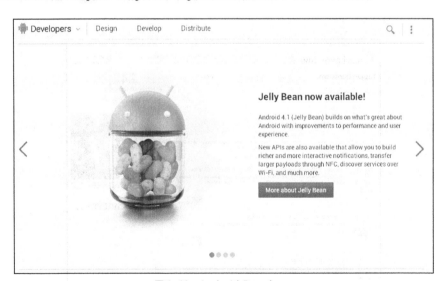

▲图 1-13　Android Developers

图 1-13 所示是 Android 开发的官方网站，经过几次改版后现在网站整体结构清晰，资料丰富，是大家获取最新 Android 开发相关的信息的必备网站。但是其是英文的，对于英文水平不是很好的读者有些门槛。

紧接着要推荐的是 eoeAndroid 开发社区（http://www.eoeandroid.com/），如图 1-14 所示。

▲图 1-14　eoeAndroid 社区

eoeAndroid 社区成立于 2009 年 4 月，是国内做的最早也是最权威最大的 Android 开发者社区。社区内高手很多，问答区的问题很快就有其他高手帮你解决。社区氛围活跃，每个会员都积极贡献内容，帮忙其他人解决问题。另外，笔者也是这个社区的创始人，非常高兴看到这些年来这个社区帮助越来越多的人成为 Android 优秀开发者。

最后要推荐的是 stackoverflow（http://stackoverflow.com/questions/tagged/android），如图 1-15 所示。

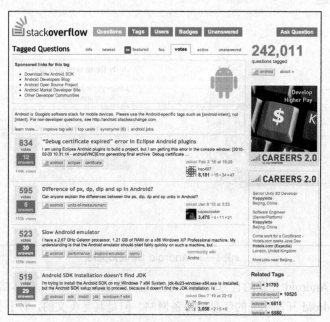

▲图 1-15　stackoverflow

stackoverflow 是基于问答的社区,其中有大量有质量的问题和解答,但是这个社区也是英文的,如果你的英语水平不错,可以尝试在这里问问题,或帮助其他人解答问题。

1.3.2 Android 学习资料

前面介绍了三个很值得去的 Android 开发者社区,接着再介绍一些对大家很有价值的 Android 学习资料。Android 开发学习资源零零碎碎的很多,但是大多不成体系,这里推荐如下几个供大家参考。首先要推荐的是 eoeAndroid 社区组织社区 200 多名志愿者参与翻译和撰写的"Android 开发实战"(http://training.eoeandroid.com/,http://guide.eoeandroid.com/,http://design.eoeandroid.com/),如图 1-16 所示。

Android 开发实战内容包括了 Android 入门篇,Android 进阶篇,Android 高级篇等系列知识,是经过 eoe 社区策划和编辑的,是很有系统的 Android 学习资源,而且会和 Android 最新版本 SDK 保持同步更新,是社区会员积极参与贡献的,除了涵盖了 Android Developers 官方网站的全部学习资料外,还有很多是社区会员亲自撰写的。

接着要介绍的是"eoeAndroid 特刊"(http://www.eoeandroid.com/eoemagazine/),如图 1-17 所示。

▲图 1-16 Android 开发实战

▲图 1-17 eoeAndroid 特刊

eoeAndroid 特刊是 eoeAndroid 社区策划组织,社区会员参与整理,编撰,并公开免费发布的 Android 技术类电子期刊。其将 Android 技术点通过专题的形式组织,每期内容都力求"精、透",力求将每个点都讲全、讲透,给 Android 开发者最有用的指导和参考。eoeAndroid 特刊自从 2009 年 4 月发布第一期以来,已经累计发布 25 期,内容涵盖了 Android 的诸多方面。

最后要介绍的是"移动开发百科(eoeWIKI)"Android 客户端软件(http://www.eoeandroid.com/thread-194188-1-1.html),如图 1-18 所示。

移动开发百科(eoeWIKI)是一款移动开发知识百科软件,目前有 Android 版本,其内容依靠 eoe 开发者社区,将高质量移动开发内容用百科的形势进行组织和展示,以方便大家能更快更好地学习移动开发的相关知识,尽快成长。大家可以在社区下载客户端的 APK 文件。有了客户端软件,就可以在空闲的时间(如坐公交车,等电梯等)的时候进行学习。

▲图 1-18　移动开发百科（eoeWIKI）客户端截图

1.3.3　Android 开发线下活动

前面给大家介绍 Android 开发社区和一些有用的资源，接下来给大家再介绍下可以关注的 Android 开发线下活动。首先要介绍的是 eoe 移动开放日（http://salon.eoe.cn/），如图 1-19 所示。

▲图 1-19　eoe 移动开放日

eoe 移动开放日是 eoe 主办的一个在全国城市巡回举办的线下沙龙，沙龙从应用入手，以应用为单位多方位展开"微"解析。每期都将邀请在 IT 前线的几名战士，与参会者分享产品设计、开发、运营经验。以实践为基础，以数据为导向给大家揭示成功的应用是如何开发的。截至 2012 年 10 月，已经在北京、上海、深圳、广州、西安、成都、南京、厦门、武汉等十几个城市举办了近 20 场线下沙龙。有兴趣的同学请关注并及时报名参加。

最后给大家介绍的是"eoe 同城会"线下聚会，如图 1-20 所示。

"eoe 同城会"是 eoe 社区会员在各个城市自行组织的线下核心用户聚会。全国很多城市都有 eoe 同城会，各地定期举办线下聚会讨论当前的技术话题或者 eoe 社区事务，一起推动 eoe 社区的发展。如果你想加入本地的"eoe 同城会"，请关注 eoe 社区和本地负责人联系。

第 1 章 掀起你的盖头来——Android 开发扫盲

▲图 1-20 eoe 上海同城会

1.4 本章小结

　　本章是本书的第一章，要给还不熟悉 Android 开发的读者做个扫盲，让大家对 Android 开发有一定的认知。本章首先介绍了 Android 的缘起和市场发展轨迹，又介绍了 Android SDK 发布的时间点和里程碑。紧接着介绍了 Android 生态链让大家了解开发者在整个生态链中的位置，并介绍了国内 Android 开发者的现况和特征。最后推荐了一些优秀的 Android 开发者社区和开发学习资料，并简单介绍了一些大家可以参与其中的线下沙龙活动。

第 2 章　工欲善其事必先利其器
——搭建环境 Android

学习目标：

- 搭建 Android 开发环境的步骤和注意事项
- Windows 开发环境搭建
- Linux 开发环境搭建
- Mac OS 开发环境搭建

2.1　开发 Android 应用前的准备

2.1.1　操作系统要求

- Windows：XP（32 位）、Vista（32 位或 64 位）、7（32 位或 64 位）。
- Mac：OS X 10.5.8+（仅 x86）。
- Linux：Ubuntu 8.04+。

2.1.2　Android 软件开发包

无论是 Windows 平台、Linux 平台，还是 Mac 平台，开发 Android 应用都需安装如下软件（撰稿时最新版）。

- JDK6U35。
- Eclispe 4.2.1。
- Android SDK 4.1.2。
- ADT 20.0.3。

2.2　Windows 开发环境搭建

首先介绍在 Windows 平台上搭建 Android 开发环境的具体步骤，以 Windows 7 为例进行演示。

2.2.1　安装 JDK

在 Eclipse 的开发过程中需要 JRE 或 JDK 的支持，否则在启动时会报错，如图 2-1 所示。

第 2 章　工欲善其事必先利其器——搭建环境 Android

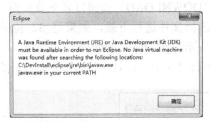

▲图 2-1　没有 JRE 或 JDK 时 Eclipse 启动报错

（1）通过如下链接访问 JDK 官方下载页面，如图 2-2 所示。
http://www.oracle.com/technetwork/java/javase/downloads/index.html

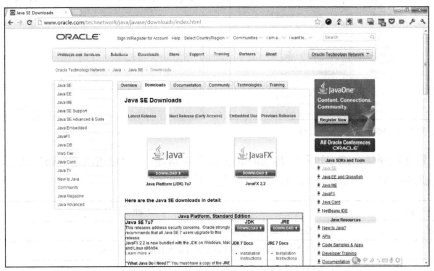

▲图 2-2　JDK 官方下载页面

（2）向下拉动滚动条，直至找到 JDK6 的最新版本，如图 2-3 所示。

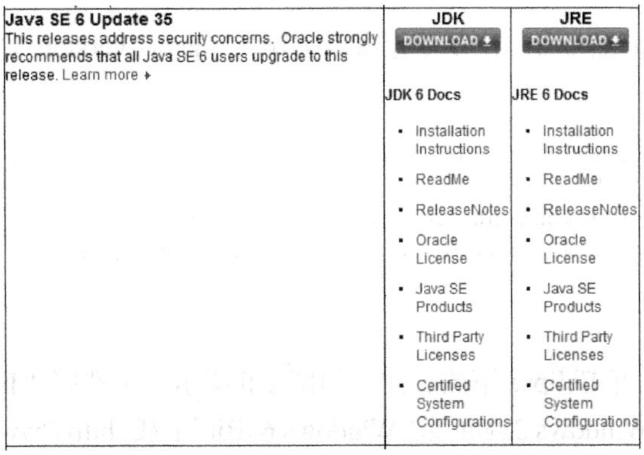

▲图 2-3　JDK6 最新版下载页面

（3）单击"JDK"栏中的"DOWNLOAD"按钮打开下载页面，如图 2-4 所示。

（4）依据操作系统版本来选择文件进行下载，如果是 32 位系统，下载"jdk-6u35-windows-i586.exe"；如果是 64 位系统，下载"jdk-6u35-windows-x64.exe"。

（5）通过双击进行安装，如图 2-5 所示，具体安装过程就不在此作详细说明。

▲图 2-4　jdk6u35 的下载页面　　　　　　　▲图 2-5　安装 JDK

（6）配置环境变量，演示过程中将 jdk6u35 安装在路径"C:\DevInstall\Java"之下，如果读者安装目录与此不一致，请做对应修改，具体参数如下表所示。

Key	Value
JAVA_HOME	C:\DevInstall\Java\jdk1.6.0_35
Classpath	.;%JAVA_HOME%\lib;%JAVA_HOME%\lib\tools.jar
Path	%JAVA_HOME%\bin;%JAVA_HOME%\jre\bin

注意　上述 3 个环境变量如果不存在，那么请新建；如果存在，在当前值后追加。

（7）检查 JDK 是否安装成功：在命令行窗口中输入"java –version"，如果出现下面所示代码，则说明安装成功。

```
C:\Users\Vincent4J>java -version
java version "1.6.0_35"
Java(TM) SE Runtime Environment (build 1.6.0_35-b10)
Java HotSpot(TM) Client VM (build 20.10-b01, mixed mode, sharing)
```

2.2.2　安装 Eclipse

（1）通过以下链接打开 Eclipse 下载页面，如图 2-6 所示。请选择"Eclipse Classic"组件，并依据操作系统版本选择"Windows 32Bit"或"Windows 64Bit"下载。http://www.eclipse.org/downloads/。

(2)解压压缩包,其目录结构如图 2-7 所示。

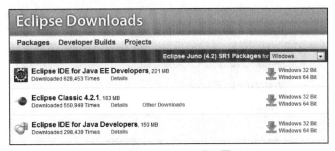

▲图 2-6　Eclipse 下载页面

▲图 2-7　Eclipse 目录结构

(3)双击"eclipse.exe"启动 Eclipse,如图 2-8 所示。

▲图 2-8　启动 Eclipse

（4）选择工作目录之后，进入 Eclipse 欢迎界面，如图 2-9 所示。

▲图 2-9　Eclipse 欢迎界面

至此，Eclipse 安装完毕。

2.2.3　安装 Android SDK

（1）下载 Android SDK Tools，操作如下：打开网址 http://developer.android.com/sdk/index.html，单击"Download the SDK for Windows"按钮进行下载。页面如图 2-10 所示。

▲图 2-10　下载 Android SDK Tools

（2）双击 exe 安装文件进行安装，然后单击"Next>"……直至安装完成。目录结构如图 2-11 所示。

第 2 章 工欲善其事必先利其器——搭建环境 Android

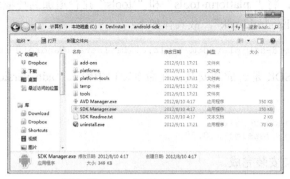

▲图 2-11 Android SDK Tools 目录结构

（3）双击"SDK Manager.exe"启动 Android SDK Manager，如图 2-12 所示。

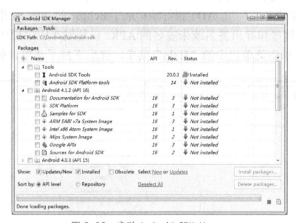

▲图 2-12 启动 Android SDK Manager

（4）按照下表中的说明进行选择安装。

包　　名	用　　途	是否必须安装
Android SDK Platform-tools	开发和调试工具	是
Documentation for Android SDK	API 文档	否，但建议安装
SDK Platform	SDK	是
Samples for SDK	示例代码	否，但建议安装
ARM EABI v7a System Image	ARM 指令集的系统镜像	是
Intel x86 Atom System Image	Intel x86 指令集的系统镜像	否
Mips System Image	Mips 指令集的系统镜像	否
Google APIs	Google API	否
Sources for Android SDK	SDK 源码	否，但建议安装
Android Support Library	SDK 新特性库，兼容低版本	是

（5）安装完成之后，将"\platform-tools"和"\tools"路径追加到环境变量 Path 中，演示时安装目录为"C:\DevInstall\android-sdk"，故具体如下：

C:\DevInstall\android-sdk\platform-tools;C:\DevInstall\android-sdk\tools

（6）检验 Android SDK 是否成功安装：在命令窗口中输入"adb version"，如果出现下面所示代码，则说明安装成功。

```
C:\Users\Vincent4J>adb version
Android Debug Bridge version 1.0.29
```

至此，Android SDK 安装完成。

2.2.4 安装 ADT

Android 为 Eclipse 定制了 1 个插件，即 Android Development Tools（ADT），目的是为用户提供一个强大的 Android 集成开发环境。ADT 很好地扩展了 Eclipse 的功能，使用户能快速新建 Android 项目、创建界面、调试程序和导出签名或未签名的 APKs 以便发布应用程序之用。

（1）启动 Eclipse，单击菜单栏中的"Help"菜单，弹出下拉子菜单，如图 2-13 所示。

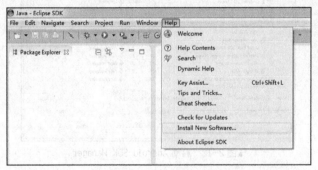

▲图 2-13 "Help"菜单

（2）选择"Install New Software…"，弹出"Install"窗口。单击该窗口右上角的"Add…"按钮，弹出"Add Repository"窗口，并键入表格中的信息，如图 2-14 所示。

栏 目 名	栏 目 值
Name	ADT Plugin
Location	https://dl-ssl.google.com/android/eclipse/

（3）单击"OK"按钮，如图 2-15 所示。

（4）勾选"Developer Tools"组件（不勾选"NDK Plugins"），其他选项默认，然后单击"Next"按钮进行安装，安装完成之后会提示重启 Eclipse。

> 提示　　经过上述操作之后，如果遇到问题，请将步骤（2）的 Location 值中的"https"修改成"http"。

第 2 章　工欲善其事必先利其器——搭建环境 Android

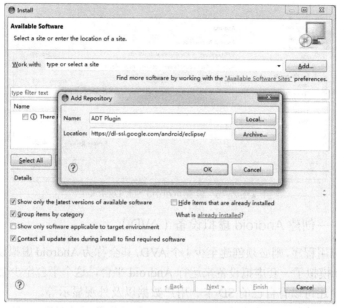

▲图 2-14　添加插件

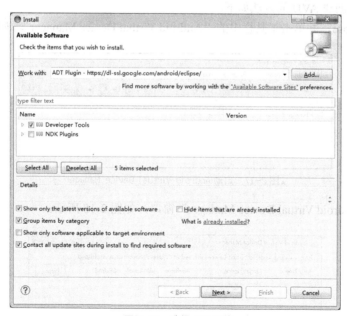

▲图 2-15　选择 ADT 组件

（5）为 Eclipse 配置 Android SDK Location：单击菜单栏的"Window"菜单，弹出下拉菜单，并选择"Preferences"菜单，弹出"Preferences"窗口，选择左侧的"Android"菜单，配置"SDK Location"，例如，演示中的 D:\\DevInstall\android-sdk，如图 2-16 所示。

21

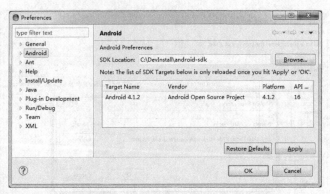

▲图 2-16　设置 Android SDK Location

2.2.5　真实体验——创建 Android 虚拟设备（AVD）

如果想要运行应用程序，则必须创建至少 1 个 AVD，其全称为 Android 虚拟设备（Android Virtual Device）。每个 AVD 模拟了一套虚拟设备来运行 Android 平台，这个平台至少要有自己的内核、系统图像和数据分区，还可以有自己的 SD 卡、用户数据以及外观显示等。

由于 Android SDK 支持多平台和多外观显示，作为开发者可以创建不同的 AVD 来模拟和测试不同的平台环境。创建 AVD 的方法如下。

（1）启动 Eclipse，并单击工具栏中的"Android Virtual Device Manager"，如图 2-17 所示。

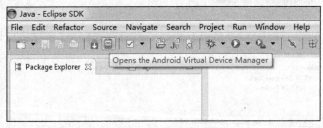

▲图 2-17　启动 Android Virtual Device Manager

（2）弹出"Android Virtual Device Manager"窗口，如图 2-18 所示。

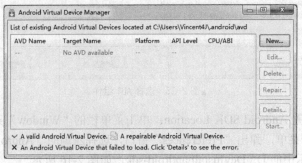

▲图 2-18　启动 Android Virtual Device Manager

（3）单击右上角的"New"按钮，弹出"Create new Android Virtual Device Manager（AVD）"窗口，并键入下表信息（其他项默认即可），如图 2-19 所示。

栏 目 名	栏 目 值
Name	AVD-4.1.2
Target	Android 4.1.2 – API Level 16
SD Card Size	512

（4）单击"Create AVD"，完成创建，然后单击"Android Vritual Device Manager"右下角的"Start…"启动它，如图 2-20 所示。

▲图 2-19　创建 AVD

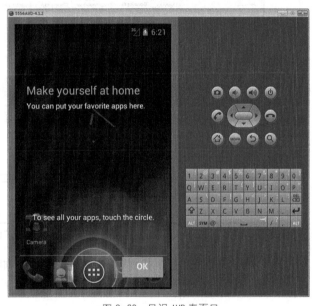

▲图 2-20　见识 AVD 真面目

> 提示　　AVD 首次启动耗时较长，大概需要几分钟，所以请耐心等待。

至此，AVD 创建完成。

2.3　Linux 一族——Ubuntu 开发环境搭建

类似 Windows 平台上开发环境的搭建，在 Linux 平台上也需要安装如下软件：JDK、Eclipse、Android SDK 和 ADT。下文以 Ubuntu 12.10 Desktop 为例进行演示。

2.3.1　安装 JDK

Ubuntu 至 11.04 之后（不包含 11.04）由于授权问题，软件包中不再包含 JDK，也就是说无法通过"sudo apt-get install sun-java6-jdk"命令来安装 JDK，所以只得先从 JDK 官方站点下载安装包，然后再进行安装。

（1）通过如下链接访问 JDK 官方下载页面，如图 2-21 所示。

http://www.oracle.com/technetwork/java/javase/downloads/index.html

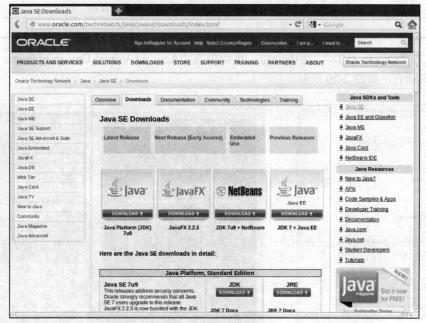

▲图 2-21　JDK 官方下载页面

（2）向下拉动滚动条，直至找到 JDK6 的最新版本，如图 2-22 所示。

（3）单击"JDK"栏中的"DOWNLOAD"按钮打开下载页面，如图 2-23 所示。

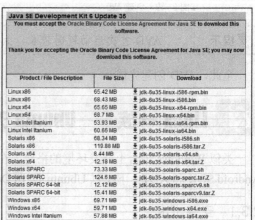

▲图 2-22　JDK6 最新版下载页面　　　　　　▲图 2-23　jdk6u35 的下载页面

（4）依据操作系统版本来选择文件进行下载，如果是 32 位系统，下载"jdk-6u35-linux-i586.bin"；如果是 64 位系统，下载"jdk-6u35-linux-x64.bin"，演示时选择前者。

（5）下载完成之后，开启一个终端并运行下载文件（演示所用下载路径为~/dev-tools）。

```
vincent4j@ubuntu:~$ dev-tools/jdk-6u35-linux-i586.bin
```

（6）得到文件"jdk1.6.0_35"，并将其移到工作目录（演示所用工作路径为~/dev-install），命令如下。

```
vincent4j@ubuntu:~$ mv jdk1.6.0_35 dev-install
```

（7）打开"~/.profile"文件，命令如下。

```
vincent4j@ubuntu:~$ gedit .profile
```

（8）在上述文件最后加上如下代码，进而配置 JDK 环境变量，如图 2-24 所示。

```
# Set Java environment
export JAVA_HOME=/home/vincent4j/dev-install/jdk1.6.0_35
export CLASSPATH=.:$JAVA_HOME/lib:$JAVA_HOME/lib/tools.jar:$CLASSPATH
export PATH=$JAVA_HOME/lib: $JAVA_HOME/jre/lib:$PATH
```

▲图 2-24　配置 JDK 环境变量

（9）使环境变量生效，命令如下。

```
vincent4j@ubuntu:~$ source .profile
```

（10）检查 JDK 是否安装成功，命令如下："java -version"。如果出现下面所示代码，则说明安装成功。

```
vincent4j@ubuntu:~$ java -version
java version "1.6.0_35"
Java(TM) SE Runtime Environment (build 1.6.0_35-b10)
Java HotSpot(TM) Server VM (build 20.10-b01, mixed mode)
```

2.3.2　安装 Eclipse

（1）通过以下链接打开 Eclipse 下载页面，如图 2-25 所示。请选择"Eclipse Classic"组件，并依据操作系统版本选择"Linux 32Bit"或"Linux 64Bit"下载,演示中选择前者,下载所得"eclipse-SDK-4.2.1-linux-gtk.tar.gz"。

http://www.eclipse.org/downloads/

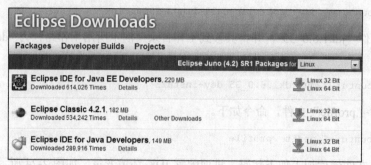

▲图 2-25　Eclipse 下载页面

(2) 解压压缩包,并将其移动到工作目录中,命令如下。

```
vincent4j@ubuntu:~$ tar -zvxf dev-tools/eclipse-SDK-4.2.1-linux-gtk.tar.gz
vincent4j@ubuntu:~$ mv eclipse dev-install
```

(3) 启动 Eclipse,如图 2-26 所示,命令如下。

```
vincent4j@ubuntu:~$ dev-install/eclipse/eclipse
```

▲图 2-26　启动 Eclipse

(4) 选择工作空间之后,Eclipse 进入欢迎界面,如图 2-27 所示。
至此,Eclipse 安装完成。

第 2 章　工欲善其事必先利其器——搭建环境 Android

▲图 2-27　Eclipse 欢迎界面

2.3.3　安装 Android SDK

（1）下载 Android SDK Tools，操作如下：打开如下网址，单击"Other platforms"，选择"Linux（i386）"平台进行下载，进而得到文件 android-sdk-r20.0.3-linux.tgz;，页面如图 2-28 所示。

http://developer.android.com/sdk/index.html

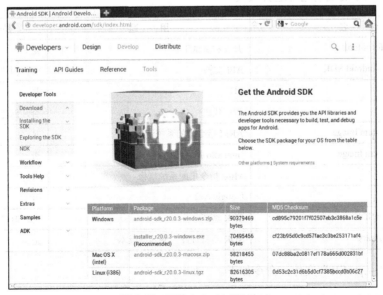

▲图 2-28　下载 Android SDK Tools

27

（2）解压压缩包，并将其移动到工作目录，命令如下。

```
vincent4j@ubuntu:~$ tar -zxvf dev-tools/android-sdk-r20.0.3-linux.tgz
vincent4j@ubuntu:~$ mv android-sdk-linux dev-install
```

（3）启动 Android SDK Manager，如图 2-29 所示，命令如下。

```
vincent4j@ubuntu:~$ dev-install/android-sdk-linux/platform-tools/android
```

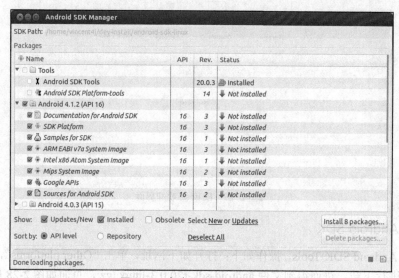

▲图 2-29　启动 Android SDK Manager

（4）按照下表中的说明进行选择安装。

包　名	用　途	是否必须安装
Android SDK Platform-tools	开发和调试工具	是
Documentation for Android SDK	API 文档	否，但建议安装
SDK Platform	SDK	是
Samples for SDK	实例代码	否，但建议安装
ARM EABI v7a System Image	ARM 指令集的系统镜像	是
Intel x86 Atom System Image	Intel x86 指令集的系统镜像	否
Mips System Image	Mips 指令集的系统镜像	否
Google APIs	Google API	否
Sources for Android SDK	SDK 源码	否，但建议安装
Android Support Library	SDK 新特性库，兼容低版本	是

（5）打开"~/.profile"文件，命令如下。

```
vincent4j@ubuntu:~$ gedit .profile
```

（6）在上述文件最后加上如下代码，进而配置 Android SDK 环境变量，如图 2-30 所示。

```
# Set Andorid SDK environment
export
PATH=/home/vincent4j/dev-install/android-sdk-linux/platform-tools:/home/vincent4j/dev
-install/android-sdk-linux/tools:$PATH
```

▲图 2-30　配置 Android SDK 环境变量

（7）使环境变量生效，命令如下。

```
vincent4j@ubuntu:~$ source .profile
```

（8）检查 Android SDK 是否安装成功，命令如下："adb -version"。如果出现下面所示代码，则说明安装成功。

```
vincent4j@ubuntu:~$ adb version
Android Debug Bridge version 1.0.29
```

2.3.4　安装 ADT

Android 为 Eclipse 定制了 1 个插件，即 Android Development Tools（ADT），目的是为用户提供一个强大的 Android 集成开发环境。ADT 很好地扩展了 Eclipse 的功能，使用户能快速新建 Android 项目，创建界面，调试程序和导出签名或未签名的 APKs 以便发布应用程序之用。

（1）启动 Eclipse，单击菜单栏中的"Help"，弹出下拉子菜单，单击"Install New Software…"选项，弹出"Install"窗口。

（2）单击该窗口右上角的"Add…"按钮，弹出"Add Repository"窗口，并键入表格中的信息，如图 2-31 所示。

栏 目 名 称	栏 目 值
Name	ADT Plugin
Location	https://dl-ssl.google.com/android/eclipse/

（3）单击"OK"按钮，如图 2-32 所示。

(3)在以下弹出的对话框中,填写的是 Android SDK 的服务器地址,如图 2-30 所示。

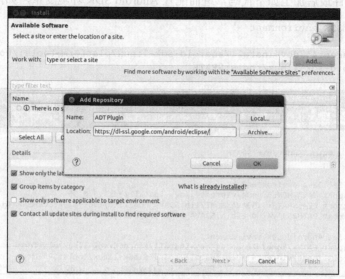

▲图 2-31 添加插件

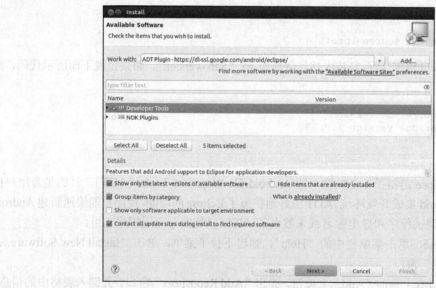

▲图 2-32 选择 ADT 组件

(4)勾选"Developer Tools"组件(不勾选"NDK Plugins"),其他选项默认,然后单击"Next"按钮进行安装,安装完成之后会提示重启 Eclipse。

> 提示　　经过上述操作之后,如果遇到问题,请将步骤(2)的 Location 值中的"https"修改成"http"。

（5）为 Eclipse 配置 Android SDK Location：单击菜单栏中的"Window"菜单，弹出下拉菜单，并选择"Preferences"菜单，弹出"Preferences"窗口。选择左侧的"Android"菜单，配置"SDK Location"，例如，演示中的/home/vincent4j/dev-install/android-sdk-linux，如图 2-33 所示。

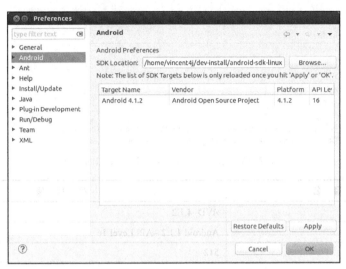

▲图 2-33　设置 Android SDK Location

至此，ADT 插件安装完毕。

2.3.5　创建 Android 虚拟设备（AVD）

如果想要运行应用程序，则必须创建至少 1 个 AVD，其全称为 Android 虚拟设备（Android Virtual Device）。每个 AVD 模拟了一套虚拟设备来运行 Android 平台，这个平台至少要有自己的内核、系统图像和数据分区，还可以有自己的 SD 卡、用户数据以及外观显示等。

由于 Android SDK 支持多平台和多外观显示，作为开发者可以创建不同的 AVD 来模拟和测试不同的平台环境。创建 AVD 的方法如下。

（1）启动 Eclipse，并单击工具栏中的"Android Virtual Device Manager"，如图 2-34 所示。

▲图 2-34　启动 Android Virtual Device Manager

（2）弹出"Android Virtual Device Manager"窗口，如图 2-35 所示。

（3）单击右上角的"New"按钮，弹出"Create new Android Virtual Device Manager（AVD）"窗口，并键入如下信息（其他项默认即可），如图 2-36 所示。

Android 开发入门与实战（第二版）

▲图 2-35 启动 Android Virtual Device Manager

栏 目 名	栏 目 值
Name	AVD-4.1.2
Target	Android 4.1.2 –API Level 16
SD Card Size	512

▲图 2-36 创建 AVD

（4）单击"Create AVD"，完成创建，然后单击"Android Vritual Device Manager"右下角的"Start…"选项启动它，如图 2-37 所示。

第 2 章　工欲善其事必先利其器——搭建环境 Android

▲图 2-37　见识 AVD 真面目

2.4　Mac OS 一族——苹果开发环境搭建

在 Mac OS 上搭建开发环境的方法和步骤与在 Ubuntu 上操作大同小异，这里不再赘述，参考上节 Ubuntu 安装的步骤就可以了，只是在下载 Android SDK 的时候，注意现在的 Mac OS 版本。

2.5　本章小结

本章主要介绍了搭建 Android 开发环境需要的条件，诸如系统要求、SDK、IDE 等需求；然后分别介绍了在 Windows、Ubuntu 和 Mac OS 上搭建开发环境的过程和步骤。总体来看，本章简单且重要，好的开始是继续前进的动力。

第 3 章 清点可用的资本
——Android SDK 介绍

学习目标：

- 了解 Android 组成和用途 ☐
- 熟悉文档包含的内容 ☐
- 熟悉一些常用和重要的工具 ☐
- 熟悉 SDK 附带的 Demo 及其实现技术 ☐
- 熟悉 Android 核心开发包和可选开发包 ☐

3.1 Android SDK 概要

Android SDK（Software Development Kit）不仅提供 API 库，而且还提供在 Windows/Linux/Mac 平台下的开发工具，这些工具在编译、测试和调试阶段是必不可少的。

Android SDK 主要基于 Java 语言，也就是说开发者可以通过编写 Java 代码来开发 Android 平台上的 App，并借助于 SDK 提供的一些工具将其最终打包成 apk 文件，然后再使用 SDK 中的模拟器来进行测试和调试。

3.2 深入探索 Android SDK 的密秘

当读者按照本书第 2 章中的指引搭建完开发环境之后，本地硬盘上会存在一个这样的目录：C:\DevInstall\android-sdk。那么该目录下到底包含哪些文件，以及这些文件的作用是什么，将在接下来的章节中进行阐述。

3.2.1 Android SDK 的目录结构

首先来看下 SDK 的目录结构，这有助于从全局把握 SDK，为后面的深入学习打下好的基础。下面展示的是 Android SDK 4.1.2 的目录结构，如图 3-1 所示。

下面将对各个目录进行逐一阐述。

（1）add-ons：保存一些附加库，例如 Google Map API 等。

（2）docs：最新版本 SDK API 的离线文档。

（3）extras：主要放置一些 Support Library 和 USB Drivers 等。

（4）platforms：该目录下以 SDK 版本为单位进一步细分，而且每个子目录都包含对应的 API 包，其中 data 目录保存一些系统资源，skins 则是 Android 模拟器的皮肤，templates 是创建项目的默认模板，android.jar 是完整的 Android 库。

（5）platform-tools：包含在开发和调试过程中依赖于平台的工具，该工具支持 Android 平台的最新特性，例如 aapt、adb、aidl 和 dx 等。

（6）samples：SDK 的示例代码。

（7）sources：SDK 的源码。

（8）System Images：系统镜像——每个平台都需要一个或多个不同的系统镜像，例如 ARM 和 x86，并且 Android 模拟器必须运行在系统镜像之上。

（9）tools：包含调试工具、测试工具和其他一些实用的工具，例如模拟器主程序 emulator、调试工具 ddms 等。

▲图 3-1　Android SDK 目录结构

3.2.2　android.jar 及其内部结构

android.jar 是一个完整 Android 库的压缩包，其内包含的是编译后的 class 文件，我们在 Windows 环境下可以使用解压缩工具将其打开，可以看到其内部结构如图 3-2 和图 3-3 所示。

从图 3-2 和图 3-3 可以了解其 API 的包结构的划分，如 app、content、database、graphics、hardware 等，也就可以大致了解到其模块的结构和划分，有了这种印象，更有助于我们阅读和查找 SDK 的文档。

▲图 3-2　android.jar 目录结构

▲图 3-3　android.jar 内部 class 列表

3.2.3　SDK 文档及阅读技巧

通过解压 android.jar 文件，大致了解到 API 的包结构，如果想深入了解各个包内所包含的 API

以及相应的用法，那我们必须学会阅读和查找 SDK 的文档。使用浏览器打开 docs 目录下的 index.html 文件，可以看到图 3-4 所示的界面。

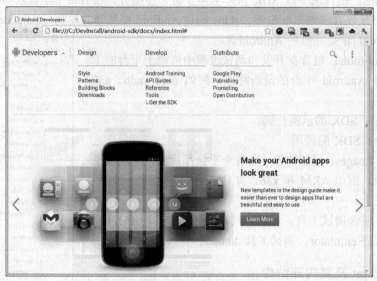

▲图 3-4　SDK 文档首页

从图 3-4 中可以看到，其上部有一大堆的链接。读者可能要问，这么多的文档，应该怎么看呢？哪些是必须先弄明白的？哪些应该先知道大概的，今后引用的时候再仔细阅读的？如果没人指点的话，自己学习可能会陷入"文档风暴"中，需要花不少时间才能弄明白各自之间的依赖关系，所以掌握一些文档的阅读技巧会给自己的学习和研究省下不少时间，也能更清晰、有条理地掌握整个文档所要传递的知识和技术信息。现在简要地介绍一种阅读技巧，帮助读者少走弯路，找出学习的技巧。

（1）理解什么是 Android。该部分位于在文档的"About Android"模块中，其中对 Android 有详细的阐述。

（2）了解 Application 的基本组件，位于："API Guides/App Components"。

（3）大致浏览"Tools Help"，这部分告诉你常用到的一些工具集，有个大致印象就行，位于："Tools/Tools Help"。

（4）环境搭建，位于："Developer Tools/Download"。读者通过第 2 章的学习，应该对这部分内容相当熟悉。

（5）进入动手阶段，先按照"传统习惯"实现一个"Hello World"程序，并通过它明白项目的目录结构以及各个目录和文件所起到的作用。期间还得学会对项目的测试和调试，这部分位于："Developer Tools/Workflow"。Hello World 的演示放在下一章。

（6）参考 Sample 中的"NotePad"代码着手开始稍微复杂点的制作和学习，同时可以参考"API Guides"章节，其中包含如何实现 UI、数据存储和读取、安全问题、资源引用和国际化，每类下面都有相当详细的介绍。

（7）熟悉一下"Reference"的内容，其中按照包、索引、继承关系介绍 API 及其使用方法。

同时列举比较典型的视图组件和权限类型，做到心里有数，在以后遇到问题的时候知道去哪里可以查到就行。

3.2.4　先来热身——Android SDK 例子解析

在前面介绍 Android SDK 目录结构的时候，我们看到一个名为"sample"的目录，其下存放的是 SDK 附带的一些示例演示程序，它们从不同方面展示了 SDK 的特性，我们下面将逐一剖析这些 Demo。在开始之前先介绍下如何将其导入到 Eclipse 中去。

3.2.4.1　如何将 sample 代码导入到 Eclipse 中

（1）开启 Eclipse，在菜单栏依次选择"File->New->Other…"选项，弹出如图 3-5 所示的窗口。

（2）选择"Android"文件夹下的"Android Sample Project"选择卡，然后单击"Next"按钮，弹出图 3-6 所示的窗口。

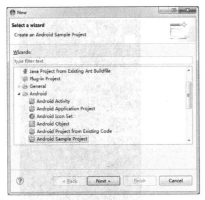

▲图 3-5　新建项目

▲图 3-6　选择 SDK 版本

（3）勾选"Android 4.1.2"，然后单击"Next"按钮，弹出如图 3-7 所示的窗口。

▲图 3-7　选择示例程序

（4）拉动滚动条选择示例程序，然后单击"Finish"按钮。这样 sample 代码就成功导入到 Eclipse 中了。

3.2.4.2　例子解析

1．视图组件应用（SkeletonApp）

该示例展示了在 Android 中如何使用其提供的视图组件，例如，EditText、Button、ImageView 和 Menu 等，并演示如何操作这些组件，应用运行界面如图 3-8 所示。

学习 Android 已经提供的视图组件是必要的，本书第 10 章将介绍常见的视图组件及其使用方法。

2．API 应用示例（API Demos）

该示例展示了很多 API 实例，包括 app、content、graphic 和 media 等，应用运行界面如图 3-9 所示。

▲图 3-8　SkeletonApp 运行界面　　　　　　▲图 3-9　API Demos 运行界面

在其上可以按分类查看更加详细的内容，通过该示例将了解到其 API 功能非常强大，浏览并熟悉其中包括的所有 API，等自己需要编写应用时，便于查找相关源代码。

3．登月游戏示例（Lunar Lander）

该示例展示了类似于登录月球的小游戏，通过方向键和点火时机控制画面上不断下坠的飞船，使它可以安全着陆，应用运行界面如图 3-10 所示。

从技术实现上分析，其演示了如何使用键盘快捷键，如何实现菜单，如何定制自己的视图组件，如何实现线程等技术点，具体实现方式可以参考其源代码。

4．记事本示例（Note Pad）

一个记事本应用程序，用此程序可以进行新建、编辑、删除等文档编辑操作，应用运行界面如图 3-11 所示。

第 3 章 清点可用的资本——Android SDK 介绍

▲图 3-10 Lunar Lander 运行界面

▲图 3-11 Note Pad 运行界面

5. 贪吃蛇游戏示例（Snake）

该示例演示的是一个非常经典的贪吃蛇游戏，用方向键控制蛇的前进方向，吞并和其颜色一样的"食物"后可以成长，应用运行界面如图 3-12 所示。

从技术实现上分析，实现了自定义视图组件的实现和控制，实现了游戏类应用开发中相关技术。如果想开发游戏类应用，这无疑是最好的起点。

6. 主题类示例（Home）

Home 是一款主题类软件实现的示例，它实现一套新的主题界面，并将其注册到系统主题中，使得用户按下"Home"键，可以显示主题并选择使用，应用运行界面如图 3-13 所示。

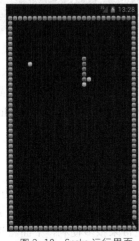

▲图 3-12 Snake 运行界面

▲图 3-13 Home 运行界面

从技术现实上分析，该示例很详细地演示了如何开发主题类应用。通过该示例的学习，读者可以轻松掌握主题类应用开发步骤和一些注意事项。

7. 软键盘（Soft Keyboard）

该示例介绍如何将软键盘绑定到输入框的输入事件上，当聚焦到输入框时，将自动弹出软键盘，如图 3-14 所示。

8. JetBoy

这是一款俱备声音支持的游戏示例，其模拟演示了如何在游戏中集成 SONiVOX 的 audioINSIDE 技术，这项技术是 SONiVOX 捐赠给开放手机联盟的，以使其可以更加出色地播放背景音乐和情景音乐。

该示例是一款发射子弹击碎飞来的障碍物的游戏，发射子弹、击碎障碍物等都有其背景音乐，体验非常棒，如图 3-15 所示。

▲图 3-14　Soft Keyboard 运行界面

▲图 3-15　JetBoy 运行界面

通过该示例的学习和体验，如果需要介入多媒体游戏效果开发，这无疑是非常好的入门范例。本节逐一介绍和演示了 Android SDK 附带的几个实例，并从技术的角度分析其使用到的技术点，使得读者可以更有针对性地选择感兴趣的示例进行学习和研究，下面将继续介绍 Android SDK 中另外一个文件夹 tools 下包含的内容。

3.2.5　SDK 提供的工具介绍

Android SDK 包括各种各样的定制工具，可以帮助读者在 Android 平台上开发移动应用程序。其中最重要的工具是 Android 模拟器和 Eclipse 的 Android 开发工具插件，但 SDK 也包含了各种在模拟器上用于调试、打包和安装的工具，针对不同的使用场景，能带来很多便利，下面将逐一介绍这些工具及其使用方法。

1. **Android 模拟器**（Android Emulator (emulator.exe)）

一个运行在计算机上的虚拟移动模拟器，可以使用模拟器在一个实际的 Android 运行环境下设计、调试和测试用户的应用程序。

2. **集成开发插件环境**（Android Development Tools Plugin for the Eclipse IDE，ADT）

用于 Eclipse 集成开发环境的 Android 应用开发工具插件，它为 Eclipse 集成开发环境增加了强大的功能，使创建和调试 Android 应用程序变得更加简单和快速。如果使用 Eclipse 来开发 Android 应用，ADT 插件将带来极大的帮助，具体作用如下。

- 可以从 Eclipse 集成开发环境内部访问别的 Android 开发工具。通过它可以进行包括截屏、管理端口转发（Port-Forwarding）、设置断点、查看线程和进程信息的一系列操作。
- 它提供一个新的项目向导，用于快速创建一个新的 Android 应用需要的所有基本文件。
- 它使构建 Android 应用的过程自动化和简单化。
- 它提供一个 Android 代码编辑器，用以为 Android 的 manifest 和资源文件编写有效的 XML。

3. **调试监视服务**（Dalvik Debug Monitor Service (ddms.bat)）

它集成在 Dalvik（Android 平台的虚拟机）中，用于管理运行在模拟器或设备上的进程，并协助进行调试。可以用它来去除进程、选择一个特定程序来调试、生成跟踪数据、查看堆和线程数据、对模拟器或设备进行屏幕快照等。

4. **Android 调试桥**（Android Debug Bridge (adb.exe)）

它用于向模拟器或手机设备安装应用程序的 apk 文件和从命令行访问模拟器或手机设备。也可以用于将标准的调试器连接到运行在 Android 模拟器或手机设备上的应用代码。

5. **Andorid 资源打包工具**（Android Asset Packaging Tool (aapt.exe)）

可以通过 aapt 工具来创建 apk 文件，这些文件包含 Android 应用程序的二进制文件和资源文件。

6. **Android 接口描述语言**（Android Interface Description Language (aidl.exe)）

它用来生产二进制间接口代码，例如在一个服务中可能就会用到。

7. **SQLite3 数据库**（sqlite3 (sqlite3.exe)）

Android 应用程序可以用来创建和使用 SQLite 数据文件，而开发者和使用者也可以方便地访问这些 SQLite 数据文件。

8. **跟踪显示工具**（Traceview (traceview.bat)）

它可以生成跟踪日志数据的图形分析视图，这些跟踪日志数据由 Android 应用程序产生。

9. **创建 SD 卡工具（mksdcard (mksdcard.exe)）**

创建 SD 卡工具帮助创建磁盘镜像，这个磁盘镜像可以在模拟器上模拟外部存储卡（如 SD 卡）。

10. **DX 工具（dx (dx.bat)）**

DX 工具将 class 字节码重写为 Android 字节码（存储在 dex 文件中）。

11. **生成 Ant 构建文件（activityCreator (activitycreator.bat)）**

生成 Ant 构建文件是一个脚本，用于生成 Ant 构建文件。Ant 构建文件用来编译 Android 应用程序。如果在安装了 ADT 插件的 Eclipse 环境下开发，就不需要这个脚本了。

12. **Android 虚拟设备（Android Virtual Devices AVD）**

每个 Android 虚拟设备（AVD）模拟单一的虚拟设备来运行 Android 平台，这个平台至少要有自己的内核、系统图像和数据分区。开发者可以创建并保持多种虚拟器配置，每种配置环境有其自己的平台版本，硬件配置以及 SD 卡和用户数据，当然还可以有不同的显示外观等个性化设置，而你在运行的时候只需要指定需要使用哪个即可现实多平台下的模拟测试。

3.3 Android 典型包分析

参考 SDK 文档可以看到，其中有按照包结构查看文档，通过这种方式可以很清晰地了解整个 API 结构，但是我们觉得还是有必要再对其核心包中的模块及第三方包加以说明，这样可以更方便地找到自己需要的东西。

3.3.1 开发基石——Android API 核心开发包介绍

这些是基本包，它们是通过 Android SDK 来编写应用程序的基石。这里是从最底层到最高层列出并加以简要说明。

- android.util 包含一些底层辅助类，例如，特定的容器类、XML 辅助工具类等。
- android.os 提供基本的操作服务、消息传递和进程间通信 IPC。
- android.graphics 作为核心渲染包，提供图形渲染功能。
- android.text, android.text.method, android.text.style, android.text.util 提供一套丰富的文本处理工具，支持富文本、输入模式等。
- android.database 包含底层 API 处理数据库，方便操作数据库和数据。
- android.content 提供各种服务访问数据在手机设备上，程序安装到手机设备和其他的相关资源，以及内容提供展示动态数据。
- android.view，核心用户界面框架。
- android.widget 提供标准用户界面元素，list（列表），buttons（按钮），layout managers（布局管理器）等，是组成我们界面的基本元素。

- android.app 提供高层应用程序模型，实现使用 Activity。
- android.provider 提供方便调用系统提供的 content providers 的接口。
- android.telephony 提供 API 交互和手机设备的通话接口。
- android.webikit 包含一系列工作在基于 Web 内容的 API。

3.3.2 拓展开发外延——Android 可选 API 介绍

除了上面介绍的核心 API 外，Android 还有很多可选 API。Google 和 Sun 公司相同，把部分高端应用作为可选 API 供手机生产商定制不同的硬件支持模块。在 JME 中 Sun 公司是以 JSR 方式公布，Google 采用了 optional API，包含但不限于以下这些模块。

1. Location–Based Services 定位服务

Android 操作系统支持 GPS API-LBS，可以通过集成 GPS 芯片来接收卫星信号，通过 GPS 全球定位系统中至少 3 颗卫星和原子钟来获取当前手机的坐标数据，通过转换成为地图上的具体位置，这一误差在手机上可以缩小到 10 米。

同时，Google 推出一种基于基站式的定位技术——MyLocation，可以更快速地定位，与前者 GPS 定位需要花费大约 1 分钟相比，基站定位更快。

2. Media APIs 多媒体接口

Android 平台上集成了很多影音解码器以及相关的多媒体 API，通过这些可选 API，厂商可以让手机支持 MP3、MP4、高清晰视频播放处理等。

3. 3D Graphics with OpenGL 3D 图形处理 OpenGL 可选 API

Android 平台上的游戏娱乐功能，如支持 3D 游戏，或应用场景就需要用到 3D 技术，手机厂商根据手机的屏幕，以及定位集成不同等级的 3D 加速图形芯片来加强基于 Android 平台手机的娱乐性。

4. Low–Level Hardware Access 低级硬件访问

这个功能主要用于控制手机底层方面操作。由于设计底层硬件操作，将主要由各个手机硬件厂商来定制，支持不同设备的操作管理等，如蓝牙 BlueTooth、Wi-Fi 无线网络支持等。

3.4 本章小结

本章主要介绍了 Android SDK 的相关内容，包括其文档解读，示例解读，以及相关 API 介绍。通过本章的学习，可以比较清晰地把握 Android SDK 的全貌，熟悉其提供的相关示例，以及附带的工具使用。

第 4 章 千里之行始于足下
——Hello EoE

学习目标：

- 学会如何快速新建一个 Android 项目
- 学会如何运行一个 Android 项目
- 了解如何对一个 Android 项目进行调试

4.1 Hello EoE 应用分析

4.1.1 新建一个 Android 项目

（1）开启 Eclipse，在菜单栏中依次选择：File -> New -> Android Application Project，如图 4-1 所示。

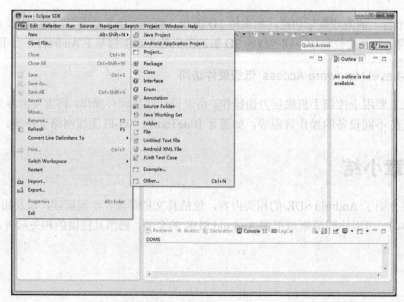

▲图 4-1 新建 Android 项目

（2）弹出"New Android App"窗口，并按要求填入数据，如图 4-2 所示。
各个字段的含义和对应输入的值如下。

- Application Name：App 的名字，将会在"Setting->Apps"应用程序列表中显示，填入"HelloEOEApp"。
- Project Name：项目的文件路径及在 Eclipse 中显示的名称，填入"HelloEOEProject"。
- Package Name：项目源码的包名（规则和普通的 Java 项目类似），填入"com.eoeandroid.helloeoeproject"。
- Build SDK：项目将在哪个 SDK 版本上进行编译，默认即可。
- Minimun Required SDK：项目编译所需 SDK 的最低版本，默认即可。如果当前设备中的 SDK 版本低于此，则项目将无法在之上运行。

一般来说，Application Name、Project Name 和 Package Name 三者必须填写，为了很好地将这三者区分开来，故键入的值各不相同。其他两项默认即可。

（3）选择"Next"进入到"Configure Launcher Icon"窗口，设置 App 的图标，默认即可，如图 4-3 所示。

▲图 4-2　填写项目信息

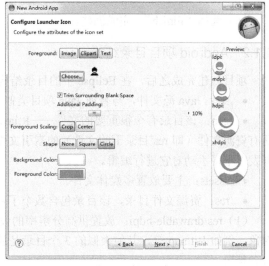

▲图 4-3　设置图标

（4）选择"Next"进入"Create Activity"窗口，选择模板并创建 Activity，默认即可，如图 4-4 所示。

（5）选择"Next"，进入"New Blank Activity"窗口，如图 4-5 所示。
各个字段的含义和对应输入的值如下。

- Activity Name：Activity 的文件名，将生成对应名字的 Java 文件，值默认即可。
- Layout Name：Activity 对应的布局文件名，将生成对应名字的 xml 文件，值默认即可。
- Title：App 在手机桌面上的名称和该 Activity 显示的名称，值为"HelloEOE"。

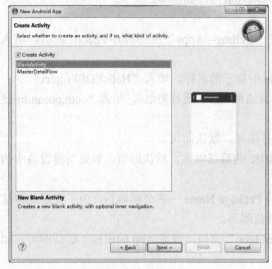

▲图 4-4 创建 Activity　　　　　▲图 4-5 完成创建项目

(6) 选择 "Finish", 完成创建。

4.1.2 Android 项目目录结构

项目创建完成之后, 在 Eclipse 中的目录结构如图 4-6 所示。

- src: Java 源文件, 与普通 Java 项目类似。
- gen: 该目录有个很重要的文件——R.java, 该文件是项目中所有资源文件（即 res 目录下的文件）的索引文件, 系统自动生成, 开发者不得手动对它进行编辑。
- assets: 主要放置多媒体文件。
- res: 资源文件目录, 该目录包含数个子目录。

(1) res/drawable-hdpi: 放置供高分辨率的设备使用的 drawable 对象, 例如 Bitmap 等, 其他类似的 3 个目录是放置供其他分辨率的设备使用。

(2) res/layout: App 界面的布局文件。

(3) res/values: 一系列资源的各种各样的 XML 文件, 例如, 定义 string 和 color 的 XML 文件。

- AndroidManifest.xml: 每一个项目都必须有该文件, 并且位于根目录之下, 文件名固定。该文件对所有的组件进行声明, 只有这样组件才能被正常使用, 例如, Activity、Service 等。

▲图 4-6 项目目录结构

4.1.3 运行项目

完成上述步骤之后, Eclipse 中会新增一个名为 "HelloEOEProject" 的项目, 右键单击该项目, 会弹出下拉菜单, 并依次选择: Run As -> 1 Android Application, 如图 4-7 所示。

如果此时模拟器尚未启动,系统会先将之启动,然后在模拟器上运行该 App。运行结果如图 4-8 所示。

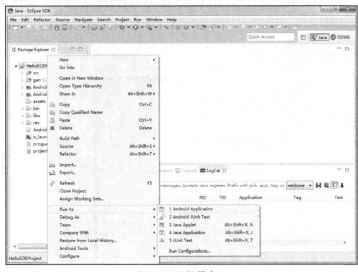

▲图 4-7 运行程序

▲图 4-8 运行结果

再者,手机桌面上新增一名为"HelloEOE"的图标,如图 4-9 所示。同时,"Setting->Apps"应用程序列表中也新增一名为"HelloEOEApp"的图标,如图 4-10 所示。

▲图 4-9 启动桌面

▲图 4-10 Setting 中的 Apps 列表

4.2 调试项目

Android 提供的配套工具是强大的,利用 Eclipse 和 Android 基于 Eclipse 的插件,我们可以在 Eclipse 当中对 Android 的程序进行断点调试,下面就来具体演示一下。

4.2.1 设置断点

和对普通的 Java 应用设置断点一样，我们通过双击代码左边的区域进行断点设置，如图 4-11 所示。

▲图 4-11 设置断点

4.2.2 Debug 项目

Debug Android 项目的操作和 Debug 普通 Java 项目类似，只不过在选择调试项目的时候选择 Android Application 即可，如图 4-12 所示。

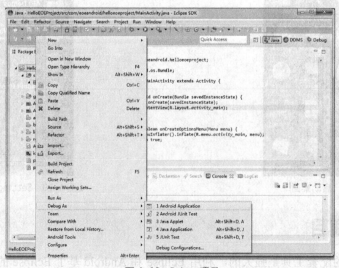

▲图 4-12 Debug 项目

4.2.3 断点调试

我们可以进行单步调试，具体调试和调试普通的 Java 程序类似，如图 4-13 所示。

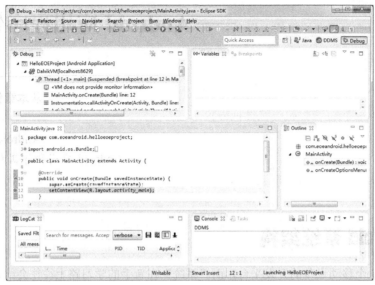

▲图 4-13 断点调试

4.3 本章小结

至此，我们的第一个"Hello EOE"项目就算完成了。通过这个项目我们了解到如何快速构建一个 Android 的项目工程，以及如何对 Android 的项目进行调试。在后续的章节中，我们将构建更加复杂和有现实意义的例子，通过这些例子的学习，相信你对 Android 会有更加深刻的了解。

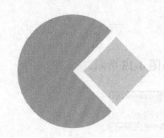

第 5 章　良好的学习开端
——Android 应用程序架构分析

从本章你可以学到：

- Android 系统结构
- Android 应用程序工程结构组成

5.1　Android 系统架构

　　Android 是一个移动设备的开发平台，而"系统"在新手的学习路上往往会给人一种神秘并且抽象的感觉。而这章会带大家一起简单分析一下 Android 的系统架构，通过分析，相信大家会了解到，其实 Android 系统也是由很多"个体"组成，如果大家想对系统进行完整的学习，那么可以根据体系架构图中所示，进一步深入分析各个"个体"（应用框架层，Libraries，Linux Kernel）。当然，这个过程是需要付出很多努力的。而我们现在主要关注于 Android 应用层这个"个体"。

　　在分析之前，我们先来看图 5-1，这张图是 Android 官网的 Android 系统架构图。从图 5-1 中我们可以看到 Android 系统架构一共有四个主要的组成部分，从上往下依次是 APPLICATIONS（应用程序层），APPLICATION FRAMEWORK（应用程序框架层），LIBRARIES（ANDROID RUNTIME）（库以及运行环境），以及 LINUX KERNEL（Linux 内核）。下面将对每个组成部分进行简单的说明。

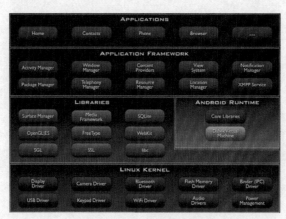

▲图 5-1　Android 系统架构图

5.1.1 Applications（应用程序层）

在 Android 平台中，用户能够与之直观交互的就是应用程序了。而这些程序（例如 Home[桌面]，联系人[Contacts]，电话[Phone]，浏览器[Browser]等）都是处于平台中的应用程序层。应用程序目前都是使用 Java 语言编写的，虽然 Android 平台已经内置电话，浏览器等众多应用，但是开发人员依然可以开发自己的应用来替代这些内置程序。这也造就了 Android 平台的灵活性和个性化。

5.1.2 Application Framework（应用程序框架层）

应用程序框架是开发 Android 应用程序的基础，这一层提供了大量的 API 供开发者使用，开发者可以使用框架层的 API 来实现自己的程序，并且通过这套框架，各种组件、服务都可以被开发者重复的利用。以下是对应用程序框架层的基本介绍。

1. Activity Manager（活动管理器）

管理系统中的 Activity，比如 Android 的生命周期，activity task 等。

2. Window Manager（窗口管理器）

管理所有的窗口程序。

3. Content Provider（内容提供器）

用于不同程序之前的数据分享等。

4. View System（视图系统）

构建应用程序的基本组件。

5. Notification Manager（通告管理器）

在状态栏显示自定义的提示信息。

6. Package Manager（包管理器）

管理 Android 系统内的程序。

7. Telephony Manager（电话管理器）

管理访问移动设备上的电话服务。

8. Resource Manager（资源管理器）

管理应用程序中使用的各种本地资源，如图片、布局文件、颜色文件等。

9. Location Manager（位置管理器）

提供位置服务。

10. XMPP Service（XMPP 服务）

提供 Google Talk 服务。

5.1.3 Libraries Android Runtime（库以及 Android 运行环境）

库和运行环境知识已经开始涉及底层了，这一层跟最上层的应用程序关系并不是很密切，所以，这里只会进行简单的介绍。大家大概了解一下即可。如果对这部分特别的感兴趣，则可以参考 Android 官方提供的 API 或者下载源代码学习。

Android 包含一些 C/C++库，这些库能被不同的组件使用，它们通过 Android 应用程序框架对开发者提供服务。以下是一些核心库（Libraries）。

（1）系统 C 库，一个从 BSD 继承来的标准 C 系统函数库（libc），它是专门为基于嵌入式 Linux 的设备制定的。

（2）媒体库（Media Framework），基于 PacketVideo OpenCORE，该库支持多种常用的音视频格式回放和录制，同时支持静态图像文件。编码格式包括 MPEG4，H.264，MP3，AAC，AMR，JPG，PNG。

（3）Surface Manager，对显示子系统的管理，并且为多个应用程序提供 2D 和 3D 图层的无缝融合。

（4）LibWebCore，一个最新的 Web 浏览器引擎，用来支持 Android 浏览器和一个可嵌入的 Web 视图。

（5）SGL，底层的 2D 图形引擎。

（6）3D libraries，基于 OpenGL ES1.0 APIs 实现，该库可以使用硬件 3D 加速（如果可用），或者使用高度优化的 3D 软加速。

（7）FreeType，位图（bitmap）和矢量（vector）字体显示。

（8）SQLite，功能强大的轻型关系型数据库引擎。

运行时（Android Runtime）：

（9）核心库（Core Libraries），该核心库提供了 Java 编程语言核心库的大多数功能。

（10）Dalvik 虚拟机（Dalvik Virtual Machine），每个 Android 应用程序都在它自己的进程中运行，并拥有独立的 Dalvik 虚拟机实例。Dalvik 被设计成一个设备，可以同时高效地运行多个虚拟系统。Dalvik 虚拟机执行（.dex）的 Dalvik 可执行文件，这种格式文件针对小内存使用作了优化。同时虚拟机是基于寄存器的，所有的类都经由 Java 编译器编译，然后通过 SDK 中的"dx"工具转换为 dex 格式，由虚拟机执行。

Dalvik 虚拟机依赖于 Linux 内核的一些功能，例如，线程机制和底层内存管理机制。

5.1.4 Linux Kernel（Linux 内核）

Android 是基于 Linux 2.6 内核，其核心系统服务如安全性、内存管理、进程管理、网路协议以及驱动模型都依赖于 Linux 内核。Linux 内核同时也是作为硬件和软件栈之间的抽象层。

5.2 Android 应用程序工程结构分析

5.2.1 应用程序工程结构组成分析

在基本了解了 Android 系统架构之后，我们接下来简单分析一下一个典型的 Android 项目工程是什么样子的。如图 5-2 所示。

结合图 5-2，我们来大概分析一下项目里面的具体构成（从上至下）。

HelloWorld：就是整个 Android 项目的工程名，相信大家一看就懂。

src 文件夹：整个项目的源文件目录，图 5-2 中的源文件就只有 HelloWorldActivity.java。

gen 文件夹：这个文件夹下有两个文件，BuildConfig.java 以及 R.java 文件。这两个文件都是系统自动生成的，BuildConfig.java 的作用是检查你的代码，并不断运行调试。R.java 文件则是对项目资源的全局索引（比如在下面将介绍到的 res 文件中添加了内容，那么 R.java 文件则会自动重新编译，同步更新，之后在项目中，你就可以通过 R.java 中的索引来正确找到对应的资源）。这两个文件在开发中，开发人员不必对其进行修改。

Android2.2：这是应用运行的 Android 库，如图 5-2 所示，项目用的是 Android 2.2 的库。

▲图 5-2　Android 项目工程结构

Android Dependencies：这个是 Android 项目的依赖包，在开发应用时，如果你需要引用第三方的包，则只需要在工程目录下新建 libs 文件夹（注意，是 libs 而不是 lib）。然后将第三方 jar 包复制进去，eclipse 会自动将这个 jar 包添加到 Android Dependencies 文件夹中，而不必手动去 BuildPath。

assets 文件夹：assets 主要放置多媒体或其他不需要进行索引的资源文件，上面提到过 res 文件夹下放置文件时会在 R.java 中生成索引的，那么有些你觉得不必要索引的资源文件则可放置在 assets 文件夹中。

bin 文件夹：这个文件夹主要存放编译后的一些资源信息，比如生成的项目 apk 文件等。

res 文件夹：res 下的 drawable-hdpi、drawable-ldpi、drawable-mdpi、drawable-xhdpi 文件夹主要用来存放图片类型资源，当然也可以存放与样式相关的 XML 文件，比如 selector（这个后期在项目实战中会有讲到）。而这几个文件夹的命名也区分了它们的不同作用，hdpi 结尾的，主要存放高分辨率图片，ldpi 放置中等分辨率图片，mdpi 放置低分辨率图片，xhdpi 则是放置高清分辨率图片（比高分辨率更加清晰）。之所以不同的分辨率要放置在不同的文件夹中，是因为系统会根据手机或者平板设备自身的分辨率到不同的文件夹中寻找最合适的图片，以达到更好的显示效果。

res 文件夹下的 layout 的文件夹则是用来放置 XML 格式的布局文件的。values 文件夹存放字符串（strings.xml）、颜色（colors.xml）、数组（arrays.xml）资源等。值得注意的是，整个 res 文件夹下的内容改变，都会在上面介绍到的 R.java 文件中自动生成索引。

5.2.2 AndroidMainfest 文件分析

AndroidManifest.xml 是每一个 Android 应用程序必须拥有的全局配置文件，该文件描述了应用程序中用到的组件、权限、第三方引用等。比如我们需要的 Activity、Service 等组件都需要在该配置文件中配置。接下来我们分析一下该配置文件的基本配置元素。

<manifest>：该标签是 AndroidManifest 文件的根元素，它必须包含一个<application>元素，并指定 xlmns、package 属性。xlmns 指定 Android 的命名空间，默认值为 http://schemas.android.com/apk/res/android。package 则是应用包名，也是一个应用进程的默认名称。在创建 Android 项目的时候，通常会让你填写一个包名，而你填写的那个包名默认就是这个 package 的属性值。另外还有常用的属性，versionCode，是给设备程序识别版本用的，必须是一个整数值，代表当前程序更新过多少次。versionName 则是给用户查看版本的。

<uses-permisson>：该标签是用来指定权限的，在 Android 系统中，需要指定相应的权限才能使用相应的功能，例如，我们需要访问网络，则必须配置 android.permisson.INTERNET。

<permisson>：该标签用来指定给<uses-permission>标签使用的具体权限。如果你的应用程序需要提供一些数据或者可调用的代码，你就可以使用该标签指定访问你程序的权限。

<instrumentation>：该标签声明了一个 Instrumentation 类，这个类能够监视应用程序与系统的交互，并且 Instrumentation 会先于应用程序中的其他组件被实例化。

<uses-sdk>：该标签用来声明应用程序中需要使用的 SDK 版本。

<uses-configuration>：该标签用来指明应用程序需要什么样的硬件和软件功能。例如，程序可能指定需要一个物理键盘或者特定的导航装置，比如轨迹球。这个规范就是用来避免安装到设备上的程序不能运行（因为，如果应用程序需要轨迹球才能工作，而你的设备没有轨迹球，那么安装了这个应用是无法工作的）。

<uses-feature>：声明程序需要用到的单一硬件或软件功能。Google Play 就是通过检查程序 Manifest 文件中的<uses-feature>元素，然后根据用户的设备来决定显示或隐藏应用程序给用户。例如，某个程序需要蓝牙支持，但是你的设备不支持蓝牙，那么在 Google Play 中，这款应用就不会显示给你。

<uses-library>：指定了程序必须链接的共享库，该标签告诉系统将包含在库中的代码用加载器加载。

<supports-screens>：指定你应用程序所支持的屏幕大小。主要的属性有 android:resizeable（屏幕自适应）、android:smallScreens（小屏）、android:normalScreens（中屏）、android:largeScreens（大屏）等。

<applicaiton>：该标签为应用程序配置的根元素，位于<manifest>标签下级。它包含了与应用相关的配置元素，常用的属性有，应用名 android:label，应用图片 android:icon 等。

<activity>：该标签用来声明应用中用到的 Activity 组件，每一个程序中的 Activity 都必须在 manifest 文件中进行声明，否则系统识别不了 Activity。常用的属性有 android:name，Activity 的对应类名。另外 Activity 还可以包含<intent-filter>标签。

<service>：该标签用来声明 Service 组件。主要属性有 android:name：Service 类名。

<receiver>：该标签为 Broadcast Receiver 组件的声明标签，用来定义一个具体的广播接收器。

主要属性有 android:name，具体的类名。

<provider>：该标签是 Content Provider（内容提供者）的声明标签。主要属性有 android:name，具体类名，android:authorities，对指定 URL 授予权限标识。

由于 AndroidManifest 配置文件中涉及到的标签和属性非常多，这里篇幅有限不能为大家一一讲解，所以简单讲解一下基本的标签后，我们再来新建一个 HelloEoe 的项目，并分析它的 AndroidManifest 文件，具体代码如下：

```xml
<?xml version="1.0" encoding="utf-8"?>
<manifest
1xmlns:android="http://schemas.android.com/apk/res/android"
2package="com.eoeAndroid.helloeoe"
3android:versionCode="1"
4android:versionName="1.0" >

5<uses-sdk android:minSdkVersion="10" />

6<application
7   android:icon="@drawable/ic_launcher"
8   android:label="@string/app_name" >
9   <activity
10      android:name=".HelloEoeActivity"
11      android:label="@string/app_name" >
12      <intent-filter>
13          <action android:name="android.intent.action.MAIN" />
14          <category android:name="android.intent.category.LAUNCHER" />
15      </intent-filter>
16   </activity>
17 </application>

</manifest>
```

🖉 代码解释

第 1 行：指定 Android 的命名空间。

第 2 行：指定 package 属性，com.eoeAndroid.helloeoe 也是默认的进程名称。

第 3 行：给设备识别的版本号。

第 4 行：显示给用户的版本号。

第 5 行：指定当前最低 Android 版本为 10。

第 7 行：代表当前应用程序使用的图标。

第 8 行：代表应用程序的名称。

第 10 行：指定具体的 Activity 名称。值得注意的是，原本我们是要写全路径的，但是这里为什么只写了.HelloEoeActivity 呢？我们可以通俗理解为，这个路径跟上面 manifest 属性 package 是连在一起的，如果我们把 package 的值和.HelloEoeActivity 连起来，就成了 com.eoeAndroid.com.HelloEoeActivity，这样就是一个全路径了。

第 12～15 行：定义了一个 Intent-filter，并且指定了一个 action 和 category 元素，这表明当前 Activity 是本应用的默认入口 Activity，并且作为顶部程序显示在 Launcher（Android 系统中的程序列表）里。

5.3 本章小结

本章主要对 Android 系统的体系架构进行了简单的分析，让大家能够基本了解 Android 系统的构成，也为初学者提供了对 Android 进行深入研究的大致方向，最后又介绍了一个 Android 应用工程的组成，以及每个组成的意义。看完这一章，相信读者会对 Android 有一个大概的了解。从下一章开始，我们将讲解 Android 中的几个重要组件。后续章节都会有代码的加入，建议大家在看代码时，如果遇到某些代码和资源的放置问题，可以回头来看看这一章，这样才能更好地理解 Android 应用程序的构成以及如此设计的好处。

第 6 章　Android 的核心——Activity

从本章你可以学到：

- 什么是 Activity
- 掌握 Activity 的生命周期
- 掌握 Activity 四个基本状态
- 掌握 Activity 三个重要循环
- 掌握配置的改变
- 掌握 Activity 不同的加载模式
- 怎么保存和恢复 Activity 的状态
- 启动 Activity 并获取结果

6.1　什么是 Activity

　　Activity 是 Android 四大组件之一，也是 Android 中最基本的模块之一。在官网中是这样介绍 Activity 的。

　　几乎所有的的 Activity 都是用来与用户交互的，因此 Activity 主要关注于视图窗体的创建（你可以通过 setContentView（View）方法来放置你的 UI），而且 Activity 对于用户来说通常都表现为全屏的窗体，当然，它们也能以其他的方式呈现，比如浮动窗体。

　　通俗一点来讲，我们可以把手机比作一个浏览器，那么 Activity 就相当于一个网页。在 Activity 中，我们可以添加不同的 View，并且可以对这些 View 做一些事件处理。例如，在 Activity 中添加 button、checkbox 等元素。因此，Activity 的概念在某种程度上和网页的概念是相当类似的。网页对于一个完整的 Web 站点来说有多重要，Activity 对 Android 应用程序就有多重要。

6.2　Activity 的生命周期

　　Activity 的重要性在 Activity 介绍中已经大概描述了，为了更好地使用 Activity，接下来我们介绍一下 Activity 的生命周期。

　　在讲 Activity 生命周期之前，我们先看图 6-1（Activity 的生命周期）。

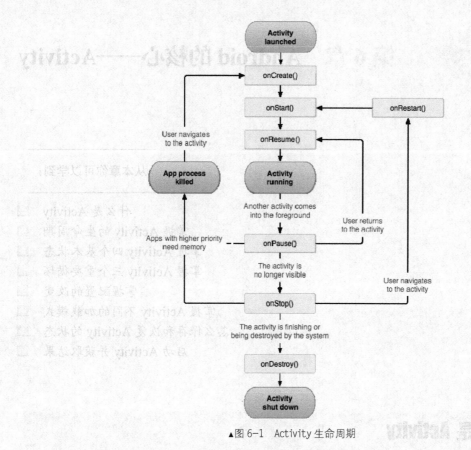

▲图 6-1 Activity 生命周期

从图 6-1 中我们可以看到 Activity 的生命周期其实就是由以下函数组成的。

```
public class Activity extends ApplicationContext{
  protected void onCreate(Bundle savedInstanceState);
  protected void onStart();
  protected void onRestart();
  protected void onResume();
  protected void onPause();
  protected void onStop();
  protected void onDestroy();
}
```

通常情况下 Activity 生命周期的动作如下所示。

onCreate()：该方法是在 Activity 第一次被创建的时候调用的。这个方法通常用来做一些常规的设置，比如创建视图，绑定数据到 list 等。这个方法还提供了一个 Bundle 对象来保存先前冻结的状态，当然，前提是你之前已经将你需要冻结的内容放到了 Bundle 中。之后总是会调用 onStart() 方法，并且在调用了这个方法之后，是不能被系统意外杀死的。

onRestart()：从名字就能看出，在 Activity 被停止后，如果需要重新启动，则会调用这个方法，之后会调用 onStart()方法。

onStart()：该方法在 Activity 将要对用户可见时调用，如果 Activity 将显示在前台，接着调用 onResume()，如果 Activity 将变隐藏，则调用 onStop()方法。不能被系统意外杀死。

onResume()：该方法是在 Activity 将开始于用户交互时被调用的，这个时候的 Activity 在 Activity 栈中处于最顶部，之后总是调用 onPause()方法。也不能被系统意外杀死。

onPause()：该方法是在系统准备恢复其他 Activity 时调用，这个方法通常用来提交未保存变化的持久化数据，停止动画和其他可能消耗 CPU 的操作等。由于在这个方法返回之前，下一个 Activity 是无法被恢复的，所以这个方法的实现不宜做耗时的操作。如果调用了该方法之后，Activity 又打算重新返回到前台，则会调用 onResume()方法，如果 Activity 变得对用户不可见，则调用 onStop()方法。在系统极端低内存的情况下可以被杀死。

onStop()：该方法在 Activity 不再对用户可见时调用，因为其他 Activity 已经恢复并且正在覆盖当前 Activity。这个可能发生在当一个新的 Activity 正在启动，而已经存在的 Activity 又被带到了这个 Activity 的前面，或者这个 Activity 正在被销毁。调用了这个方法后，可能会被系统意外地杀死。

onDestory()：该方法是在 Activity 被销毁之前最后调用的一个方法，这个可能发生在 Activity 被完成的时候。

> **小提示**　上述提到的可能被系统意外杀死或者不能被杀死，是指 Android 系统在运行时，会在内存极端低下的情况下有选择性地杀死某些"不必要"进程以达到缓解内存不足的情况。

6.3 Activity 的监控范围内的三个主要循环

Activity 的"整个生命周期"是发生在第一次调用 onCreate(Bundle)和唯一最后调用 onDestroy() 方法之间。一个 Activity 会在 onCreate()方法中设置全局状态，并在 onDestroy()方法中释放余下的资源。例如：Activity 有一个运行在后台的线程用来从网络上下载数据，则这个线程可能在 onCreate() 方法中被创建，并在 onDestroy()方法停止线程。

Activity 的"显示生命周期"是发生在调用 onStart()方法以及调用相对应的 onStop()方法之间。这段期间，用户可以在屏幕上看到 Activity，尽管该 Activity 可能不在前面（可能隐藏被透明的 Activity 覆盖等）并与用户交互。在这两个方法中间你可以维护所需要的显示给用户的资源。例如：你可以在 onStart()方法中注册一个 BroadcastReceiver 来检测影响你用户界面的改变，并当你的用户不在见到显示的东西时在 onStop()方法中撤销该 BroadcastReceiver。随着 Activity 对用户的可见和不可见状态的转变，onStart()方法和 onStop()方法能被调用多次。

Activity 的"前台生命周期"（foreground lifetime 的意思就是当前 Activity 显示在屏幕上并且用户能与之交互的一个状态）发生在调用 onResume 方法以及相应的 onPause 方法之间。在这段期间，Activity 处在其他 Activity 的前面并能与用户直接交互。Activity 会经常在恢复和暂停的状态中转换。例如，当设备休眠时，当一个新的 intent 被传递到另一个 Activity 时。因此在这些方法中代码应该要相当轻量级。

6.4 Activity 拥有四个基本的状态

活动中：如果 Activity 在屏幕前（即在栈的最顶部），它是可视的，可接受用户输入的。

暂停：如果 Activity 已经失去了焦点，但是仍然可见（即，一个非全屏或者透明的 Activity 在你的 Activity 的上方拥有焦点），它的状态是暂停。一个暂停状态下的 Activity 是完全活着的（它保留了所有状态和成员信息并仍然附加到视图管理器），但在系统极端低内存的情况下可以被杀死。

停止：如果一个 Activity 完全被另一个 Activity 遮住了，它的状态是停止的。它虽然仍然保存着所有状态和成员信息，但是，它不再对用户可见，所以它的窗口是隐藏的，这个状态下的 Activity 往往会在其他地方需要内存时被系统意外杀死。

待用：如果一个 Activity 处于暂停或者停止状态，系统可以让它完成，或者直接杀掉它的进程。当它再重新显示给用户时，它必须完全重启并恢复到以前的状态。

6.5 Task、栈以及加载模式

在 Android 应用程序中，应用程序中的 Activity 是可以启动其他程序的 Activity 的，例如，你在 A 程序中单击了某一串链接地址，应用会自动调用系统的浏览器帮你打开这个链接（如果你的系统中存在多个浏览器，则会打开多个并让你选择其中一个），虽然 A 程序和浏览器不属于同一个应用，但是你单击"回退"按钮后，依然可以回退到 A 程序中。像这种无缝的用户体验，主要得益于 Android 中的 Task。

那什么是 Task 呢？通俗来讲，Task 就是一组与用户交互并执行特定工作的 Activity 的集合。它们都根据被启动的顺序排列在栈中（我们可以称这个栈为"回退栈[back stack]"）。比如我们先启动了 A 程序，依次调用了 A、B、C 3 个 Activity，之后又通过 C Activity 启动了 B 程序的 D Activity，最后又通过 D Activity 回到了 A 程序并依次退出结束，那么我们可以将由 A B C D Activity 实例组成的集合称为一个 Task，而这些 Activity 的实例都会根据被启动的顺序存放在栈中（所以，我们讲的 A、B、C、D 实例组成的集合，不一定只有 4 个 Activity 实例，这主要依赖每个 Activity 的启动模式，后续我们会讲到）。

当用户在应用程序界面（Home 界面）单击一个图标（或者 Home 界面的快捷方式）时，这个应用程序的 Task 就会启动，如果不存在这个程序的 Task（即这个应用程序最近没有被用过），则会创建一个新的 Task，并且该程序的"main" Activity 会作为栈的根 Activity 存在。

当当前的 Activity 启动另一个 Activity，新的 Activity 就会被压入栈的顶部并且得到焦点。上一个 Activity 仍然存在栈中，但是它停止活动了。当一个 Activity 停止，系统仍然会保存它的用户界面的当前状态。当用户单击"回退"按钮时,当前 Activity 就会从栈的顶部被弹出并且被销毁。而之前的 Activity 将会被恢复(之前的 UI 状态都将修复)。栈中的 Activity 是不会进行重新排序的,仅仅只是压入或者弹出栈(被当前 Activity 启动则压入栈,用户单击"回退"按钮离开则弹出)。栈的管理方法是典型的"后进先出"。具体如图 6-2 所示。

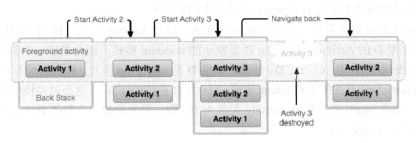

▲图 6-2 栈的"后进先出"

比如我们首先启动了 Activity1,这时栈中就只存在 Activity1 一个实例,当使用 Activity1 启动 Activity2 时,Activity1 就被压在了栈下面,Activity2 则被压到了栈的顶部,当我们使用 Activity2 再启动 Activity3 时,Activity2 又被压了下去,Activity3 则处于栈的顶部。这个时候整个栈中就有了 Activity1,Activity2,Activity3 三个实例了,并且 Activity3 处于最顶部,也是获得焦点的 Activity。如果我们这个时候按一下"回退"按钮,系统则会将栈最顶部的 Activity(即 Activity3)弹出并销毁,这个时候 Activity2 又处于了栈的顶部,并获得了焦点,整个栈里就只有 Activity2 和 Activity1 了。

当用户不停地单击"回退"按钮,则在栈中的每一个 Activity 都会被弹出并恢复前一个,直到用户最后返回到了 Home 界面,当 stack 中的所有 Activity 不再存在了。该 Task 也就不再存在了。

其实大多数情况下,我们是没必要去关心 Activity 与 Task 是如何关联,怎样存在于"回退栈"中的。然而,如果你想不使用 Activity 的默认行为,比如你希望你的应用程序在启动一个 Activity 时创建一个新的 Task,而不是直接放入当前的 Task 中,或者当你启动一个 Activity,你希望将已经存在在栈中的 Activity 带到栈的顶部,而不是在栈中创建一个新的,或者你想当用户离开 Task 的时候,清除栈中的所有 Activity,除了根 Activity。

> **注意** 大多数的应用我们不应该打断 Activity 和 Task 的默认行为,如果你确定需要为你的 Activity 修改默认的行为,请谨慎,并多测试可能产生的与用户预期相冲突的行为。

为了达到打断默认行为的效果,我们可以自己定义启动模式(launch Mode),这里有两种方法。
一是使用 manifest 文件。在 manifest 文件中通过指定 Activity 的 launchMode 属性来定义。launchMode 属性支持四种不同的值(即四种不同的启动模式)。

1. standard 模式

这是默认的模式,系统会在 Task 中创建新的 Activity 实例,并且这个 Activity 能被实例化多次,每个实例都能属于不同的 Task,一个 Task 也能拥有多个实例。

2. singleTop 模式

在这个模式下，如果一个 Activity 实例已经存在于当前 Task 的顶部，系统会通过调用它的 onNewIntent 方法发送 intent 请求调用已经存在于顶部的 Activity 实例，而不是创建一个新的 Activity 实例。Activity 可以被实例化多次，每个实例也能属于不同的 Task，一个 Task 也能有多个实例（但是只有当回退栈的顶部不是这个 Activity 已经存在的实例）。

例如，假设 Task 的回退栈已经存在根 ActivityA，以及 ActivityB、C、D（D 在栈的顶部），当 intent 接收到类型 D 的 Activity 时，如果 D 是默认的 standard 模式，则会创建一个新的 ActivityD，栈里的实例就变成了 A、B、C、D、D。然而，如果 D 是 singleTop 模式，栈中已经存在的 ActivityD 就会通过 onNewIntent 方法接受到 Intent 请求，（因为 D 在栈的顶部），这个时候栈中仍然是 A、B、C、D。然而，如果 Intent 接受到的 Activity 类型为 B，则还是会创建一个新的 B 实例到栈中，即使它的加载模式是"singleTop"。

3. singleTask 模式

系统会创建一个新的 Task 并将 Activity 作为新 Task 的根（root）实例化。然而，如果 Activity 的实例已经存在于一个其他的 Task 中，系统会通过 onNewIntent 方法发送 Intent 请求到已经存在的实例，而不是创建一个新的实例。在同一时间，Activity 的实例只能有一个。

> **注意** 即使 Activity 启动了一个新的 Task，当我们单击回退按钮时，还是会回到前一个 Activity。

4. singleInstance 模式

跟 singleTask 效果一样，不同的是，系统不会加载其他的 Activity 到包含了这个实例的 Task 中，Activity 实例只有一个并且它是 Task 的唯一成员。之后被该 Activity 启动的其他 Activity 都会在不同的 Task 中启动。

举个例子，Android 的浏览器程序通过指定 Activity 的 singleTask 模式声明它的 Activity 总是在它自己的 Task 中打开，这也意味着如果你的程序发送 Intent 去打开浏览器，浏览器的 Activity 和你程序的 Activity 不在同一个 Task 中，而是为浏览器创建一个新的 Task，如果浏览器已经有一个 Task 运行在后台，那么它会被带到前台来处理这个新的 Intent。

另外一种打断默认行为效果的方式则是通过 Intent 中的 flag。

在使用 Intent 方式时，我们可以通过设置 Intent 的值为 FLAG_ACTIVITY_NEW_TASK，FLAG_ACTIVITY_SINGLE_TOP 以及 FLAG_ACTIVITY_CLEAR_TOP 来达到我们需要的效果。

FLAG_ACTIVITY_NEW_TASK：它的效果和前面提到的 singleTask 启动模式的效果是一致的。

FLAG_ACTIVITY_SINGLE_TOP：它的效果和前面提到的 singleTop 启动模式的效果一致。

FLAG_ACTIVITY_CLEAR_TOP：如果要启动的 Activity 已经运行在当前 Task 中，那么不会再创建该 Activity 的新实例，而是所有在这个 Activity 实例上面的 Activity 都会被销毁，并通过 onNewIntent 方法启动该 Activity（此时，该 Activity 已经处于栈的顶部）。之前提到的配置 launchMode 的方式，没有一个属性的效果跟此值的效果一致。

6.6 配置改变

如果设备的配置改变了（定义在 Resource.Configuration 类中），任何显示在界面上的东西都需要更新以适应配置。由于 Activity 是与用户交互的主要机制，所以它也包括一些处理配置改变的特殊支持。

除非你指定了，否则配置改变（比如改变屏幕方向，语言，输入设备等）会导致你当前的 Activity 会销毁，并调用相应的 Activity 生命周期进程函数 onPause()，onStop()以及 onDestroy()。如果这个 Activity 运行在前台或者对用户可见，一旦这个实例（Activity）的 onDestroy()被调用后就会马上又创建一个新的该 Activity 实例，并且前一个 Activity 实例中的 onSaveInstanceState(Bundle)方法中产生的 savedInstanceState 也还存在。

这样做是因为任何程序资源，包括布局文件都能在任何配置值被改变的情况上被动地改变，因此唯一安全的处理配置改变的方式就是重新获取所有的资源，包括布局（layout），图片资源（drawables）以及字符资源（strings）。因为 Activity 必须知道怎样去保存自己的状态和重新创建自己的这种状态，所以根据新配置重新启动一个 Activity 是非常简便的方式。

当然，在某些特殊的情况下，我们可能希望在某些配置类型改变时绕过重新启动 Activity 来直接做某些应对配置值改变的情况。这个可以使用在 manifest 文件中配置的 Activity 的 android：configChanges 属性来做到。任何你在 manifest 中定义的配置类型，都会回调你当前 Activity 的 onConfigurationChanged(Configuration)方法，而不是重新启动你的 Activity。如果一个配置的改变涉及任何你不想处理的，这个 Activity 还是会被重新启动，而且 onConfigurationChanged(Configuration)也不会被调用。

6.7 如何保存和恢复 Activity 状态

之前我们提到了 Activity 的生命周期，也稍微了解了 onPause 和 onStop 方法，在调用了这两个方法后，Activity 暂停或者停止（界面可能直接被覆盖了），但是这个 Activity 的实例仍然存在于内存中，并且它的信息和状态数据都不会销毁，当 Activity 重新回到前台后，所有的这些信息和状态又会回到和以前一样。

但是，如果系统在内存不足的情况下调用了 onPause 或 onStop 方法，Activity 可能会被系统销毁，这个时候，内存中是不会存在 Activity 实例的，如果该 Activity 再次回到前台，之前的信息和状态可能无法保存，页面也就无法根据这些信息和状态回到原来的样子。为了避免这种情况，Activity 中提供了 onSaveInstanceState 方法，这个方法接收一个 Bundle 类型参数，我们可以将状态和数据保存到 Bundle 对象中，这样的话，就算 Activity 被系统销毁，只要用户重新启动 Activity 调用 onCreate 方法，我们就能在 onCreate 方法中得到 Bundle 对象，并根据这个对象中的数据将 Activity 恢复到之前的样子。

具体可以看以下代码。

```
@Override
protected void onCreate(Bundle savedInstanceState) {
    // TODO Auto-generated method stub
```

```java
        super.onCreate(savedInstanceState);
        savedInstanceState.get("preState");
    }

    @Override
    protected void onSaveInstanceState(Bundle outState) {
        // TODO Auto-generated method stub
        super.onSaveInstanceState(outState);
        outState.putString("preState", "eoe");
    }
```

代码解释

我们在 onSaveInstanceState 方法中将 eoe 这个值以键为 preState 存入了 outState 这个 Bundle 对象，之后我们就能在 onCreate 方法中，通过 savedInstanceState 这个 Bundle 对象取得 eoe 这个值了。

> **注意** onSaveInstanceState 方法并不一定会被调用，因为有些场景是不需要保存状态数据的，比如，当用户单击"后退"按钮的时候，因为用户已经明确要关闭当前 Activity 了。

其实，即使不覆写 onSaveInstanceState 方法，该方法依然会默认保存 Activity 的某些状态数据，比如 Activity 里各个 UI 控件的状态。Android 里几乎所有的 UI 控件都适当地实现了 onSaveInstanceState 方法，所以，当 Activity 被摧毁并重新恢复时，这些控件会自动保存和恢复状态。比如 EditText 控件会自动保存和恢复输入的数据，checkbox 也会保存它是否已经选中的状态，当然，要做到这点你也需要给这些控件指定 ID，不然这个控件是不会自动进行数据和状态的保存与恢复的。

由于 onSaveInstanceState 方法不一定会被调用，所以，我们不适合在这个方法中保存持久化数据，例如向数据库中插入记录等，类似这种操作，应该放到 onPause 方法中进行（前面提过）。onSaveInstanceState 方法其实只适合保存瞬时状态数据，比如某些成员变量等。

> **小知识** 除了系统因为内存不足，会摧毁你处于暂停或停止状态的 Activity 之外，系统设置的改变也会导致 Activity 的摧毁和重建。这个我们在本章上面节点"配置改变"中提到过，所以，如果你想要测试你的程序恢复状态的能力，简单的旋转装置，让屏幕横竖屏切换是非常好的方式。

6.8 启动 Activity 并得到结果

在 Activity 中，你可以调用 startActivity(Intent)方法被用来启动一个新的 Activity，并将这个新的 Activity 置于 Activity 栈的最顶部。但是有时候，你却可能希望当一个 Activity 结束时从这个被结束的 Activity 中得到一个返回结果，例如，你可能启动了一个 Activity 让用户在联系人名单上选择一个人，当这个 Activity 结束时，它返回这个被选中的人给你。为了做到这个，你可以调用 startActivityForResult(Intent,int)，结果将会通过 onActivityResult(int,int,Intent)方法返回。

当一个 Activity 退出时，它可以调用 setResult(int)将数据返回到它的父类，当然，它也必须要提供一个结果代码，可以是标准的结果代码 RESULT_CANCELED,RESULT_OK，或者任何其他自定义起始于 RESULT_FIRST_USER 值。另外，也可以返回一个带有你想要的附加数据的 Intent。所有的这些信息会随着最初提供的整数标识符显示回父类的 Activity.onActivityResult()方法中。

如果子 Activity 因为任何原因失败了（比如报错了），父 Activity 就会收到一个结果代码 RESULT_CANCELED。

6.9 Activity 小实例

在介绍完 Activity 相关基础内容后，现在我们来针对 Activity 开发一个简单的小实例。

这个实例指定了 3 个界面（Activity）。HelloWorldActivity 界面有两个按钮，Button 1 和 Button 2（见图 6-3），Button 1 单击后会跳转到 Activity B，而 Activity B 简单地显示"This is Activity B，Welcome！"（见图 6-4）。单击 Button 2 后则跳转到 Activity C，Activity C 界面有一个输入框以及一个"确定"按钮（见图 6-5），当单击"确定"按钮之后，将关闭 Activity C，并获取输入框中的内容，回传到 HelloWorldActivity，并将回传的内容显示在 Button2 的下方，如图 6-6 所示。

▲图 6-3　程序主界面

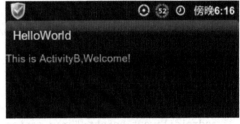

▲图 6-4　单击 Button1 后进入 Activity B

▲图 6-5　单击 Button 2 后进入 Activity C

▲图 6-6　获取 Activity C 的值显示在按钮下方

实例编程实现

第 1 步：新建一个 Android 项目（相信大家看完前面的章节已经知道如何去创建一个 Android 项目了，这里就不再赘述），并创建包名，3 个 Activity（全部继承自 Activity 类，并重写 onCreate 方法）以及 3 个布局文件。如图 6-7 所示。

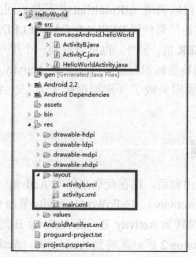

▲图 6-7 实例项目架构（基于 Android 2.2）

第 2 步：打开 **main.xml** 布局文件，编写如下代码。

```xml
<?xml version="1.0" encoding="utf-8"?>
<LinearLayout
xmlns:android="http://schemas.android.com/apk/res/android"
    android:layout_width="fill_parent"
    android:layout_height="fill_parent"
    android:orientation="vertical" >

    <Button android:id="@+id/button1"
        android:layout_width="wrap_content"
        android:layout_height="wrap_content"
        android:text="Button1"/>

    <Button android:id="@+id/button2"
        android:layout_width="wrap_content"
        android:layout_height="wrap_content"
        android:text="Button2"/>

    <TextView android:id="@+id/tvDisplay"
        android:layout_width="fill_parent"
        android:layout_height="wrap_content"/>
</LinearLayout>
```

代码解释

定义一个 LinearLayout（线性布局），并在这个布局中定义两个 Button 和一个 TextView 控件。两个 Button 的长和宽都是 wrap_content（包裹住内容）就可以了。TextView 的宽度则是 fill_parent（填满父控件）。

注意 上述代码中的 Button 控件的 android:text 属性的值理应放置在项目结构中 values 文件夹下 strings.xml 文件中定义，并采用 @string/xxx 来引用对应的值。由于这里主要是介绍 Activity，所以就直接将值写在了属性后面。

第 3 步：打开 activityb.xml 布局文件，编写如下代码。

```xml
<?xml version="1.0" encoding="utf-8"?>
<LinearLayout
xmlns:android="http://schemas.android.com/apk/res/android"
    android:layout_width="fill_parent"
    android:layout_height="fill_parent"
    android:orientation="vertical" >

  <TextView
     android:id="@+id/tvActivityb"
     android:layout_width="wrap_content"
     android:layout_height="wrap_content"
     android:text="This is ActivityB,Welcome!"/>

</LinearLayout>
```

👒 代码解释

这里只是定义了一个线性布局，并在布局中定义了一个 Textview 控件，并显示"This is ActivityB，Welcome"字样。

第 4 步：打开 activityc.xml 布局文件，编写如下代码。

```xml
<?xml version="1.0" encoding="utf-8"?>
<LinearLayout
xmlns:android="http://schemas.android.com/apk/res/android"
    android:layout_width="fill_parent"
    android:layout_height="fill_parent"
    android:orientation="vertical" >

  <EditText
     android:id="@+id/etActivityc"
     android:layout_width="fill_parent"
     android:layout_height="wrap_content"/>

  <Button android:id="@+id/buttonc1"
     android:layout_width="wrap_content"
     android:layout_height="wrap_content"
     android:text="确定"/>

</LinearLayout>
```

👒 代码解释

定义一个线性布局，并在布局中定义一个 EditText 和 Button 控件。

第 5 步：打开 HelloWorldActivity.java 文件，找到 onCreate 方法，编写如下代码。

```java
//将布局文件设置为 main.xml
setContentView(R.layout.main);
//得到两个 Button 控件
Button mButton1 = (Button)findViewById(R.id.button1);
Button mButton2 = (Button)findViewById(R.id.button2);
//为 Button1 绑定单击事件
mButton1.setOnClickListener(new OnClickListener() {
```

```
    @Override
    public void onClick(View v) {
        // TODO Auto-generated method stub
        //使用intent启动ActivityB
        Intent _intent =
         new Intent(HelloWorldActivity.this, ActivityB.class);
        startActivity(_intent);
    }
});
```

> 代码解释

HelloWorldActivity 首先将 main.xml 文件设置为布局文件，之后通过 findViewById 方法得到两个 Button 控件，由于先打算实现单击 Button1 跳转到 ActivityB 这个功能，我们暂时只为 Button1 绑定单击事件。

```
Intent _intent =
  new Intent(HelloWorldActivity.this, ActivityC.class)
```
语句新建了一个 Intent，这个 Intent 描述了从 HelloWorldActivity 跳转到 ActivityB 的一次操作。
`startActivity(_intent)`语句用来启动_intent，由_intent 描述的这次操作才正式执行。

> 小知识
>
> 什么是 Intent？在 Android 官方文档中是这么定义的，Intent 是一次即将操作的抽象描述，现在理解这个定义还有些抽象，但是看完本书就会对这个定义理解了。在 Android 当中，一共用到了 3 种 Intent，现在使用的是第一种，它的作用就是启动一个新的 Activity 并且可以携带数据。还有两种分别如下：
> （1）通过 Intent 启动一个服务（Service）。
> （2）通过 Intent 广播事件。
> 以上两种我们会在后续的章节讲到，这里不再细述。

第 6 步：打开 ActivityB.java 文件，这个文件中没有复杂的代码，只是将 activityb.xml 文件设置为 ActivityB 的布局文件。具体代码如下。

```
@Override
public void onCreate(Bundle savedInstanceState) {
   super.onCreate(savedInstanceState);
   setContentView(R.layout.activityb);
}
```

通过这一步之后，从 HelloWorldActivity 跳转到 ActivityB 就已经完全实现了。接下来就要实现稍微复杂一点的从 HelloWorldActivity 跳转到 ActivityC，并得到返回值显示在 HelloWorldActivity 的逻辑了。

第 7 步：重新打开 HelloWorldActivity.java 并为 Button2 添加监听事件，具体代码如下。

```
mButton2.setOnClickListener(new OnClickListener() {
    @Override
    public void onClick(View v) {
        // TODO Auto-generated method stub
        Intent _intent =
```

```
            new Intent(HelloWorldActivity.this, ActivityC.class);
        startActivityForResult(_intent, 100);
        }
});
```

> **代码解释**

Intent _intent =new Intent(HelloWorldActivity.this,ActivityC.class)跟 Button1 一致，也是描述一次从 HelloWorldActivity 到 ActivityC 的跳转操作。不同的是，这次启动时，使用的方法是 startActivityForResult()方法。

上述代码中的 startActivityForResult 方法有两个参数，第一个是 intent 对象，还有一个则是"请求码"(requestCode),这个请求码是用来区分不同的请求。

例如，A Activity 使用了 startActivityForResult 方法启动了 B Activity 以及 C Activity，在回调的时候，A Activity 中的回调方法只有一个，这样，我们就能够根据不同的 requestCode 在不同的时机只取 B Activity 或 C Activity 返回的值。

> **小知识**
>
> startActivity 与 startActivityForResult 的区别。
> startActivity 在启动了其他 Activity 之后是不会再回调回来的，相当于启动者与被启动者在启动完毕之后是没有关系的。
> startActivityForResult 在启动了其他 Activity 之后是有回调的，也就是说启动者与被启动者在启动完毕之后依然是有关系的。

第 8 步：前面我们已经在 HelloWorldActivity 中为 Button2 添加了事件并使用 startActivityForResult 来启动 ActivityC，现在我们看看 ActivityC 又需要做些什么呢？关键代码如下所示：

```
//设置 activityc.xml 为布局文件
setContentView(R.layout.activityc);
//得到 Button 实例
Button button1 = (Button)findViewById(R.id.buttonc1);
button1.setOnClickListener(new OnClickListener() {
    @Override
    public void onClick(View v) {
        // TODO Auto-generated method stub
    //实例化一个 intent 对象
    Intent data = new Intent();
    //获取 EditText 实例
    EditText editText = (EditText)findViewById(R.id.etActivityc);
    //得到 EditText 的值
    String val = editText.getText().toString();
    //将 EditText 的值存到 intent 对象中（以键值对的形式）
    data.putExtra("helloworld", val);
    //调用 setResult 方法，将 intent 对象（data）传回父 Activity
    setResult(Activity.RESULT_OK, data);
    //关闭当前 Activity
    finish();
    }
```

    });

> 📝 **代码解释**

从上面的代码注释中也能了解到，先是获取了 EditText 这个控件对象，并使用 editText.getText().toString()得到 EditText 中输入的值，再通过 intent 的 putExtra 方法将获取的值以键值对的形式存入 Intent 中，之后调用 setResult 方法将成功的状态码以及 intent 对象传到父 Activity（HelloWorldActivity）中。

> ⚠️ **小知识 1**
>
> Intent 在传递数据时提供了 putExtra 和对应的 getExtra 方法来实现存值与取值。而这里的 put 和 get 方法其实和 Bundle 的 put, get 方法是一一对应的。在 Intent 类中有一个 Bundle 的 mExtras 成员变量，所有的 putExtra 和 getExtra 方法实际上都是调用 mExtras 对象的 put 和 get 方法进行存取。所以，在正常情况下，传递数据可以直接使用 intent 的 putExtra 和 getExtra 方法即可，无需再创建一个 Bundle 对象。

> ⚠️ **小知识 2**
>
> Bundle 类型。这里简单介绍一下，Bundle 是一个类型安全的容器，它的实现就是对 HashMap 做了一层封装。对于 HashMap 来说，任何键值对都可以存进去，值可以是任何的 Java 对象。但是对于 Bundle 来说，同样是存键值对，但是这个值只能是基本类型，或者基本类型数组，比如 int, byte, boolean, char 等。

如果大家对 Bundle 的概念还是有点模糊，没关系，在以后的学习过程中会慢慢了解，这里只需要知道，我们可以使用 Intent 对象的 putExtra 和 getExtra 方法来存取数据就行了。

第 9 步：在完成了 Activity C.java 文件的代码编写后，我们接着再继续打开 HelloWorldActivity 文件，最开始，我们在 HelloWorldActivity 中实现了 Button 2 的事件，这个事件启动了对 Activity C 的调用，而在 Activity C 中我们刚刚也得到了一个 EditText 对象的值并通过 setResult 方法回传到了父 Activity（HelloworldActivity），那么现在我们就需要在 HelloworldActivity 中来实现我们的回调函数了。具体代码如下：

```java
@Override
protected void onActivityResult(int requestCode,int resultCode,
                                Intent data) {
    super.onActivityResult(requestCode, resultCode, data);
    if(requestCode == 100 && resultCode == Activity.RESULT_OK){
        String val = data.getExtras().getString("helloworld");
        TextView textView =  (TextView)findViewById(R.id.tvDisplay);
        textView.setText("来自ActivityC的值："+ val);
    }
}
```

> 📝 **代码解释**

if(requestCode == 100 && resultCode == Activity.*RESULT_OK*)这句代码是判断 requestCode 是不是等于当初你在 startActivityForResult 方法中设置的 requestCode，并且 ActivityC 返回的 resultCode 是不是等于 RESULT_OK，如果是，则通过 data.getExtras().getString("helloworld")获取 ActivityC 中

通过 putExtra 方法存的值。得到值之后，再获取 main.xml 布局文件中的 TextView 控件，并将值赋给它显示出来。

第 10 步：这也是最容易被忽视的一步，我们所有的 Activity 都必须在 Androidmanifest.xml 文件中进行注册，如果不注册，程序将会出错。具体注册代码如下。

```
<activity android:name=".ActivityB"/>
<activity android:name=".ActivityC"/>
```

注册完毕之后，整个实例就完成了，赶紧运行试试看吧！

6.10 本章小结

本章主要对 Android 中最重要的组件之一 Activity 进行了基本的讲解。在本章的最开始就已经说明了 Activity 对整个应用程序的重要性，所以学好 Activity 可以说是开发 Android 应用程序必备基础技能之一，尤其是对 Activity 的生命周期以及基本状态的了解，掌握了这些，在开发应用时，你就能游刃有余地把握每个 Activity 不同时期的不同状态，从而做出最合理的操作。最后又补充了一个 Activity 的小实例，希望大家能跟着本书动手编写，因为只有多写才能真正学好 Android。

第 7 章 我来"广播"你的意图——
Intent & Intent Filters & Broadcast Receivers

从本章你可以学到：

- 什么是 Intent
- Intent 的结构和类型
- 什么是 IntentFilters
- 什么是 Broadcast Receivers
- Broadcast Receivers 生命周期和广播类型

7.1 什么是 Intent

Intent 是同一个或不同的应用组件之间的消息传递媒介。它本身是一种"被动"的数据结构，它抽象地描述了即将被执行的动作或者已经发生的并以及正在被通知的某个事件的描述。应用程序中三个核心组件（Activity，Service，Broadcast receivers）就是通过 Intent 彼此联系触发的。

例如，Context.startActivity()和 Activity.startActivityForResult()都可以通过 Intent 去启动一个 Activity 或者通过目前的 Activity 去做新的事情。Activity.setResult()也可以通过 intent 把消息传递给调用了 startActivityForResult()方法的 Activity。（如果大家仔细看了第 6 章 Activity 的内容，相信很容易理解这里对 Intent 的描述。）

Context.startService()也可以通过 Intent 初始化一个 service 或者传递指令给一个已经工作的 service。Context.bindService()同样也能在启动组件和目标 service 之间建立连接。

同样的道理，Context.sendBroadcast(),Context.sendOrderedBroadcast()等也可以通过 Intent 传递消息到 Broadcast receiver。

7.2 Intent 结构

Intent 中主要信息块包括下面几部分。
（1）action（动作）：要执行的动作，比如 ACTION_VIEW,ACTION_EDIT,ACTION_MAIN 等。
（2）data（数据）：要操作的数据，比如在联系人数据库中的一条联系人记录，表现形式为 Uri。

第 7 章 我来"广播"你的意图——Intent & Intent Filters & Broadcast Receivers

下面举一些简单的关于 action/data 配对的小例子。

ACTION_VIEW content://contacts/people/1：显示标识为 1 的联系人信息。
ACTION_DIAL content://contacts/people/1：显示电话拨号界面，并填充标识为 1 的人的信息。
ACTION_VIEW tel:123：显示电话拨号界面，并填充给定的号码（123）。
ACTION_VIEW content://contacts/people/：显示联系人列表页。

Intent 除了上述两种主要的信息块之外，还存在其他次要的部分。

（1）category（类别）：该属性是执行 action 的附加信息。例如，CATEGORY_LAUNCHER 意思就是在加载程序时，作为顶部程序显示在 Launcher（android 系统中的程序列表）里。

（2）type（数据类型）：显式指定 Intent 的数据类型，一般情况下 Intent 能够根据数据本身进行数据类型的判断。但是通过设置这个属性，就能强制采用显式指定的类型而不再自己去判断。

（3）component（组件）：被指定的 Intent 的目标组件的类名称。一般 Android 会根据 Intent 中包含的 action，data/type，category 等属性信息查找一个与之匹配的目标组件。但是，如果 component 属性被指定了的话，将直接使用它指定的组件，而不执行上述的查找过程。指定了这个属性之后，其他属性就是可选的了。

（4）extras（附加信息）：是其他附加信息的集合，并且类型为 Bundle 类型。（关于 Bundle 在 Activity 那章稍微提到过，这里也不做过多解释），使用 extras 可以为组件提供拓展信息，比如你要发送邮件，那你可以将邮件的内容，标题等信息都保存在 extras 中传给电子邮件组件。

（5）flag：该属性用于通知系统如何启动目标 Activity，或者启动之后采取怎样的操作。常见 flag 如下。

FLAG_ACTIVITY_NEW_TASK：通知系统将目标 Activity 作为新的 Task 进行初始化。
FLAG_ACTIVITY_NO_HISTORY：通知系统不要将 action 放入历史栈中。

还有一些其他的 flag 这里就不一一列出了。

下面再举一下关于这些属性的小例子。

ACTION_GET_CONTENT 与 type 属性值为 vnd.android.cursor.item/phone 组合，将显示用户电话号码列表，并且允许用户选择一个返回给父 Activity。

> **小贴士**
>
> 上面提到的东西都是关于理论，对于初学者来说难免会有所难理解。为了更好地理解上述理论，大家可以新建一个 Android 项目，然后找到默认的主 Activity 中的 onCreate 方法，然后在下面添加如下代码。
>
> //Intent 主信息块的例子演示代码：
> ```
> Intent intent = new Intent(Intent.ACTION_VIEW,
>     Uri.parse("content://contacts/people/1"));
> startActivity(intent);
> ```
>
> 或者
>
> //Intent 次要信息块的例子演示代码：
> ```
> Intent intent = new Intent(Intent.ACTION_GET_CONTENT);
> intent.setType("vnd.android.cursor.item/phone");
> startActivity(intent);
> ```
>
> 然后直接运行该项目，大家便能看到效果了。等大家看到效果之后再来回顾上述理论，相信一定会很快明白的。

7.3 Intent 的两种类型

在介绍完 Intent 的结构之后，我们接下来介绍一下 Intent 的两种类型。

7.3.1 显式 Intent

已经指定了一个组件（通过 setComponent(ComponentName)或者 setClass(Context,Class)方法），它提供了一个明确的将运行的类，这样的 Intent 叫显式 Intent。通常这种 Intent 都不再包含其他任何属性信息。显式 Intent 一般用于应用程序内部传递消息，因为开发人员往往是不知道别的应用程序的组件名称的。

7.3.2 隐式 Intent

没有指定明确的组件名称的 Intent，则称为隐式 Intent。由于隐式 Intent 没有明确的目标组件名称，所以 Android 系统会帮助应用程序寻找与 Intent 请求最匹配的组件。而寻找的方式则是将 Intent 请求的内容与 IntentFilter（过滤器）比较，（关于 IntentFilter，后续会提到）如果 IntentFilter 中某一组件匹配隐式 Intent 的请求内容，那么该组件就将成为该隐式 Intent 的目标组件。另外 IntentFilter 解析隐式 Intent 请求时主要考虑 action、data 以及 category 元素。

7.4 什么是 Intent Filter

前面已经提到 Intent 有两种类型，显式类型的 Intent 在指定了组件名之后可以直接调用，隐式 Intent 无法指定明确的组件名，那如何找到目标组件呢？这个时候就需要用到 IntentFilter 了。IntentFilter 负责过滤组件无法响应的 Intent，只将自己关心的 intent 接受进来处理。

Android 组件（Activity 等）可以定义一个或多个 Intentfilter，每个 IntentFilter 之间是独立的，Intent 请求只需要通过其中一个验证就行了。IntentFilter 声明在 AndroidManifest.xml 文件中，而用于过滤"广播"的 IntentFilter 可以在代码中创建。

在介绍隐式 Intent 时就已经提到过 IntentFilter 在解析 Intent 请求时主要考虑 action、data 和 category 元素。现在对这 3 个元素进行基本的讲解。

Action：IntentFilter 可以有一个或者多个 Action 用于过滤，而 Intent 请求中只要有一个匹配其中的 action 即可。如果 IntentFilter 没有设置 Action 值，所有的 Intent 都会被通过。

Data：IntentFilter 中能有一个或多个 Data，也可以没有。Data 包含的内容主要是 URL 和数据类型，在对 Data 进行检查时主要也是针对这两点进行比较。

Category：IntentFilter 中也可以设置多个 category，只有当 Intent 中所有的 category 都能匹配到 IntentFilter 中的 category 时才能通过检查。

简而言之，IntentFilter 我们可以通俗地理解为就是在不知道具体组件名的情况下为 Intent 过滤合适的组件来响应请求的。目前只是对 IntentFilter 进行一个基本的理论介绍，后续大家再根据小实例来理解这一块的理论知识。接下来给介绍 Broadcast receiver。

7.5 什么是 Broadcast Receiver

Broadcast Receiver，顾名思义就是"广播接收者"的意思，它可以接收来自系统和应用的广播。比如我们想要在开机就启动某项服务，那我们就能利用开机完成后系统发送的广播来实现了。类似还有很多其他广播，网络状态改变，电池电量改变等，当发生这些改变时，系统都会发送广播。

Android 手机或者平板的运行环境不像 PC 般稳定，比如网络时好时坏，电池电量突然告急等，一个好的应用就应该在适当的时候对用户进行提醒，以免用户在不知情的情况下对手机等设备的资源过度消耗。试想一下，如果你正在用手机看电视（这是耗电比较大的操作），当你的手机快没电的时候，应用一直不提醒你，直到你的手机自动关机。这对用户来说，体验是相当不好的。

如果开发者自己不停地去监听电池电量的变化，这样势必也会加大开发者的工作量以及工作的复杂度。而 Android 中的广播机制就能为开发者和用户解决这一难题。很多事情开发者都不用再亲自动手去做，只需要自己定义一个 Broadcast Receiver，等待系统的广播就行了。

7.6 如何创建 BroadcastReceiver

废话不多说，我们先看如何创建一个 BroadcastReceiver，之后再跟上比较详细的小实例。首先，创建 BroadcastReceiver 对象，我们需要继承 android.content.BroadcastReceiver 并实现其 onReceive 方法。具体代码如下所示。

```java
public class MyBroadcastReceiver extends BroadcastReceiver{
    @Override
    public void onReceive(Context context, Intent intent) {
        // TODO Auto-generated method stub
        String msg = intent.getExtras().getString("msg");
        System.out.println(msg);
    }
}
```

> 代码解释

编写类 MyBroadcastReceiver 继承 BroadcastReceiver 并且实现 onReceive 方法，方法中通过 getExtras().getString()方法来获得发送者的 msg 信息并打印出来。

其次，我们需要将该 BroadcastReceiver 进行注册，而注册的方式有两种。

静态注册：静态注册是指将 BroadcastReceiver 配置在 AndroidManifest.xml 文件中，具体注册代码如下所示。

```xml
<receiver android:name="com.eoeAndroid.broadcast.MyBroadcastReceiver">
  <intent-filter>
    <action android:name="android.intent.action.MyBroadcastReceiver"/>
    <category android:name="android.intent.category.DEFAULT" />
  </intent-filter>
</receiver>
```

动态注册：

```
MyBroadcastReceiver receiver = new MyBroadcastReceiver();
IntentFilter filter = new IntentFilter();
filter.addAction("android.intent.action.MyBroadcastReceiver");
registerReceiver(receiver,filter);
```

> **注意** 如果我们在 Activity 中注册了一个 BroadcastReceiver，当这个 activity 销毁时没有撤销 BroadcastReceiver，系统会报异常提醒我们忘记撤销注册了。所以记得在 activity 销毁的地方(onDestory 方法)撤销注册。方法如下：
>
> ```
> unregisteReceiver(receiver);
> ```

动态注册和静态注册的区别。

动态注册的广播为非常驻型广播，比如之前提到的，在 Activity 中注册了一个广播，那么它就会跟随 Activity 的生命周期，所以在 Activity 结束前，我们需要调用 unregisterReceiver 方法移除它。

静态注册的广播为常驻型广播，也就是说如果应用程序关闭了，有相应事件触发，程序还是会被系统自动调用运行。

7.7 BroadcastReceiver 生命周期

BroadcastReceiver 的生命周期十分简单，从对象开始调用它，运行 onReceive 方法之后就结束了。另外，每次广播被接收到后会重新创建 BroadcastReceiver 对象，并在 onReceive 方法中执行完就销毁，onReceive 方法中也不能做耗时的操作，最好不要超过 10 秒，不然可能会弹出 ANR（Application Not Response）错误。

7.8 广播类型

普通广播：当发送一个广播时，所有监听该广播的接收者都能接收到该广播。

有序广播：按照接收者的优先顺序接收广播，优先级别在 intent-filter 中 priority 属性中声明，值从 –1000 到 1000，值越大，优先级越高。

7.9 Intent&BroadcastReceiver

为了更好地学习上述知识，这里准备了一个实例，定义了一个 Broadcast Receiver，并在发送广播的时候创建 Notification。首先来看一下这个例子的演示效果。

当运行主界面时，如图 7-1 所示，有一个 EditText 和 Button 控件，输入 "Android 开发入门与实战"，效果如图 7-2 所示。之后单击 "发送广播" 按钮，我们就能在手机屏幕顶端看到创建的 Notification 了，如图 7-3 所示。图 7-4 所示的效果是将屏幕上方的拉下来之后所看到的 Notification 的效果图。

第 7 章 我来"广播"你的意图——Intent & Intent Filters & Broadcast Receivers

▲图 7-1 主界面

▲图 7-2 输入"Android 开发入门与实战"

▲图 7-3 单击发送广播后效果图

▲图 7-4 屏幕下拉效果图

具体代码实现如下。

第 1 步：新建 Android 项目（BroadcastReceiver），并建立如图 7-5 所示的项目结构。

▲图 7-5 项目结构图

77

第 2 步：打开 HelloBroadcastReceiver 并继承 BroadcastReceiver 类，具体代码如下。

```
    public class HelloBroadcastReceiver extends BroadcastReceiver {

        private Context context;

        @Override
1.      public void onReceive(Context context, Intent intent) {
2.          this.context = context;
3.          showNotification(intent);
4.      }

5.      private void showNotification(Intent intent) {
6.          NotificationManager notificationManager
7.            = (NotificationManager) context
8.              .getSystemService(Context.NOTIFICATION_SERVICE);

9.          Notification notification =
10.           new Notification(R.drawable.ic_launcher,
11.             intent.getExtras().getString("content"),
12.               System.currentTimeMillis());

13.         PendingIntent pendingIntent =
14.             PendingIntent.getActivity(context, 0,
15.               new Intent(context, MainActivity.class), 0);

16.         notification.setLatestEventInfo(context,
17.           intent.getExtras().getString("content"),
18.             null, pendingIntent);

19.         notificationManager.notify(R.layout.main, notification);
20.     }
    }
```

代码解释

第 1~4 行：重写了 onReceive 方法，并在该方法中调用了创建 Notification 的函数。

第 5~20 行：创建 Notification 对象，关于 Notification 对象的解释，我们后续章节会详细讲解，这里就不再一一解释。大家只要了解，该 BroadcastReceiver 主要实现了创建 Notification 方法就行了。

第 3 步：在 AndroidManifest.xml 文件中申明 BroadcastReceiver，具体代码如下。

```
<receiver android:name=".HelloBroadcastReceiver">
  <intent-filter>
    <action android:name="com.eoeandroid.action.BroadcastReceiverTest"/>
  </intent-filter>
</receiver>
```

代码解释

在申明 receiver 的同时，还为其定义了一个 Intent-filter，并且里面定义了一个 action 元素。在接下来的发送广播代码中，我们就将使用该 action 来匹配 receiver 的启动。

第 4 步：打开 main.xml 布局文件，并设置布局控件，具体代码如下。

```
<?xml version="1.0" encoding="utf-8"?>
<LinearLayout xmlns:android="http://schemas.android.com/apk/res/android"
```

第 7 章 我来"广播"你的意图——Intent & Intent Filters & Broadcast Receivers

```xml
        android:layout_width="fill_parent"
        android:layout_height="fill_parent"
        android:orientation="vertical" >

    <EditText
        android:id="@+id/et_broadcastContent"
        android:layout_width="fill_parent"
        android:layout_height="wrap_content"
        android:hint="请输入广播内容"
        />
    <Button
        android:id="@+id/btn_sendBroadcast"
        android:layout_width="fill_parent"
        android:layout_height="wrap_content"
        android:text="发送广播" />

</LinearLayout>
```

第 5 步：打开 MainActivity.java 文件，并编写如下代码。

```java
     public class MainActivity extends Activity {
1.       private Context mContext;
2.       private Button btnSendBroadcast;
3.       private TextView etBroadcastContent;

         @Override
         public void onCreate(Bundle savedInstanceState) {
             super.onCreate(savedInstanceState);
4.           setContentView(R.layout.main);
5.           mContext = this;

6.           btnSendBroadcast = (Button) findViewById(R.id.btn_sendBroadcast);
7.           btnSendBroadcast.setOnClickListener(
8.               new SendBroadcastClickListener());

9.           etBroadcastContent = (TextView)
10.              findViewById(R.id.et_broadcastContent);
11.      }

12.      private class SendBroadcastClickListener implements OnClickListener {
             @Override
13.          public void onClick(View v) {
14.              String content = etBroadcastContent.getText().toString().trim();
15.              if (content.length() < 1) {
16.                  Toast.makeText(mContext,
17.                      etBroadcastContent.getHint(), 1).show();
18.                  return;
19.              }
20.              Intent intent = new Intent();
21.              intent.setAction("com.eoeandroid.action.BroadcastReceiverTest");
22.              intent.putExtra("content", content);
23.              sendBroadcast(intent);
24.          }
         }
     }
```

> 代码解释

第 1 行：定义 Context 当前上下文对象。

第 2、3 行：定义一个 Button 和一个 TextView 控件对象。

第 6～10 行：初始化 Button 和 TextView 控件，并为 Button 设置监听。

第 14～18 行：得到 TextView 控件中的字符串，如果字符串为空，则取出里面的"Hint"字符串用 Toast 方法显示出来。

第 20、21 行：实例化一个 Intent 对象，并将 Intent 的 action 设置为"com.eoeandroid.action.BroadcastReceiverTest"，这个字符串跟我们在 AndroidManifest 文件中为 receiver 定义的 intent-filter 对象中的 action 值一致。当我们调用第 23 行的 sendBroadcast 方法时，就是通过该 action 找到我们的 BroadcastReceiver。

第 22 行：将得到的 TextView 的字符串添加到 intent 对象中。

至此，整个小实例就已经完成了，大家赶紧运行试试看吧。

7.10 本章小结

本章为大家讲解了 Android 里面可以说是灵魂的 Intent，程序的跳转和数据的传递基本上都是靠它，在还没有讲解 Intent 之前，我们就已经在前面的例子里用到了 Intent。另外也讲解了 Intent-Filter 和 BroadcastReceiver 等基础概念。最后的小实例也是结合了 Intent-Filter、BroadcastReceiver 以及 Notification 等知识点，希望大家能跟着例子多多练习。

第8章 一切为用户服务——Service

从本章你可以学到：

什么是 Service □
Service 的两种不同形式 □
如何创建不同形式的 Service □
Service 的生命周期 □

8.1 什么是 Service

Service 也属于 Android 四大组件之一，一种可以在后台长时间运行，而且不提供任何用户接口的应用组件。即使启动了其他的应用，之前启动的服务仍会运行。其他非 Service 组件也可以与 Service 绑定并交互，甚至允许多进程交互（IPC）。例如在后台播放音乐，处理文件输入输出（I/O）等操作都是 Service 常见的应用场景。

8.2 Service 的两种形式

在了解了 Service 基本概念后，接下来我们介绍一下 Service 目前存在的两种形式。

启动形式：这种形式的 Service 如果一旦被应用组件启动（比如 Activity），就会一直在后台运行，即使启动它的 Activity 被销毁了。通常情况下，启动形态的 Service 只执行单一的操作而不会返回结果给调用者。比如，Service 可能在后台上传或者下载一个文件，当上传或者下载完成之后，Service 就应该自己停掉。

绑定形式：这种形式主要是指应用组件通过调用 bindService()方法来绑定 Service。绑定形式的 Service 会提供一个允许应用组件与 Service 交互的"客户端—服务"的接口，通过这个接口，应用组件可以对 Service 发送请求，获取结果，甚至还能跨进程通信（IPC）。绑定形式的 Service 运行时间与绑定它的应用组件一致。多个组件可以一次性绑定到 Service，但是当这些组件都取消绑定，这个 Service 也就销毁了。

8.3 如何创建 Service

前面小节已经介绍了什么是 Service 以及 Service 的两种形式，而这些都还只是基本概念，接下来将带领大家一起学习如何去创建不同形式的 Service。

8.3.1 创建启动形式 Service

在创建启动形式的 Service 时，也有两种方式，一种就是直接继承 Service 类，如下列代码所示。

```java
public class HelloService extends Service {
    @Override
    public void onCreate() {
        super.onCreate();
    }
    @Override
    public int onStartCommand(Intent intent, int flags, int startId)
{
        return super.onStartCommand(intent, flags, startId);
    }
    @Override
    public IBinder onBind(Intent arg0) {
        return null;
    }
    @Override
    public void onDestroy() {
        super.onDestroy();
    }
}
```

以上代码所示的创建 Service 只是简单地继承了系统 Service 类，并重写了四个方法。

onCreate：Service 在创建时被调用。

onStartCommand：Service 启动后会回调该方法。

onBind：绑定服务，由于是启动形式 Service，所以这里返回的 null。

onDestroy：Service 在销毁时调用。

虽然上述代码直接演示了创建一个简单的 Service 方法，但是在这里并不推荐大家在创建 Service 时直接继承自 Service 类。因为 Service 是运行在主线程中的，它不会创建一个新线程，这也就意味着，Service 中不适合执行任何耗时的操作，因为一旦你执行耗时的操作，（比如从网络上下载某文件等）主线程就会"卡死"，应用就会进入"假死"状态，用户无法与界面进行交互，这样会造成很不好的用户体验。如果你需要这样的操作，最好是创建一个新的线程，这样就能降低没有响应错误（ANR Not Responding Error），而主线程也能专注于与用户的交互。

为了让大家更方便地创建启动形式的 Service 并且不必担心 ANR，Android 系统还提供了另外一个 Service 的拓展类：IntentService。

IntentService 类会使用队列的形式将请求的 Intent 加入队列，然后开启一个默认的线程来处理请求，如果你连续启动 IntentService，应用程序也不会阻塞，因为它会在处理完上一个请求之后再处理下一个请求（IntentService 采用单独的线程，每次只从队列中拿出一个请求进行处理）。使用

IntentService 类创建 Service 只需要实现 onHandleIntent()方法来处理请求工作。（注意在使用 IntentService 时，实现一个构造函数。）

具体创建代码如下。

```java
public class HelloIntentService extends IntentService {

    public HelloIntentService() {
        super("HelloIntentService");
    }
    @Override
    protected void onHandleIntent(Intent arg0) {
    }
}
```

> **小知识**　因为大多数服务不必处理同时发生的多个请求（多线程方案很复杂并且危险，O(∩_∩)O~），所以最好使用 IntentService。但是毕竟 IntentService 是单一处理的，每次只能处理一个。如果业务实在需要处理同时发生的请求，那最好还是在创建 Service 时直接继承自 Service 类。不过，本书主要针对 Android 入门，所以复杂的 Service 应用还得读者自己在入门之后继续摸索。

8.3.2　创建绑定形式 Service

知道如何创建启动形式的 Service 之后，我们接下来将实现如何创建绑定形式的 Service。前面提到了绑定形式的 Service 是通过 bindService()方法将组件与 Service 绑定，并且 Service 也会提供一个接口与绑定它的组件进行通信。所以在创建绑定形式的 Service 时，主要就是要提供一个接口。具体 Service 代码如下。

```java
public class HelloBindService extends Service {
    private IBinder mIBinder;

    @Override
    public IBinder onBind(Intent intent) {
        return mIBinder;
    }
    @Override
    public void onCreate() {
        super.onCreate();
    }
    @Override
    public void onDestroy() {
        super.onDestroy();
    }
}
```

通过上述代码，大家不难发现，这里跟之前提到的继承自 Service 类的启动形式 Service 代码差不多，无非就是在 onBind 方法里返回了一个 mIBinder 对象。

通过创建启动形式 Service 和绑定形式 Service 的代码不难看出，除了 IntentService 从代码上来起来有点不同之外，其他的目前看来只有在 onBind 方法中有没有返回 Binder 对象的区别了。虽然从上述创建的 Service 类中看不出多少不同，但是本章的结尾我们将针对 IntentService 以及绑定形式 Service 开发两个小实例。

从两个小实例中大家就能看到其实它们之间还是有很大的区别。尤其是创建绑定 Service 时，我们还需要为组件和 Service 建立连接，所以绑定形式的 Service 并不只是在 onbind 方法中返回一个 Binder 对象那样简单。

8.4 Service 的生命周期

在讲 Service 的生命周期之前，我们先看下图 8-1。

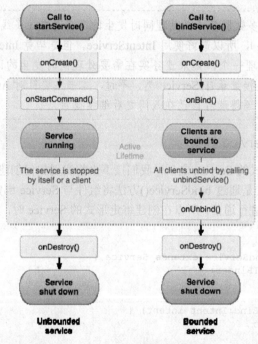

▲图 8-1　Service 的生命周期

从图 8-1 中可以看出，启动形式的 Service（左）和绑定形式的 Service（右）生命周期的函数是不一样的。但是它们的创建（onCreate）和销毁（onDestroy）方法是一样的，所以我们应该在 onCreate 方法中初始化我们需要的资源等，并在 onDestroy 方法中释放我们的引用资源。例如，我们要播放音乐，可以在 onCreate 方法中新建一个线程，在 onDestroy 方法中停止线程。

另外，启动形式 Service 的真正有效寿命（活动中）是从 onStartCommand 方法开始的，之后需要调用 stopService 或者 stopSelf 方法来停止该 Service。

而绑定形式的真正有效寿命是从 onBind 方法开始，直到所有组件都调用 onUnbind 方法，停止该 Service。

8.5 Service 小实例

8.5.1 启动形式 Service

前面已经提到在编写启动形式的 Service 时不宜直接继承 Service，所以这里的实例将使用继承自 IntentService 和直接继承自 Service 类进行比较。

第 1 步：我们先新建一个 Android 项目（HelloService），结构如图 8-2 所示，并定义一个有 3 个按钮的布局文件。如图 8-3 所示。

▲图 8-2　项目（HelloService）结构

▲图 8-3　布局文件显示效果

打开 main.xml 文件，具体布局文件代码如下。

```xml
<?xml version="1.0" encoding="utf-8"?>
<LinearLayout
xmlns:android="http://schemas.android.com/apk/res/android"
    android:layout_width="fill_parent"
    android:layout_height="fill_parent"
    android:orientation="vertical" >

  <Button android:id="@+id/button1"
      android:layout_width="wrap_content"
      android:layout_height="wrap_content"
      android:text="启动 IntentService"/>

  <Button android:id="@+id/button2"
      android:layout_width="wrap_content"
      android:layout_height="wrap_content"
      android:text="停止 IntentService"/>

  <Button android:id="@+id/button3"
```

```
        android:layout_width="wrap_content"
        android:layout_height="wrap_content"
        android:text="启动 Service"/>
</LinearLayout>
```

第 2 步：定义一个类（HelloIntentService）继承 IntentService，具体代码如下。

```
public class HelloIntentService extends IntentService {
1.  public HelloIntentService() {
2.      super("HelloIntentService");
3.  }
    @Override
4.  protected void onHandleIntent(Intent intent) {
5.  System.out.println("休息 8 秒！");
5.      try {
6.          Thread.sleep(8000);
7.      } catch (InterruptedException e) {
8.          e.printStackTrace();
9.      }
10. }
    @Override
11. public void onDestroy() {
12.     System.out.println("执行完 onHandleIntent 之后会自动调用！");
13.     super.onDestroy();
14. }
}
```

🔊 代码解释

第 1～3 行：继承 IntentService 类必须要创建的无参构造函数。

第 4～10 行：必须实现的 onHandleIntent 方法，然后在方法中使用线程休眠了 8 秒。

第 11～14 行：重写了 onDestory 方法，继承 IntentService 类没有必要一定要实现该方法，在执行完操作后，它会自动调用 onDestroy 方法，这里为了直观，所以打印了一句话。

第 3 步：定义一个类（HelloService）直接继承自 Service 类，具体代码如下。

```
public class HelloService extends Service {
    @Override
    public void onCreate() {
        super.onCreate();
    }
    @Override
    public void onDestroy() {
        super.onDestroy();
    }
    @Override
1.  public void onStart(Intent intent, int startId) {
2.      super.onStart(intent, startId);
3.      System.out.println("启动 Service，休眠 10 秒");
4.      try {
5.          Thread.sleep(10000);
6.      } catch (InterruptedException e) {
7.          e.printStackTrace();
8.      }
```

```
 9.      }
         @Override
10.      public IBinder onBind(Intent arg0) {
11.          return null;
12.      }
 }
```

📝 代码解释

第 1~9 行：重写了 onStart 方法，并在方法中使用线程休眠了 10 秒。

第 10~12 行：重写了 onBind 方法，但由于是启动形式 Service，这里返回 null。

第 4 步：打开 HelloServiceActivity.java 类，具体代码如下所示。

```
 public class HelloServiceActivity extends Activity {
     @Override
     public void onCreate(Bundle savedInstanceState) {
         super.onCreate(savedInstanceState);
         setContentView(R.layout.main);

 1.      Button button = (Button)findViewById(R.id.button1);
 2.      button.setOnClickListener(new OnClickListener() {

 3.          @Override
 4.          public void onClick(View v) {
 5.              Intent intent = new Intent(
 6.                  HelloServiceActivity.this,HelloIntentService.class);
 7.              startService(intent);
 8.          }
 9.      });

10.      Button button2 = (Button)findViewById(R.id.button2);
11.      button2.setOnClickListener(new OnClickListener() {

12.          @Override
13.          public void onClick(View v) {
14.              Intent intent = new Intent(
15.                  HelloServiceActivity.this,HelloIntentService.class);
16.              stopService(intent);
17.          }
18.      });

19.      Button button3 = (Button)findViewById(R.id.button3);
20.      button3.setOnClickListener(new OnClickListener() {

21.          @Override
22.          public void onClick(View v) {
23.              Intent intent = new Intent(
24.                      HelloServiceActivity.this,HelloService.class);
25.              startService(intent);
26.          }
27.      });
28.  }
 }
```

代码解释

第 1~9 行：获取"启动 IntentService"按钮，并设置启动 HelloIntentService 事件。

第 10~18 行：获取"停止 IntentService"按钮，并设置停止 HelloIntentService 事件。

第 21~28 行：获取"启动 Service"按钮，并设置启动 Service 事件。

第 5 步：打开 AndroidManifest.xml 文件并申明 Service，具体代码如下。

```
<service android:name="com.eoeAndroid.helloService.HelloIntentService"/>
<service android:name="com.eoeAndroid.helloService.HelloService"/>
```

完成以上 5 步之后，我们就能运行该应用了。为了验证继承 IntentService 和直接继承 Service 的区别，我们先单击一次"启动 IntentService"，在后台日志会看到图 8-4 所示的效果，启动 IntentService 后，调用了一次 onHandleIntent 方法，之后就自动调用了 onDestroy 方法。

SystemOut				
	pid		tag	Message
0:24:18.760	I	1381	System.out	休息8秒！
0:24:26.770	I	1381	System.out	执行完onHandleIntent之后会自动调用！

▲图 8-4 单击一次"启动 IntentService"效果图

之后，再连续单击两次"启动 IntentService"按钮，整个后台日志如图 8-5 所示。由于我们连续单击两次，所以调用了两次 onHandleIntent 方法（这也充分说明，IntentService 的"排队机制"），之后再调用 onDestroy 方法。

SystemOut				
	pid		tag	Message
20:24:18.760	I	1381	System.out	休息8秒！
20:24:26.770	I	1381	System.out	执行完onHandleIntent之后会自动调用！
20:25:13.460	I	1381	System.out	休息8秒！
20:25:21.460	I	1381	System.out	休息8秒！
20:25:29.470	I	1381	System.out	执行完onHandleIntent之后会自动调用！

▲图 8-5 连续单击两次"启动 IntentService"效果图

然后，我们连续单击两次"启动 IntentService"按钮，单击完毕后，再马上单击"停止 IntentService"按钮，整个后台日志如图 8-6 所示，onhandleIntent 方法只被调用了一次，就被停止了。

SystemOut				
	pid		tag	Message
20:24:18.760	I	1381	System.out	休息8秒！
20:24:26.770	I	1381	System.out	执行完onHandleIntent之后会自动调用！
20:25:13.460	I	1381	System.out	休息8秒！
20:25:21.460	I	1381	System.out	休息8秒！
20:25:29.470	I	1381	System.out	执行完onHandleIntent之后会自动调用！
20:25:51.030	I	1381	System.out	休息8秒！
20:25:54.230	I	1381	System.out	执行完onHandleIntent之后会自动调用！

▲图 8-6 连续单击两次"启动 IntentService"并马上单击"停止 IntentService"效果图

最后，我们单击"启动 Service"按钮，后台会打印"休息 10 秒"的字眼，而且界面上的按钮一直处于"点中"状态，整个界面你无法进行其他的操作，也就是所谓的"假死"状态了，效果如图 8-7 所示。

第 8 章　一切为用户服务——Service

▲图 8-7　单击"启动 Service"效果图

　　从上述的例子中，相信大家已经能够对继承 IntentService 和 Service 类的不同有所区分了，所以如果没有太复杂的需求逻辑的话，我们最好还是直接使用 IntentService 来编写我们的需求。
　　演示完 IntentService 和 Service 的区别之后，接下来演示的就是绑定形式 Service 了。

8.5.2　绑定形式 Service

　　在讲该实例之前，我们先来看一下实例运行的效果，首先是主界面，如图 8-8 所示，定义了三个按钮以及一个 EditText 控件。当我们单击"获取 Service 数据"按钮时，会提示"请先绑定服务"信息，效果如图 8-9 所示。接着我们单击"绑定 Service"按钮后再次单击"获取 Service 数据"，就能从 Service 中获取到数据并显示在 EditText 控件中，效果如图 8-10 所示。接着我们单击"取消绑定 Service"按钮，之后再次单击"获取 Service 数据"，则又会回到图 8-9 所示的效果。
　　具体实现步骤如下。
　　第 1 步：新建 Android 项目（BindService）并搭建如图 8-11 所示的项目结构。

▲图 8-8　主界面

▲图 8-9　未绑定 Service 单击获取 Service 数据效果

▲图 8-10　绑定 Service 后单击"获取 Service 数据"效果

▲图 8-11　BindService 项目结构

第 2 步：打开 main.xml 布局文件，并编写如下布局代码。

```xml
<?xml version="1.0" encoding="utf-8"?>
<LinearLayout
xmlns:android="http://schemas.android.com/apk/res/android"
    android:layout_width="fill_parent"
    android:layout_height="fill_parent"
    android:orientation="vertical" >

    <Button android:id="@+id/button1"
        android:layout_width="wrap_content"
        android:layout_height="wrap_content"
        android:text="绑定 Service"/>

    <Button android:id="@+id/button2"
        android:layout_width="wrap_content"
        android:layout_height="wrap_content"
        android:text="取消绑定 Service"/>

    <Button android:id="@+id/button3"
        android:layout_width="wrap_content"
        android:layout_height="wrap_content"
        android:text="获取 Service 数据"/>

    <EditText
        android:id="@+id/editText"
        android:layout_width="fill_parent"
        android:layout_height="wrap_content" />
</LinearLayout>
```

第 3 步：打开 HelloBindService.java 并编写如下代码。

```
public class HelloBindService extends Service {

1.  private final IBinder mBinder = new LocalBinder();
2.  private String BOOKNAME = "Android 开发入门与实战第二版";

3.  public class LocalBinder extends Binder{
4.      HelloBindService getService(){
5.          return HelloBindService.this;
6.      }
7.  }

    @Override
8.  public IBinder onBind(Intent intent) {
9.      Toast.makeText(this, "成功绑定 Service", 1000).show();
10.     return mBinder;
11. }

12. public boolean onUnbind(Intent intent){
13.     Toast.makeText(this, "成功取消绑定 Service", 1000).show();
14.     return false;
15. }
```

```
16.  public String getBookName(){
17.       return BOOKNAME;
18.  }
}
```

> 代码解释

第 1、2 行：定义了一个 Ibinder 对象和一个常量字符串。

第 3～7 行：定义了一个 LocalBinder 并继承自 Binder 类，里面提供了一个 getService 方法，返回当前 Service 的上下文。

第 8～11 行：重写 onBind 方法，使用 Toast 显示成功绑定的信息，并返回 Binder 对象。

第 12～15 行：重写 onUnbind 方法，使用 Toast 显示取消绑定信息。

第 16～18 行：简单定义了一个公用方法，返回在第 2 行定义的常量。（这里主要是演示不同于启动形式的 Service，绑定形式的 Service 是可以通过 binder 对象对 Service 进行交互的。）

第 4 步：在 AndroidManifest 文件中申明 service，具体代码如下。

```
<service android:name="com.eoeAndroid.bindService.HelloBindService"/>
```

第 5 步：打开 BindServiceActivity.java 编写如下代码：

```
public class BindServiceActivity extends Activity {

1.  private HelloBindService binderService;
2.  private boolean isBind = false;
3.  private EditText editText;

    @Override
    public void onCreate(Bundle savedInstanceState) {
        super.onCreate(savedInstanceState);
4.      setContentView(R.layout.main);

5.      editText = (EditText)findViewById(R.id.editText);

6.      Button button1 = (Button)findViewById(R.id.button1);
7.      button1.setOnClickListener(new OnClickListener() {
            @Override
8.          public void onClick(View v) {
9.              if(!isBind){
10.                 Intent serviceIntent = new Intent(
11.                     BindServiceActivity.this, HelloBindService.class);
12.                 bindService(serviceIntent, mConnection,
13.                     Context.BIND_AUTO_CREATE);
14.                 isBind = true;
15.             }
16.         }
17.     });

18.     Button button2 = (Button)findViewById(R.id.button2);
19.     button2.setOnClickListener(new OnClickListener() {
            @Override
20.         public void onClick(View v) {
21.             if(isBind){
```

```
22.              isBind = false;
23.              unbindService(mConnection);
24.              binderService = null;
25.          }
26.      }
27.  });
28.  Button button3 = (Button)findViewById(R.id.button3);
29.  button3.setOnClickListener(new OnClickListener() {
         @Override
30.      public void onClick(View v) {
31.          if(binderService == null){
32.              editText.setText("请先绑定服务");
33.              return;
34.          }
35.          editText.setText(binderService.getBookName());
36.      }
37.  });
38. }
39. private ServiceConnection mConnection = new ServiceConnection()
    {
        @Override
40.     public void onServiceDisconnected(ComponentName name) {
41.         binderService = null;
42.     }

        @Override
43.     public void onServiceConnected(ComponentName name,
44.             IBinder service) {
45.         binderService = ((HelloBindService.LocalBinder)
46.                 service).getService();
47.     }
48. };
}
```

代码解释

第 1、2、3 行：分别定义了一个 HelloBindService 对象，是否绑定 boolean 值和 EditText 控件对象。

第 4、5 行：将 main.xml 文件设置为布局文件。初始化 EditText 控件。

第 6~8 行：初始化 Button1 控件并设置单击事件。

第 9~17 行：如果当前没有绑定，则实例化一个 Intent 对象，调用 bindService 方法进行绑定。为了让组件和 Service 建立连接，我们必须提供一个 ServiceConnction 对象，即代码中传入的 mConnection 参数。而具体的 ServiceConnection 的代码在第 39~48 行。

第 18~27 行：初始化 Button2 控件，并设置单击事件，调用 unBind 方法，取消对 Service 的绑定。

第 28~38 行：初始化 Button3 控件，并设置单击事件，如果已经绑定服务，则调用服务中的 getBookName 方法得到 Service 中的常量数据显示在 EditText 控件中。

第 39~48 行：创建 ServiceConnection 对象，并重写 onServiceDisconnected 方法和

onServiceConnected 方法。当我们调用 unbindService 方法时，会调用 onServiceDisconnected 方法并将 binderService 对象置为 null，而当我们调用 onbindService 方法时，则在 onServiceConnected 方法中通过 IBinder 对象得到 HelloBindService 对象，得到 HelloBindService 之后，我们就能对该类中的方法进行调用了。

8.6 本章小结

本章主要讲了什么是 Service，以及 Service 的两种形式和生命周期的基本理论知识，之后又结合一个小实例对 IntentService 和 Service 类进行了比较，也知道使用 IntentService 来创建启动形式 Service 更为合适。而关于绑定形式 Service 实例，也进一步演示了如何绑定一个 Service 并与之通信交互。这里的例子都是很简单的入门级实例，相信大家很快就能掌握。

第 9 章 提供数据的引擎
——Content Providers

从本章你可以学到：

- 什么是 ContentProvider 以及 ContentResolver
- 如何调用系统的 ContentProvider
- 如何自定义 ContentProvider
- 如果调用自定义 ContentProvider

9.1 什么是 ContentProviders

在 Android 系统中，每个应用程序都拥有自己的用户 ID 并在自己的进程中运行（每个应用都有自己的独立虚拟机），这样能够保证应用的完整性。但是，这也使得应用与应用之间进行数据传递很不方便，因此 Android 提供了专门用来处理这个问题的组件——ContentProvider。

ContentProviders 是用来管理对结构化数据集进行访问的一组接口。这组接口对数据进行封装，并提供了用于定义数据安全的机制。ContentProviders 是一个进程使用另一个进程数据的标准接口。

9.2 什么是 ContentResolver

前面介绍了 ContentProviders，知道它能对数据进行封装并提供接口给外部调用，那么我们如何来调用这些接口呢？这就需要我们现在打算讲的 ContentResolver 了。应用程序使用 ContentResolver 客户端对象来访问 ContentProviders 的数据，并且 ContentResolver 对象与 ContentProvider 的具体子类实例拥有相同名字的接口，都提供了 query，insert，update 等方法。

ContentResolver 与 ContentProvider 的关系就像是我们在做 Android 程序，但是数据来源是服务器一样。我们可以通俗地理解 ContentResolver 为 Android 端（客户端），ContentProvider 为服务器（服务器端）。

另外，应用程序中的 ContentResolver 对象和我们自己应用程序中的 ContentProvider 对象能够自动处理进程间通信，所以，我们只需要按照它们的规范来编写自己的代码即可。

9.3 如何调用系统的 ContentProvider

在我们学习自己编写 ContentProvider 之前,我们先来看看如何调用系统的 ContentProvider。本书前面章节已经给大家演示过如何创建一个 Android 项目了,并且也知道创建完的 Android 项目里会有一个默认的 main.xml 文件以及 src 下有你自定义的 Activity。所以,这里我就不截图解释了。

第 1 步:新建一个 Android 项目并在 main.xml 文件中定义一个 Button 按钮。具体代码如下。

```xml
<?xml version="1.0" encoding="utf-8"?>
<LinearLayout
xmlns:android="http://schemas.android.com/apk/res/android"
    android:layout_width="fill_parent"
    android:layout_height="fill_parent"
    android:orientation="vertical" >

    <Button android:id="@+id/button1"
        android:layout_width="wrap_content"
        android:layout_height="wrap_content"
        android:text="获取联系人信息"/>

</LinearLayout>
```

第 2 步:在 Activity 的 onCreate 方法中添加如下代码。

```
@Override
1.public void onCreate(Bundle savedInstanceState) {
2.super.onCreate(savedInstanceState);
3.setContentView(R.layout.main);

4.Button mButton1 = (Button)findViewById(R.id.button1);

5.mButton1.setOnClickListener(new OnClickListener() {
6.@Override
7.public void onClick(View v) {
8.ContentResolver contentResolver = getContentResolver();
9.Cursor cursor = contentResolver.query(
10.   ContactsContract.Contacts.CONTENT_URI, null, null, null, null);
11.while(cursor.moveToNext()){
12.String contactId = cursor.getString(
13.cursor.getColumnIndex(ContactsContract.Contacts._ID));
14.String displayName = cursor.getString(
15.cursor.getColumnIndex(ContactsContract.Contacts.DISPLAY_NAME));
16.System.out.println("联系人 ID: " + contactId +
17.                   " 联系人名称: " + displayName);
    }
   }
 });
}
```

> 代码解释

第 4,5 行:得到 Button 对象并设置 onClick 事件。

第 8 行:得到一个 ContentResolver 对象(在 Activity 中可以直接通过 getContentResolver 方法

得到 ContentResolver 对象）。

第 9、10 行：调用 ContentResolver 对象的 query 方法，传入"联系人"ContentProvider 的 URI 地址，并返回一个 Cursor 对象。Cursor 对象，我们可以将其理解为 JDBC 连接中的 ResultSet 对象。

第 11～16 行：如果得到 Cursor 对象有值，则循环取出对应的联系人 ID 和联系人名称，使用 System.out.print 打印。（这里没有做复杂的操作，效果的话大家看 eclipse 的日志输出就能一目了然。）

第 3 步：调用系统的"联系人"时，一定要记得在 AndroidManifest 文件中加入权限。

`<uses-permission android:name="android.permission.READ_CONTACTS"/>`

9.4 如何使用 ContentResolver 访问自定义 ContentProvider

前面已经大概介绍了什么是 ContentProvider，ContentResolver 以及它们两者之间的关系。现在我们来自己定义 ContentProvider，并使用 ContentResolver 对自定义的 ContentProvider 数据进行操作。

本次实例虽然只有一个界面，如图 9-1 所示，但涉及的项目却有两个。当我们单击"获取名称"时，本应用（HelloContentResolver）会调用另一个自定义应用（HelloContentProvider）的数据，并将获取的数据显示在按钮的下方，如图 9-2 所示。之后单击"修改名称"按钮，该按钮也会调用 HelloContentProvider 的对应 update 方法，效果如图 9-3 所示。之后再单击"获取名称"，这个时候获取的数据就将是修改后的数据了。效果如图 9-4 所示。

▲图 9-1 主界面

▲图 9-2 单击"获取名称"后的效果

▲图 9-3 单击"修改名称"后的效果

▲图 9-4 修改之后，单击"获取名称"效果

第 9 章 提供数据的引擎——Content Providers

具体实例代码编写步骤如下。

第 1 步：新建一个 android 项目（HelloContentProvider），项目结构如图 9-5 所示，其中 HelloContentProviderActivity 为默认 Activity。这个类我们不需要动任何东西。然后在同一包名下新建类 HelloContentProvider 并继承自 ContentProvider 类。

▲图 9-5 HelloContentProvider 项目结构

第 2 步：打开 HelloContentProvider 类，并重写父类的方法，具体代码如下所示。

```java
public class HelloContentProvider extends ContentProvider {

1.private static final UriMatcher um
2.                 = new UriMatcher(UriMatcher.NO_MATCH);

3.private SQLiteDatabase sqLite;

 @Override
4.public boolean onCreate() {
5.um.addURI("com.eoeAndroid.helloContentProvider.provider.books"
6.           , "book", 1);

7.sqLite = SQLiteDatabase.openDatabase(
8.      "/data/data/com.eoeAndroid.helloContentProvider/eoedb",null,
9.SQLiteDatabase.OPEN_READWRITE|
10.           SQLiteDatabase.CREATE_IF_NECESSARY);

11.sqLite.execSQL("create table books ([id] integer primary key
12.autoincrement not null,[bookname] varchar(30) not null)");

13.ContentValues cv = new ContentValues();
14.cv.put("bookname", "Android 开发入门与实践");
15.sqLite.insert("books", null, cv);
16.return false;
}

@Override
17.public Cursor query(Uri uri, String[] projection,
18.  String selection,String[] selectionArgs, String sortOrder) {
19.  if(um.match(uri) == 1){
20.      Cursor cursor = sqLite.query("books", null, null, null, null,
```

```
21.            null, null);
22.        return cursor;
23.    }else{
24.        return null;
        }
    }

    @Override
    public int update(Uri uri, ContentValues values, String selection,
            String[] selectionArgs) {
25. if(um.match(uri) == 1){
26.     int result = sqLite.update("books", values, null, null);
27.     return result;
28. }
29. return 0;
    }

    @Override
    public String getType(Uri uri) {
        return null;
    }

    @Override
    public int delete(Uri arg0, String arg1, String[] arg2) {
        return 0;
    }

    @Override
    public Uri insert(Uri arg0, ContentValues arg1) {
        return null;
    }
}
```

> 代码解释

第 1、2 行：定义一个 UriMatcher（Uri 匹配对象）。

第 3 行：定义私有 SQLiteDatabase 对象，本 ContentProvider 提供了一个对数据库进行操作的接口，所以后期会使用该对象创建数据库。

第 4 行：是我们重写了 ContentProvider 的 onCreate 方法，系统第一次启动该 ContentProvider 时会调用该方法，而我们也可以在其中做一些初始化工作。

第 5、6 行：设置匹配字符串。

第 7～10 行：使用 SQLiteDatabase 对象创建数据库。数据库名为 eoedb。

第 11、12 行：执行创建建表语句，创建表 books，并创建名为 id（自增长）和 bookname 两列。

第 13～15 行：创建 ContentValues 对象，并添加键值对，其中 bookname 是我们将要添加的列名，"Android 开发入门与实战"为要插入的数据。之后调用 SQLiteDatabase 的 insert 方法，传入表名 "books" 以及 ContentValues 将值插入到数据表 books 中。

上述代码主要是实现了 onCreate 方法，并在里面新建数据库 eoedb，表 books 以及插入了一条名为 "Android 开发入门与实战"的记录。

第 17、18 行：实现 ContentProvider 的 query 方法。

第19~24行：如果uri能够正确匹配，则调用SQLiteDatabase对象的query方法，里面第一参数为"books"（表名），后面的参数都是关于筛选条件以及排序等（这里不一一介绍，本实例默认查询出全部的记录），则后面参数都为null。查询结果之后返回一个Cursor对象。

第25、29行：实现了ContentProvider的update方法，如果uri正确匹配，则调用SQLiteDatabase对象的update方法，传入从ContentResolver得到的ContentValues对象，并修改数据库中的记录。

本实例后续还有insert方法和delete方法，这里就不再一一赘述了，大家可以根据query方法和update方法的实现来自己动手完成这两个方法。

第3步：在完成了 HelloContentProvider 的代码之后，接下来就要配置 Provider 元素了。打开 AndroidManifest.xml 文件，具体配置代码如下。

```
<provider android:name=".HelloContentProvider"
android:authorities="com.eoeAndroid.helloContentProvider.provider.books"/>
```

至此，整个 ContentProvider 就已经实现完毕了，我们可以将这个应用部署到手机上了。但是，部署了之后，由于都是存在数据库，而且没有对其进行（本项目测试），所以看不到效果，但不要着急，后面我们会另外新建一个项目来对这个项目进行调用，我们就能看到效果了。

第4步：新建 Android 项目（HelloContentResolver），项目结构如图 9-6 所示。

▲图 9-6　HelloContentResolver 项目结构

第5步：打开 layout 文件夹下的 main.xml，并布局两个 Button 和一个 TextView。具体代码如下。

```
<?xml version="1.0" encoding="utf-8"?>
<LinearLayout xmlns:android="http://schemas.android.com/apk/res/android"
    android:layout_width="fill_parent"
    android:layout_height="fill_parent"
    android:orientation="vertical" >

    <Button android:id="@+id/button1"
```

```xml
        android:layout_width="wrap_content"
        android:layout_height="wrap_content"
        android:text="获取名称"/>

    <Button android:id="@+id/button2"
        android:layout_width="wrap_content"
        android:layout_height="wrap_content"
        android:text="修改名称"/>

    <TextView android:id="@+id/showText"
        android:layout_width="fill_parent"
        android:layout_height="wrap_content"/>
</LinearLayout>
```

第6步：打开 HelloContentResolverActivity.java 文件，编写如下代码。

```java
public class HelloContentResolverActivity extends Activity {
1.  private final String EOE_URI =
2.      "content://com.eoeAndroid.helloContentProvider.provider.books/book";
3.  private ContentResolver cr;

    @Override
    public void onCreate(Bundle savedInstanceState) {
        super.onCreate(savedInstanceState);
4.      setContentView(R.layout.main);

5.      cr = this.getContentResolver();
6.      Button mButton1 = (Button)findViewById(R.id.button1);
7.      Button mButton2 = (Button)findViewById(R.id.button2);

8.      mButton1.setOnClickListener(new OnClickListener() {
            @Override
9.          public void onClick(View v) {
10.             Cursor cursor = cr.query(Uri.parse(EOE_URI),
11.                 null, null, null, null);
12.             while(cursor.moveToNext()){
13.                 String name = cursor.getString(1);
14.                 TextView tv = (TextView)findViewById(R.id.showText);
15.                 tv.setText(name);
16.             }
17.             cursor.close();
18.         }
19.     });
20.     mButton2.setOnClickListener(new OnClickListener() {

            @Override
21.         public void onClick(View v) {
22.             ContentValues cv = new ContentValues();
23.             cv.put("bookname", "Android开发入门与实践第二版");
24.             int result = cr.update(Uri.parse(EOE_URI), cv, null, null);
25.             if(result > 0){
26.                 Toast.makeText(HelloContentResolverActivity.this,
27.                     "修改成功", 1000).show();
28.             }
30.         }
```

```
31.            });
32.     }
}
```

代码解释

第1、2行：定义访问 HelloContentProvider 的 Uri 字符串。这个字符串跟定义在 HelloIntentProvider 中 UriMatcher 对象中设置的 Uri 字符串一致。

第3行：定义 ContentResolver 对象。

第5～7行：初始化 ContentResolver 对象，以及得到两个 Button 对象。

第8行：为 Button1 设置单击事件。

第10～17行：调用 ContentResolver 的 query 方法，传入 Uri 对象，并得到 Cursor，如果 Cursor 对象不为空，则取得下标为 1 的数据，显示在得到的 TextView 控件中。使用完毕 Cursor 对象后，调用 cursor.close 方法关闭 Cursor 对象。

第22～23行：实例化一个 ContentValues 对象，并添加键值对，其中 bookname 是我们要修改的列名，"Android 开发入门与实战第二版"为要修改的数据。

第24～27行：调用 ContentResolver 的 update 方法，出入 ContentValues 参数。如果修改后返回的结果大于 0，则说明修改成功。

在显示"修改成功"之后，数据就已经改变，这时候我们再单击"获取数据"，得到的就是修改后的数据——"Android 开发入门与实战第二版"了。至此，我们就实现了通过 ContentResolver 对自定义的 ContentProvider 进行调用的例子了。赶紧运行两个应用进行测试吧。

9.5 本章小结

本章主要介绍了 ContentProvider 以及 ContentResolver 的基本概念，并通过两个小实例演示了如何调用系统提供的数据，以及如何通过 ContentResolver 调用自定义的 ContentProvider。这一章的内容其实远远还不止这些，但这里只是引导大家入门，后续深入就有待大家自己去研究了。

第 10 章 我的美丽我做主
——用户界面（User Interface）

从本章你可以学到：
- 了解一些常用的用户界面布局元素
- 知道一些常用的控件功能和用法
- 形成对 Android 系统的整个用户界面体系的总体认识

用户界面（User Interface），也叫人机界面，是用户和软件进行交互的各种方式集合。这里的软件就指 Android 设备上的各种应用、游戏等软件。

Android 系统里的用户界面元素主要有这几类：布局（Layout）、控件、组合视图、菜单（Menus）和通知栏等。

通常，我们可以用两种方式来定义界面元素。

（1）在 XML 文件里定义界面元素，并设置相应属性。这种方式的优势就是它能使程序较好地将显示代码和逻辑代码分离开来。

（2）程序运行时通过逻辑代码实例化布局元素对象并显示。这种方式在程序运行中生成界面，虽然增加了灵活性，但显示代码和逻辑代码混杂在一起，不利于程序的扩展性。

图 10-1 所示为短信程序的用户界面，从图中我们能看到这个程序的用户界面与用户交互方式有以下几种。

（1）通知栏（Notifications）提示最新消息。

（2）List View 展示内容，我们也能通过单击某个条目看详细内容。

（3）菜单（Menus），通过单击手机的菜单键弹出菜单供用户使用。

下面，我们具体介绍常用的用户界面元素。

▲图 10-1 短信程序用户界面

10.1 布局-Layout

一个 Android 软件的用户界面上可以有很多控件元素，那么我们怎么来控制这些控件在界面上排列位置呢？我们需要一些容器来容纳这些控件并控制它们的排列位置，Android 系统里的布局（Layout）就是起这个作用的。布局 Layout 继承自 ViewGroup，所以本质上它是一种视图容器。布局的 xml 资源文件放在 res/layout 目录下。

Android 布局主要有以下 5 种：

线性布局—Linear Layout；

相对布局—Relative Layout；

表格布局—Table Layout；

框架布局—FrameLayout；

绝对布局—AbsoluteLayout。

10.1.1 线性布局—Linear Layout

线性布局 LinearLayout，顾名思义包含在 LinearLayout 里面的控件按顺序排列成一行或者一列，当然我们也能通过嵌套的方式组合行和列。

我们来看一个线性布局的例子代码。

```
Linearlayout1.xml
1.   <?xml version="1.0" encoding="utf-8"?>
2.   <LinearLayout xmlns:android="http://schemas.android.com/apk/res/android"
3.    android:orientation="vertical" id="@+id/L1"
4.    android:layout_width="fill_parent"
5.    android:layout_height="fill_parent">
6.    <LinearLayout id="@+id/L21"
7.     android:orientation="horizontal"
8.     android:layout_width="fill_parent"
9.     android:layout_height="fill_parent"
10.    android:layout_weight="0.5">
11.    <TextView
12.     android:text="green"
13.     android:gravity="center_horizontal"
14.     android:background="#00aa00"
15.     android:layout_width="wrap_content"
16.     android:layout_height="fill_parent"
17.     android:layout_weight="1" />
18.    <TextView
19.     android:text="blue"
20.     android:gravity="center_horizontal"
21.     android:background="#0000aa"
22.     android:layout_width="wrap_content"
23.     android:layout_height="fill_parent"
24.     android:layout_weight="1" />
25.   </LinearLayout>
26.   <LinearLayout id="@+id/L22"
27.    android:orientation="vertical"
28.    android:layout_width="fill_parent"
29.    android:layout_height="fill_parent"
30.    android:layout_weight="1">
31.    <TextView
32.     android:text="row one"
33.     android:background="#aa0000"
```

```
34.     android:layout_width="fill_parent"
35.     android:layout_height="wrap_content"
36.     android:layout_weight="1" />
37.     <TextView
38.     android:text="row two"
39.     android:background="#aaaa00"
40.     android:layout_width="fill_parent"
41.     android:layout_height="wrap_content"
42.     android:layout_weight="1" />
43.     </LinearLayout>
44.   </LinearLayout>
```

第 2~5 行定义了一个 LinearLayout 的头，尾在第 44 行，这个是第一层 Layout。

第 3 行申明了这个 LinearLayout 的 Orientation 方向为 vertical，即布局里的元素按顺序排列成一列。Orientation 有两种选择：horizontal 或 vertical。在这行我们还给这个 LinearLayout 取 id="@+id/L1"，即这个 Layout 的 id 值是 L1。

第 4~5 行申明了布局的填充方式。android:layout_width 和 android:layout_height 分别表示在宽度和高度上的填充方式，可以是 3 种值。

（1）具体的数值，如 10px、15dip 等，表示具体宽高的尺寸。

（2）wrap_content，适配内容的大小，根据布局里的内容适配宽度和高度。

（3）fill_parent（或 match_parent），填充父对象的整个可用空间，在这里就是整个屏幕。

第 6~10 行定义了又一个 LinearLayout 的头，尾在第 25 行，这是第二层 Layout，取 id 值 L21。

第 7 行申明了这个 LinearLayout 的 Orientation 方向为 horizontal，即布局里的元素按顺序排列成一行。

同理，第 26~30 行也定义了一个第二层的 LinearLayout，尾在第 43 行，这个 LinearLayout 是 vertical 方向的，id 值 L22。

那么，L21 和 L22 这 2 个第二层的 LinearLayout 作为第一层 L1 的子布局，都定义了各自的 android:layout_height 填充方式为 fill_parent，它们之间怎么分配权重呢？这时候 layout_weight 就起到作用了，它定义了同层次元素在排列上的比重关系。比如，layout_weight 为 0.5 的元素是另一个为 1 的元素的 2 倍（layout_weight 越小权重越大）。

第 10 行和第 30 行的 android:layout_weight 分别定义了 L21 和 L22 的权重。

此外，我们在 L21 和 L22 各定义了 2 个 textview，作为 LinearLayout 布局的内容。运行效果如图 10-2 所示。

从效果图中我们可看到，L21 包含 green 和 blue 是 horizontal 排列，L22 包含的 row one 和 row two 是 vertical

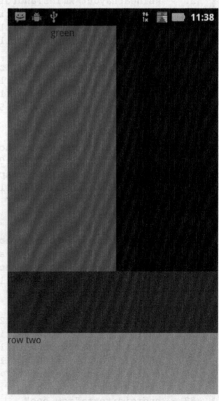

▲图 10-2　例子 Linearlayout1 效果图

排列，而 L21 和 L22 作为 L1 的子对象是 horizontal 排列的，L21 的权重是 L22 的两倍。

在本章的例子里，为了演示方便，我们把控件的文本资源内容，例如 android:text="row one"，直接标注在布局里，其实这种写法是不规范的。在实际开发中，文本资源最好是放到 res\values 目录里的 strings.xml 资源文件中。例如：

```
1.  <?xml version="1.0" encoding="utf-8"?>
2.  <resources>
3.  <string name="rowone">row one</string>
4.  </resources>
```

这个资源文件里就定义了一个字符串 rowone。在布局中通过 android:text=" @string/rowone"这种方式调用该资源。

10.1.2 相对布局—Relative Layout

相对布局 Relative Layout，是通过内部子元素指定它们相对于其他元素或父元素的相对位置（通过 ID 指定）关系来构造用户界面的一种布局方式。比如，可以指定几个元素左对齐，或上下对齐，或指定某元素在屏幕中央。

我们来看一个相对布局的例子代码。

```
Relativelayout1.xml
1.  <RelativeLayout
       xmlns:android="http://schemas.android.com/apk/res/android"
2.       android:id="@+id/R1"
3.       android:layout_width="fill_parent"
4.       android:layout_height="fill_parent" >
5.       <TextView
6.           android:id="@+id/T1"
7.           android:layout_width="wrap_content"
8.           android:layout_height="wrap_content"
9.           android:layout_centerInParent="true"
10.          android:background="#aa00aa"
11.          android:text="T1 在中间" />
12.      <TextView
13.          android:id="@+id/T2"
14.          android:layout_width="wrap_content"
15.          android:layout_height="wrap_content"
16.          android:layout_centerVertical="true"
17.          android:layout_toLeftOf="@id/T1"
18.          android:background="#aaaaaa"
19.          android:text="T2 在 T1 左边" />
20.      <TextView
21.          android:id="@+id/T3"
22.          android:layout_width="wrap_content"
23.          android:layout_height="wrap_content"
24.          android:layout_alignParentBottom="true"
25.          android:layout_centerHorizontal="true"
26.          android:background="#aaaaaa"
27.          android:text="T3 在底部"/>
28.      <TextView
29.          android:id="@+id/T4"
```

```
30.            android:layout_width="wrap_content"
31.            android:layout_height="wrap_content"
32.            android:layout_above="@id/T1"
33.            android:background="#aabbaa"
34.            android:text="T4 在 T1 上部" />
35.        <TextView
36.            android:id="@+id/T5"
37.            android:layout_width="wrap_content"
38.            android:layout_height="wrap_content"
39.            android:layout_alignParentTop="true"
40.            android:layout_alignRight="@id/T1"
41.            android:background="#aabbaa"
42.            android:text="T5 与 T1 右边界对齐"/>
43.    </RelativeLayout>
```

第 1～4 行定义了一个相对布局，id 为 R1，填充整个屏幕。在 R1 内，定义了 5 个 textview，id 分别为 T1～T5。

第 9 行 T1 设置了布局属性 android:layout_centerInParent="true"，即当前控件 T1 位于父控件 R1 的横向和纵向中间。

第 16 和 17 行 T2 设置了 2 个布局属性。

android:layout_centerVertical="true"当前控件 T2 位于父控件 R1 纵向中间。

android:layout_toLeftOf="@id/T1"当前控件 T2 位于 T1 控件左边。

第 24 和 25 行 T3 设置了 2 个布局属性。

android:layout_alignParentBottom="true"当前控件 T3 底端与父控件 R1 的底端对齐。

android:layout_centerHorizontal="true"当前控件 T3 位于父控件 R1 横向中间。

第 32 行 T4 设置了布局属性 android:layout_above="@id/T1"，即 T4 位于 T1 上方。

第 39 行和第 40 行 T5 设置了 2 个布局属性。

android:layout_alignParentTop="true"当前控件 T5 顶端与父控件 R1 的顶端对齐。

android:layout_alignRight="@id/T1"当前控件 T5 的右端与 T1 控件的右端对齐。

运行效果如图 10-3 所示。

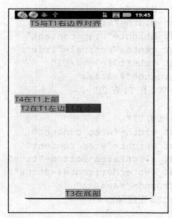

▲图 10-3 例子 Relativelayout 1 效果图

由于 T4 只设置了位于 T1 上方，而横向上没有设置，系统默认 T4 与父控件左端对齐。

线性布局和相对布局是使用最频繁的两种布局方式，在这里做详细介绍。另外 3 种布局形式用得很少，也相对简单，读者可以自己查询 SDK 说明学习。

10.2 列表视图

如果程序需要显示不定数量的数据或者是动态变动的数据，比如联系人列表、相册，利用上一节的布局方式来实现将很不灵活，这种场景下最有效的展现视图是列表视图（ListView 或 Gridview）。Listview 和 Gridview 都继承自 AbsListView，所以在使用上有类似的地方。下面具体介绍这两个视图的使用方法。

10.2.1 列视图-Listview

Listview 常用于展示一系列相似类型的数据，下面以一个简化的联系人列表来讲解 Listview 的基本用法。

主界面布局。

```
main.xml
1.    <RelativeLayout
      xmlns:android="http://schemas.android.com/apk/res/android"
2.    android:id="@+id/R1"
3.    android:layout_width="fill_parent"
4.    android:layout_height="fill_parent" >
5.    <TextView
6.    android:id="@+id/T1"
7.    android:layout_width="wrap_content"
8.    android:layout_height="wrap_content"
9.    android:layout_alignParentTop="true"
10.   android:layout_centerHorizontal="true"
11.   android:background="#aabbaa"
12.   android:text="单击的联系人"/>
13.   <ListView
14.   android:id="@+id/list"
15.   android:layout_width="fill_parent"
16.   android:layout_height="wrap_content"
17.   android:layout_below="@id/T1" />
18.   </RelativeLayout>
```

主界面采用相对布局，包含 2 个控件，一个 textview，id 为 T1 位于一个顶端，ListView id 为 listview 位于 T1 下方。T1 用于在我们单击 listview 的 item 时显示相关内容。

Listview 中每个 Item 的布局界面如下。

```
Item.xml
1.    <?xml version="1.0" encoding="utf-8"?>
2.    <RelativeLayout
3.    xmlns:android="http://schemas.android.com/apk/res/android"
4.    android:layout_width="fill_parent"
5.    android:layout_height="wrap_content"
```

```
6.      android:paddingLeft="10dip">
7.      <ImageView
8.      android:id="@+id/itemImage"
9.      android:layout_width="wrap_content"
10.     android:layout_height="fill_parent"/>
11.     <TextView
12.     android:id="@+id/itemTitle"
13.     android:text="名字"
14.     android:layout_height="wrap_content"
15.     android:layout_width="fill_parent"
16.     android:layout_toRightOf="@+id/itemImage"
17.     android:textSize="24dip"/>
18.     <TextView
19.     android:text="电话： "
20.     android:layout_height="wrap_content"
21.     android:layout_width="fill_parent"
22.     android:id="@+id/itemText"
23.     android:layout_toRightOf="@+id/itemImage"
24.     android:layout_below="@+id/itemTitle"/>
25.     </RelativeLayout>
```

Item 也采用相对布局，其中第 6 行 android:paddingLeft="10dip"定义了 item 显示的内容与屏幕左端留出 10 个像素的空白区域。在这里 itemImage 用来显示头像，其右边的 itemTitle 用来显示名字，itemText 在 itemTitle 下面用来显示电话号码。

最后就是 Java 的源代码。

```
MyListView.java
1.      import android.app.Activity;
2.      import android.content.Context;
3.      import android.os.Bundle;
4.      import android.view.LayoutInflater;
5.      import android.view.View;
6.      import android.view.ViewGroup; import android.widget.AdapterView;
7.      import android.widget.BaseAdapter;
8.      import android.widget.ImageView;
9.      import android.widget.ListView;
10.     import android.widget.TextView;
11.     public class MyListView extends Activity {
12.     ListView listView;
13.     TextView showinfo;
14.     String[] titles={"赵1","钱2","张三","李四","王五"};
15.     String[] texts={"13910000000","13910000001","13910000002","13910000003","13910000004"};
16.     int buf=R.drawable.ic_launcher;
17.     int[] resIds={buf,buf,buf,buf,buf};
18.     @Override
19.     public void onCreate(Bundle savedInstanceState) {
20.     super.onCreate(savedInstanceState);
21.     setContentView(R.layout.main);
22.     listView=(ListView)this.findViewById(R.id.list);
23.     showinfo=(TextView)this.findViewById(R.id.T1);
24.     listView.setAdapter(new MyAdapter(titles,texts,resIds));
25.     listView.setOnItemClickListener(new AdapterView.OnItemClickListener(){
```

```
26.        @Override
27.        public void onItemClick(AdapterView<?> arg0, View arg1, int arg2, long arg3) {
28.                TextView title=(TextView)arg1.findViewById(R.id.itemTitle);
29.                String info="单击的联系人是："+title.getText();
30.                TextView text = (TextView) arg1.findViewById(R.id.itemText);
31.                info=info+"\n 联系电话："+text.getText();
32.                showinfo.setText(info);}
33.        });}
34.        public class MyAdapter extends BaseAdapter {
35.            String[] itemTitles, itemTexts;
36.            int[] itemImageRes;
37.        public MyAdapter(String[] itemTitles,String[] itemTexts,int[] itemImageRes)
38.        {
39.            this.itemTitles=itemTitles;
40.            this.itemTexts =itemTexts;
41.            this.itemImageRes=itemImageRes;
42.        }
43.        public int getCount() {
44.            return itemTitles.length;
45.        }
46.        public Object getItem(int position) {
47.            return itemTitles[position];
48.        }
49.        public long getItemId(int position) {
50.            return position;
51.        }
52.        public View getView(int position, View convertView, ViewGroup parent) {
53.            if (convertView == null)
54.            {
55.        LayoutInflater inflater =
            (LayoutInflater)MyListView.this.getSystemService(Context.LAYOUT_INFLATER_SERVICE);
56.        View itemView = inflater.inflate(R.layout.item, null);
57.        TextView title = (TextView) itemView.findViewById(R.id.itemTitle);
58.        title.setText(itemTitles[position]);
59.        TextView text = (TextView) itemView.findViewById(R.id.itemText);
60.        text.setText(itemTexts[position]);
61.        ImageView image = (ImageView) itemView.findViewById(R.id.itemImage);
62.        image.setImageResource(itemImageRes[position]);
63.        return itemView;
64.        } else{
65.        TextView title = (TextView) convertView.findViewById(R.id.itemTitle);
66.        title.setText(itemTitles[position]);
67.        TextView text = (TextView) convertView.findViewById(R.id.itemText);
68.        text.setText(itemTexts[position]);
69.        ImageView image = (ImageView) convertView.findViewById(R.id.itemImage);
70.        image.setImageResource(itemImageRes[position]);
71.        return convertView;
72.        }}}
73.        }
```

第 14～17 行我们定义了初始化数据，titles 字符串数组是姓名信息、texts 字符串数组是手机号信息，resIds 整数数组是头像资源 drawable 里的头像图片 id 值。在正式项目中数据源我们可以从数据库、文件或网上等地方动态获取。

第 22～23 行我们获取到主界面 main.xml 文件里定义的 ListView 对象和 TextView 对象。

第 24 行我们设置了 ListView 的自定义适配器 MyAdapter 对象，这个类在第 34～71 行定义。

第 25～32 行我们设置了 ListView 的 item 单击监听器 new AdapterView.OnItemClickListener()。这个监听器的 OnItemClick 函数在 listview 的 item 被单击时调用。参数 arg1 就是被单击的 item 的 view，所以我们能从 arg1 获取到里面的 itemTitle 和 itemText 信息，并把这部分信息在主界面顶端的 textview 上显示出来。

第 34～71 行的 MyAdapter 继承自 BaseAdapter，在其中定义了 itemview 和需要显示的内容。

第 37～42 行是 MyAdapter 的构造函数，我们把传入的 itemTitles、itemTexts、itemImageRes 保存到对象本地。

下面几行中 getCount()、getItem(int position) 和 getItemId(int position) 用于 ListView 获取 item 的相关信息。

第 52～71 行的 getView(int position, View convertView, ViewGroup parent) 函数被 ListView 调用来获得具体每个 item 的 View。ListView 通过 getCount() 获取到需要显示的 item 数量，然后逐个调用 getView 来获取 View 并显示。Position 参数用于指定需要哪个 item，convertView 对象告诉 adapter 是否有 item view 滑出屏幕后已不在屏幕显示，convertView 是可以利旧的 view,这样的话就不用因为有 1 万条记录就要构造 1 万个 item view 对象了。

第 53 行和第 64 行的 if (convertView == null) 就是为了利旧 itemview，如果 convertView 存在直接利旧并把 convertView 里的 itemTitle、itemText 和 itemImage 更新后返给 listview 使用。

第 55 行和第 56 行 LayoutInflater 对象的功能是把一个 View 的对象与 XML 布局文件关联并实例化。在这里我们把 itemView 和 item.xml 关联并实例化。

第 57～62 行 itemView 对象实例化之后，通过 findViewById() 查找布局文件里的 itemTitle、itemText 和 itemImage，并将数据源里的数据 itemTitles[position]、itemTexts[position] 和 itemImageRes[position] 赋值上去。

第 63 行将 itemView 返回给 listview。

运行效果如图 10-4 所示。

▲图 10-4 Listview 示例图

10.2.2 表视图-GridView

与 ListView 用于显示列视图类似，GridView 用于显示二维列表视图。下面通过一个简化的相册例子来演示 GrdView 的基本用法。

主界面如下：

```
Main.xml
1.    <?xml version="1.0" encoding="utf-8"?>
```

```
2.    <GridView
        xmlns:android="http://schemas.android.com/apk/res/android"
3.    android:id="@+id/gridview"
4.    android:layout_width="fill_parent"
5.    android:layout_height="fill_parent"
6.    android:numColumns="auto_fit"
7.    android:verticalSpacing="8dp"
8.    android:horizontalSpacing="8dp"
9.    android:columnWidth="80dp"
10.   android:stretchMode="columnWidth"
11.   android:gravity="center"  />
```

主界面没有采用 Layout 布局，而是直接用 Gridview。

第 6 行 android:numColumns="auto_fit" 设置列数为根据屏幕宽度自动适配。

第 7、8 行的意义是设置了行间隔和列间隔都是 8dp。

第 9 行设置每列的宽度，也就是 item 的宽度为 80dp。

第 10 行设置将 item 里的内容缩放到列宽大小同步，即缩放到 80dp。

第 11 行设置将显示的内容放在 item 的中央位置。

GridView 里每个 item 的布局如下。

```
Griditem.xml
1.    <?xml version="1.0" encoding="utf-8"?>
2.    <RelativeLayout
3.      xmlns:android="http://schemas.android.com/apk/res/android"
4.      android:id="@+id/R1"
5.      android:layout_height="wrap_content"
6.      android:layout_width="fill_parent">
7.      <ImageView
8.        android:id="@+id/ItemImage"
9.        android:layout_height="wrap_content"
10.       android:layout_width="wrap_content"
11.       android:layout_centerHorizontal="true"/>
12.     <TextView
13.       android:id="@+id/ItemText"
14.       android:layout_below="@+id/ItemImage"
15.       android:layout_width="wrap_content"
16.       android:layout_height="wrap_content"
17.       android:text="名字"
18.       android:layout_centerHorizontal="true"   />
19.   </RelativeLayout>
```

这个 item 布局和上个例子中的布局类似，item 内有一个 imageview 和一个 textview，textview 位于 imageview 的下方。

最后就是 Java 源代码主要部分。

```
MyGridView.java
1.    public void onCreate(Bundle savedInstanceState) {
2.      super.onCreate(savedInstanceState);
3.      setContentView(R.layout.main);
4.      GridView gridview;
5.      String[] titles={"赵1","钱2","张三","李四","王五"};
```

```
6.      int buf=R.drawable.sample;
7.      int[] resIds={buf,buf,buf,buf,buf};
8.      gridview=(GridView)this.findViewById(R.id.gridview);
9.      gridview.setAdapter(new MyAdapter(titles,resIds));
10.     gridview.setOnItemClickListener(new
        AdapterView.OnItemClickListener(){
11.     @Override
12.     public void onItemClick(AdapterView<?> arg0, View arg1, int arg2, long
        arg3) {
13.     TextView title = (TextView)arg1.findViewById(R.id.itemTitle);
14.     Log.d("mygridview:","我单击的是："+title.getText()+"的照片");
15.     }});}
16.     public class MyAdapter extends BaseAdapter {
17.     String[] itemTitles, itemTexts;
18.     int[] itemImageRes;
19.     public MyAdapter(String[] itemTitles,int[] itemImageRes)
20.     {
21.     this.itemTitles=itemTitles;
22.     this.itemImageRes=itemImageRes;
23.     }
24.     public int getCount() {
25.     return itemTitles.length;
26.     }
27.     public Object getItem(int position) {
28.     return itemTitles[position];
29.     }
30.     public long getItemId(int position) {
31.     return position;
32.     }
33.     public View getView(int position, View convertView, ViewGroup parent)
        {
34.     if (convertView == null)
35.     {
36.     LayoutInflater inflater =
        (LayoutInflater)MyListView.this.getSystemService(Context.LAYOUT_INFLATER_SERVICE);
37.     View itemView = inflater.inflate(R.layout.item, null);
38.     TextView title = (TextView) itemView.findViewById(R.id.itemTitle);
39.     title.setText(itemTitles[position]);
40.     ImageView image = (ImageView) itemView.findViewById(R.id.itemImage);
41.     image.setImageResource(itemImageRes[position]);
42.     return itemView;
43.     } else{
44.     TextView title = (TextView)
        convertView.findViewById(R.id.itemTitle);
45.     title.setText(itemTitles[position]);
46.     ImageView image = (ImageView)
        convertView.findViewById(R.id.itemImage);
47.     image.setImageResource(itemImageRes[position]);
48.     return convertView;
49.     }}}}
```

代码部分和上个例子类似，其中图片资源我选了一个取名为 sample 的图片，该图片宽度超过测试手机屏幕的一半，顺便测试一下 girdview 的 stretchMode 自动缩放功能。

第 9 行设置 gridview 的适配器对象 MyAdapter。

第 10~15 行设置了 item 的单击事件监听器 OnItemClickListener。单击后通过 Log.d 输出到 Logcat 窗口，显示我们单击了哪个图片。

第 16~49 行为适配器类 MyAdapter，代码与上个例子类似。

运行效果如图 10-5 所示。

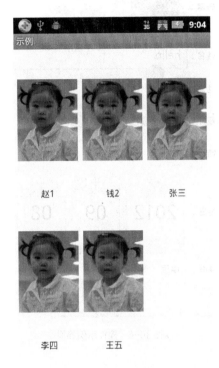

▲图 10-5　Gridview 示例图

单击 item 后 Logcat 输出示例。

```
1.    D/mygridview:(1164): 我单击的是: 赵 1 的照片
2.    D/mygridview:(1164): 我单击的是: 钱 2 的照片
3.    D/mygridview:(1164): 我单击的是: 张三的照片
```

10.3　输入控件——Input Controls

输入控件是应用程序用户接口的一类交互式组件。Android 系统提供了大量可供大家在 UI 中使用的输入控件，比如按钮、文本编辑空间、复选框、单选框以及各种对话框等。

10.3.1　基本输入控件

下面我们通过一个个人设置页面的例子讲解输入控件的基本用法。

先看界面效果，如图 10-6 所示。

Android 开发入门与实战（第二版）

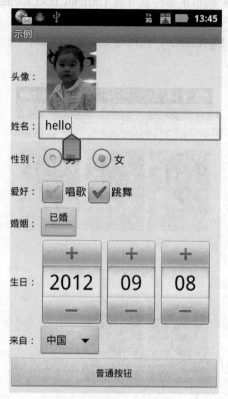

▲图 10-6　控件示例界面

主界面 main.xml

```
1.   <?xml version="1.0" encoding="utf-8"?>
2.   <LinearLayout
3.       xmlns:android="http://schemas.android.com/apk/res/android"
4.       android:layout_width="fill_parent"
5.       android:layout_height="fill_parent"
6.       android:orientation="vertical"
7.       android:background="#ffe8e8e8">
8.       <LinearLayout
9.           android:layout_width="fill_parent"
10.          android:layout_height="wrap_content">
11.          <TextView
12.              android:id="@+id/textView1"
13.              android:layout_width="wrap_content"
14.              android:layout_height="wrap_content"
15.              android:text="头像："
16.              android:layout_gravity="center"
17.              android:textColor="#000000"/>
18.          <ImageView
19.              android:id="@+id/ImageView1"
20.              android:layout_width="100dp"
21.              android:layout_height="100dp"
```

```
22.         android:src="@drawable/sample" />
23.     </LinearLayout>
24.     <LinearLayout
25.         android:layout_width="fill_parent"
26.         android:layout_height="wrap_content">
27.         <TextView
28.             android:layout_width="wrap_content"
29.             android:layout_height="wrap_content"
30.             android:textColor="#000000"
31.             android:text="姓名: " />
32.         <EditText
33.             android:id="@+id/editText1"
34.             android:layout_width="wrap_content"
35.             android:layout_height="wrap_content"
36.             android:layout_weight="1" >
37.             <requestFocus />
38.         </EditText>
39.     </LinearLayout>
40.     <LinearLayout
41.         android:layout_width="fill_parent"
42.         android:layout_height="wrap_content">
43.         <TextView
44.             android:layout_width="wrap_content"
45.             android:layout_height="wrap_content"
46.             android:text="性别: "
47.             android:textColor="#000000"
48.             android:layout_gravity="center"/>
49.         <RadioGroup
50.             android:id="@+id/RadioGroup1"
51.             android:layout_width="wrap_content"
52.             android:layout_height="wrap_content"
53.             android:orientation="horizontal">
54.             <RadioButton
55.                 android:id="@+id/RadioButton1"
56.                 android:layout_width="wrap_content"
57.                 android:layout_height="wrap_content"
58.                 android:textColor="#000000"
59.                 android:text="男 "
60.                 android:checked="true"/>
61.             <RadioButton
62.                 android:id="@+id/RadioButton2"
63.                 android:layout_width="wrap_content"
64.                 android:layout_height="wrap_content"
65.                 android:textColor="#000000"
66.                 android:text="女"/>
67.         </RadioGroup>
68.     </LinearLayout>
69.     <LinearLayout
70.         android:layout_width="fill_parent"
71.         android:layout_height="wrap_content">
72.         <TextView
73.             android:layout_width="wrap_content"
74.             android:layout_height="wrap_content"
75.             android:text="爱好: "
```

```
76.        android:textColor="#000000"
77.        android:layout_gravity="center"/>
78.     <CheckBox android:id="@+id/checkbox1"
79.        android:layout_width="wrap_content"
80.        android:layout_height="wrap_content"
81.        android:textColor="#000000"
82.        android:text="唱歌" />
83.     <CheckBox android:id="@+id/checkbox2"
84.        android:layout_width="wrap_content"
85.        android:layout_height="wrap_content"
86.        android:textColor="#000000"
87.        android:text="跳舞" />
88.     </LinearLayout>
89.     <LinearLayout
90.        android:layout_width="fill_parent"
91.        android:layout_height="wrap_content">
92.     <TextView
93.        android:layout_width="wrap_content"
94.        android:layout_height="wrap_content"
95.        android:text="婚姻："
96.        android:textColor="#000000"
97.        android:layout_gravity="center"/>
98.     <ToggleButton android:id="@+id/ToggleButton1"
99.        android:textOn="已婚"
100.       android:textOff="未婚"
101.       android:layout_width="wrap_content"
102.       android:layout_height="wrap_content"/>
103.    </LinearLayout>
104.    <LinearLayout
105.       android:layout_width="fill_parent"
106.       android:layout_height="wrap_content">
107.    <TextView
108.       android:layout_width="wrap_content"
109.       android:layout_height="wrap_content"
110.       android:layout_gravity="center"
111.       android:text="生日："
112.       android:textColor="#000000" />
113.    <DatePicker android:id="@+id/datePicker"
114.       android:layout_width="wrap_content"
115.       android:layout_height="wrap_content"
116.       android:layout_gravity="center_horizontal"/>
117.    </LinearLayout>
118.    <LinearLayout
119.       android:layout_width="fill_parent"
120.       android:layout_height="wrap_content">
121.    <TextView
122.       android:layout_width="wrap_content"
123.       android:layout_height="wrap_content"
124.       android:text="来自："
125.       android:textColor="#000000" />
126.    <Spinner
127.       android:id="@+id/Spinner1"
128.       android:text="国内"
129.       android:layout_width="wrap_content"
```

```
130.    android:layout_height="wrap_content"
131.    />
132.    </LinearLayout>
133.    <Button android:id="@+id/button1"
134.    android:layout_height="wrap_content"
135.    android:layout_width="fill_parent"
136.    android:text="普通按钮"/>
137.    </LinearLayout>
```

主界面布局我们整体上采用纵向的线性布局,内嵌套横向线性布局。

我们用 TextView 来做文本展示,通过 android:text="" 属性设置我们要展示的文本内容,其中 android:textColor 属性设置了字体颜色。

第 18~22 行是一个 ImageView 用于显示图像,在这里我们指定了图像的显示大小为 100dp,通过 android:src 属性设置了要显示的图片。当然我们也可以在 Java 代码里设置要显示的图片。

第 32~38 行的 EditText 控件常作为文字输入框,设置<requestFocus />属性获得输入焦点。我们也能通过设置 android:inputType 属性来限定输入类型为数字、电话号码、密码、IP 地址等类型。

第 49~67 行声明在 RadioGroup 标签内的 2 个 RadioButton 单选按钮组合成一个单选框。其作为一个整体由 RadioGroup 设置监听器。其中的 android:checked 属性用于设置默认值。

第 78~87 行是 2 个 CheckBox 组成的多选框,与单选框必须组合不同,CheckBox 能独立放置,独立设置监听器。

第 98~103 行 ToggleButton 是开关形式的按钮,通过 android:textOn 属性设置选中状态的文字,通过 android:textOff 属性设置未选中状态的文字。在功能上它和 CheckBox 很类似。

第 113~116 行的 DatePicker 是日期选择控件,可以进行挑选年、月、日,也可以软键盘输入指定的年月日。

第 126~131 行的 Spinner 控件是一个列表选择框,单击后弹出选择列表,允许用户从一组数据中选择一个值。控件内的具体内容在代码里通过设置适配器来完成。

第 133~136 行是个普通 Button 按钮,我们可以在代码里设置按钮的监听事件来完成相应操作。

下面是本例的 Java 代码部分。

```
TestActivity.java
1.     public class TestActivity extends Activity {
2.        private ImageView ImageView1;
3.        private EditText editText1;
4.        private Spinner  spinner1;
5.        private RadioGroup RadioGroup1;
6.        private CheckBox checkbox1,checkbox2;
7.        private ToggleButton ToggleButton1;
8.        private ArrayAdapter<String> adapter;
9.        private DatePicker datePicker;
10.       private Button button1;
11.       @Override
12.       public void onCreate(Bundle savedInstanceState) {
13.          super.onCreate(savedInstanceState);
14.          setContentView(R.layout.test);
15.          findwidget();}
16.       void findwidget()
```

```java
17.    {
18.        ImageView1=(ImageView)findViewById(R.id.ImageView1);
19.        ImageView1.setImageResource(R.drawable.sample);
20.        editText1=(EditText)findViewById(R.id.editText1);
21.        editText1.addTextChangedListener(new TextWatcher() {
22.            @Override
23.            public void afterTextChanged(Editable arg0) {
24.                // TODO Auto-generated method stub
25.            }
26.            @Override
27.            public void beforeTextChanged(CharSequence s, int start, int count,int after) {
27a)           // TODO Auto-generated method stub
28.            }
29.            @Override
30.            public void onTextChanged(CharSequence s, int start, int before,int count) {
31.                // TODO Auto-generated method stub
32.        }});
33.        RadioGroup1=(RadioGroup)findViewById(R.id.RadioGroup1);
34.        RadioGroup1.setOnCheckedChangeListener(new
               RadioGroup.OnCheckedChangeListener()
35.        {@Override
36.            public void onCheckedChanged(RadioGroup arg0, int checkedId)
37.            {
38.                switch(checkedId)
39.                {
40.                case R.id.RadioButton1:
41.                    Log.d("TestActivity","select RadioButton1");
42.                    break;
43.                case R.id.RadioButton2:
44.                    Log.d("TestActivity","select RadioButton2");
45.                    break;
46.                default:
47.                    break;
48.        }}});
49.        checkbox1=(CheckBox)findViewById(R.id.checkbox1);
50.        checkbox2=(CheckBox)findViewById(R.id.checkbox2);
51.        OnCheckedChangeListener listener = new
               CompoundButton.OnCheckedChangeListener()
52.        {
53.            @Override
54.            public void onCheckedChanged(CompoundButton buttonView, boolean isChecked) {
55.                switch(buttonView.getId()){
56.                case R.id.checkbox1: //action
57.                    Log.d("TestActivity","checkbox1:"+isChecked+"="+buttonView.getText());
58.                    break;
59.                case R.id.checkbox2: //action
60.                    Log.d("TestActivity","checkbox2:"+isChecked+"="+buttonView.getText());
61.                    break;
62.                case R.id.ToggleButton1: //action
63.                    Log.d("TestActivity","ToggleButton1:"+isChecked+"="+buttonView.getText());
64.                    break;
65.        } } ;
66.        checkbox1.setOnCheckedChangeListener(lisdtener);
67.        checkbox2.setOnCheckedChangeListener(listener);
```

```
68.     ToggleButton1=(ToggleButton)findViewById(R.id.ToggleButton1);
69.     ToggleButton1.setOnCheckedChangeListener(listener);
70.     datePicker=(DatePicker)findViewById(R.id.datePicker);
71.     datePicker.init(2012, 9, 8, new DatePicker.OnDateChangedListener(){
72.     public void onDateChanged(DatePicker view, int year,int monthOfYear, int
        dayOfMonth) {
73.     Log.d("TestActivity","datePicker 您选择的日期是:"+year+"年"+(monthOfYear+1)+"月"+
        dayOfMonth+"日。");
74.     }});
75.     final String[] from={"中国","美国","俄罗斯","加拿大"};
76.     spinner1=(Spinner)findViewById(R.id.Spinner1);
77.     adapter = new ArrayAdapter<String>(this,
        android.R.layout.simple_spinner_item, from);
78.     adapter.setDropDownViewResource(android.R.layout.simple_spinner_dropdown_item);
79.     spinner1.setAdapter(adapter);
80.     spinner1.setOnItemSelectedListener(new Spinner.OnItemSelectedListener(){
81.     @Override
82.     public void onItemSelected(AdapterView<?> arg0, View arg1, int arg2,long arg3)
83.     {
84.     Log.d("TestActivity","我单击的是 spinner1: "+from[arg2]);
85.     }
86.     @Override
87.     public void onNothingSelected(AdapterView<?> arg0) {
88.     }} );
89.     button1=(Button)findViewById(R.id.button1);
90.     button1.setOnClickListener(new View.OnClickListener() {
91.     @Override
92.     public void onClick(View v) {
93.     Log.d("TestActivity:","我单击的是: button");
94.     }});;
95.     }
```

第 2~10 行是控件对象定义部分，定义了 main 布局文件里用到的控件。

第 12~15 行在 onCreate 函数里我们把 main 布局设置为程序的 view，然后在 findwidget 函数里绑定控件和设置监听器。

第 18~19 行是 ImageView 控件的代码，通过 setImageResource 方法可以把 drawable 里的图片资源设置到图片上。

第 20~32 行是 EditText 控件，通过 addTextChangedListener 设置了 TextWatcher 监听器。这个监听器在用户输入、删除和修改 EditText 内容时被回调。通过 beforeTextChanged 函数可以获得修改前的内容，通过 onTextChanged 函数能知道哪些地方被改动了，而 afterTextChanged 函数能获得修改后的内容。通过这几个回调函数能在用户输入时做一些判断、提醒、限制的工作。

第 33~48 行是 RadioGroup 和 RadioButton 组成的单选框。在代码里只需要获取到 RadioGroup 对象并通过 setOnCheckedChangeListener 设置 RadioGroup.OnCheckedChangeListener 监听器。当用户单击单选项时系统就会回调设置的监听器代码，在监听器的 onCheckedChanged 方法里通过 checkedId 就能知道是哪个 RadioButton 触发了单击事件，并作相应的处理。

第 49~50 行是两个多选控件 checkbox1 和 checkbox2 对象。

第 51~65 行定义了 CheckBox 的 Checked 状态改变监听对象 OnCheckedChangeListener

listener。在这个对象里实现了系统回调函数 onCheckedChanged。onCheckedChanged 被回调时会通过 buttonView 指示哪个控件的状态改变了，改变的值是 isChecked。在这里给 checkbox 1、checkbox 2 和 ToggleButton 1 都设置了 listener 监听器对象，然后通过 buttonView.getId()函数来判断是哪个控件状态改变。

第 66～67 行给 checkbox 1 和 checkbox 2 设置了监听器 listener。

第 68～69 行是 ToggleButton 控件，也用了监听器 listener，其功能上和 CheckBox 类似。

第 70～74 行是日期选择 DatePicker 控件，datePicker.init 函数用来初始化控件的年月日，并设置日期改变监听器 DatePicker.OnDateChangedListener()。当用户改变日期时系统就会回调监听器里的 onDateChanged 函数，通过这个函数我们知道了修改后的年月日数据。注意：monthOfYear 是从 0 开始计数的，即 0 代表一月。

第 75～79 行是 Spinner 列表选择器并设置了 adapter 适配器。字符串数组 from 里是列表的内容源，通过数组适配器 adapter 将内容源与其连接，通过设置 adapter.setDropDownViewResource 给列表设置 simple_spinner_dropdown_item 显示风格。单击 Spinner 后的效果图如图 10-7 所示。

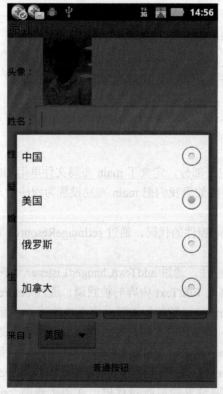

▲图 10-7　Spinner 弹出选择框示例

第 80～88 行通过 setOnItemSelectedListener 设置了 Spinner 的选择监听器 Spinner.OnItemSelectedListener()，当用户选择列表项时系统回调监听器里的 onItemSelected 函数，我们通过 arg2 参数获知

第几列被选中。

第 89～94 行是普通的 button 按钮，通过 setOnClickListener 设置监听器 View.OnClickListener。用户单击按钮时系统回调 onClick 方法，执行我们的自定义代码。

下面是示例程序单击后的 Logcat 输出图。

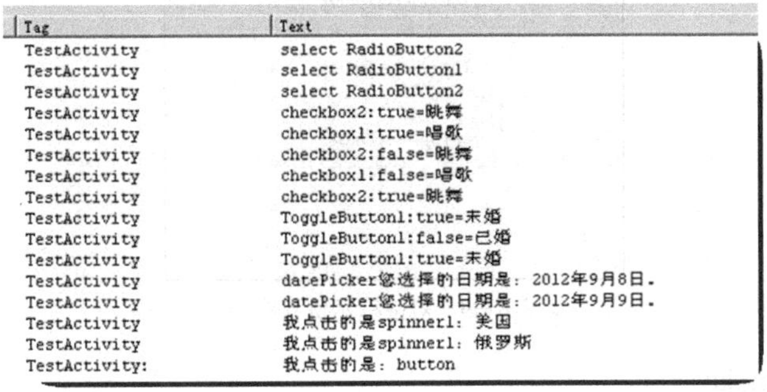

▲图 10-8　示例 Logcat 输出图示

10.3.2　对话框控件—Dialog

对话框（Dialog）也是 Android 系统中常用的用户界面元素，它的直接子类是 AlertDialog，间接子类有 DatePickerDialog、ProgressDialog 和 TimePickerDialog。这一节我们介绍它们的基本用法。

主界面 testdialog.xml

```
1.  <?xml version="1.0" encoding="utf-8"?>
2.  <LinearLayout
3.  xmlns:android="http://schemas.android.com/apk/res/android"
4.  android:layout_width="fill_parent"
5.  android:layout_height="fill_parent"
6.  android:orientation="vertical"
7.  android:background="#ffe8e8e8">
8.  <Button android:id="@+id/button1"
9.  android:layout_height="wrap_content"
10. android:layout_width="fill_parent"
11. android:text="AlertDialog"/>
12. <Button android:id="@+id/button2"
13. android:layout_height="wrap_content"
14. android:layout_width="fill_parent"
15. android:text="DatePickerDialog"/>
16. <Button android:id="@+id/button3"
17. android:layout_height="wrap_content"
18. android:layout_width="fill_parent"
19. android:text="TimePickerDialog"/>
20. <Button android:id="@+id/button4"
21. android:layout_height="wrap_content"
22. android:layout_width="fill_parent"
23. android:text="ProgressDialog"/>
24. </LinearLayout>
```

主界面用了纵向的线性布局，放了 4 个普通按钮，如图 10-9 所示。

▲图10-9 对话框示例界面图

代码文件 Testdialog.java：

```
1.   public class Testdialog  extends Activity{
2.   private Button button1,button2,button3,button4;
3.   final int MyAlertDialog = 1,MyDatePickerDialog=2,
4.   MyTimePickerDialog=3,MyProgressDialog=4;
5.   Calendar dateAndTime = Calendar.getInstance();
6.   @Override
7.   public void onCreate(Bundle savedInstanceState) {
8.   super.onCreate(savedInstanceState);
9.   setContentView(R.layout.testdialog);
10.  findwidget();
11.  }
12.  void findwidget()
13.  {
14.  button1=(Button)findViewById(R.id.button1);
15.  button2=(Button)findViewById(R.id.button2);
16.  button3=(Button)findViewById(R.id.button3);
17.  button4=(Button)findViewById(R.id.button4);
18.  button1.setOnClickListener(Btocl);
19.  button2.setOnClickListener(Btocl);
20.  button3.setOnClickListener(Btocl);
21.  button4.setOnClickListener(Btocl);
22.  }
23.  View.OnClickListener Btocl= new View.OnClickListener() {
24.  @Override
25.  public void onClick(View v) {
26.  switch (v.getId())
27.  {
28.  case R.id.button1:
29.  showDialog(MyAlertDialog);
30.  break;
31.  case R.id.button2:
32.  showDialog(MyDatePickerDialog);
33.  break;
34.  case R.id.button3:
35.  showDialog(MyTimePickerDialog);
36.  break;
```

```
37.    case R.id.button4:
38.        showDialog(MyProgressDialog);
39.        break;
40.    }}};
41.    @Override
42.    public Dialog onCreateDialog(int id)
43.    {
44.        switch (id) {
45.        case MyAlertDialog:
46.            Dialog dialog =new AlertDialog.Builder(this)
47.            .setIcon(R.drawable.ic_launcher).setTitle("MY对话框")
48.            .setMessage("一个自己设置的对话框哦,好看不?")
49.            .setNegativeButton("不好看", ocl).setNeutralButton("一般般", ocl)
50.            .setPositiveButton("很喜欢", ocl).create();
51.            return dialog ;
52.        case MyDatePickerDialog:
53.            DatePickerDialog dateDatePickerDialog=
54.            new DatePickerDialog(this,new DatePickerDialog.OnDateSetListener() {
55.            @Override
56.            public void onDateSet(DatePicker view, int year, int monthOfYear,
57.            int dayOfMonth) {
58.            }},dateAndTime.get(Calendar.YEAR),dateAndTime.get(Calendar.MONTH),dateAndTime.get(Calendar.DAY_OF_MONTH));
59.            return dateDatePickerDialog;
60.        case MyTimePickerDialog:
61.            TimePickerDialog timePickerDialog=new TimePickerDialog(this,new TimePickerDialog.OnTimeSetListener() {
62.            @Override
63.            public void onTimeSet(TimePicker view, int hourOfDay, int minute) {
64.            } },
            dateAndTime.get(Calendar.HOUR_OF_DAY),dateAndTime.get(Calendar.MINUTE), true);
65.            return timePickerDialog;
66.        case MyProgressDialog:
67.            ProgressDialog progressDialog=new ProgressDialog(this);
68.            progressDialog.setProgressStyle(ProgressDialog.STYLE_SPINNER);
69.            progressDialog.setMessage("Loading...");
70.            progressDialog.setCancelable(true);
71.            return progressDialog ;}
72.        return null;}
73.    OnClickListener ocl = new OnClickListener() {
74.    @Override
75.    public void onClick(DialogInterface dialog, int which) {
76.        switch (which) {
77.        case Dialog.BUTTON_NEGATIVE:
78.            break;
79.        case Dialog.BUTTON_NEUTRAL:
80.            break;
81.        case Dialog.BUTTON_POSITIVE:
82.            break;
83.    }}};
84.    }
```

第 2 行我们定义了 4 个 button 按钮,用来单击触发 4 种对话框。

第 3~4 行定义了 4 个整数常量,这些常量作为 4 个对话框的唯一标识用来在创建、显示、取消等操作时系统标识用。

第 5 行定义的 Calendar 对象 dateAndTime 用来在日期和时间对话框时获取系统日期时间。

第 14~22 行我们实例化了 4 个按钮对象，并设置了统一的按钮单击监听器 Btocl。

第 23~40 行是 View.OnClickListener 对象 Btocl，这个回调函数在用户单击按钮时触发 onClick 函数，并传入单击按钮的 View。通过 v.getId()我们获取到按钮的 ID 号，然后 4 个按钮各自执行 showDialog 函数，调用创建对话框。

当使用 showDialog(int id) 函数方式创建对话框时，如果此 ID 对应的对话框对象是第一次被请求时，Android 系统就回调 Activity 中的 onCreateDialog(int id)函数，我们在 onCreateDialog 函数里进行对话框对象创建。

第 41~71 行是具体创建对话框对象的 onCreateDialog 函数，在这里我们使用一个 switch 语句根据传入的 id 参数初始化对应对话框对象。当创建完对话框后，返回这个对象给 activity 进行管理。

第 46~51 行是创建 AlertDialog 对话框。AlertDialog 对话框不能直接 new 方式创建，必须先创建 AlertDialog.Builder 对象，然后调用它的 create 方法来创建 AlertDialog。

AlertDialog 对话框对象能显示一个图标、一个标题、一个内容文本和 3 个可选按钮。

第 47 行设置了 AlertDialog 的图标和标题，第 48 行设置了内容，第 49 行设置了 NegativeButton 按钮和 NeutralButton 按钮，第 50 行设置了 PositiveButton 按钮。虽然这 3 个按钮名字不同，但在功能上是可以随意设定的，只是为了取 ID 方便。

AlertDialog 对话框的 OnClickListener 按钮监听器 ocl 在第 73~82 行定义，我们通过 onClick 函数传入的 which 值确定哪个按钮被单击了并可设定相应处理代码。

下面看一下我们这个 AlertDialog 的示例图。

第 52~59 行是日期选择对话框 DatePickerDialog。我们直接使用 new 的方式产生对象。DatePickerDialog 构造函数需要传入：context 上下文、DatePickerDialog.OnDateSetListener()监听器和初始化年月日。DatePickerDialog.OnDateSetListener()监听器在用户单击设置按钮时回调 onDateSet 函数，反馈用户设置的年月日。

▲图 10-10　AlertDialog 对话框示例图

图 10-11 是日期选择对话框的示例图。

第 60~65 行创建时间选择对话框 TimePickerDialog 的方式和日期选择对话框类似。通过 TimePickerDialog 构造函数传入上下文、监听器和初始化的时间值，并设置是否是 24 小时制。监听器 TimePickerDialog.OnTimeSetListener()里 onTimeSet 函数在用户按了设置按钮后传入设置后的时间值。

图 10-12 是时间选择对话框的示例图。

第 10 章 我的美丽我做主——用户界面（User Interface）

▲图 10-11 日期选择对话框示例图

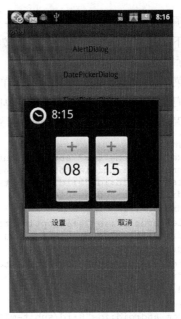

▲图 10-12 时间选择对话框示例图

第 66~72 行是进度对话框 ProgressDialog。同样可以直接 new 对象。

第 68 行设置进度条显示风格，在此我们采用系统自带的 ProgressDialog.STYLE_SPINNER。系统自带了好几种风格，读者可以课后试验一下各种风格。

第 69 行设置显示的提示信息。

第 71 行设定了我们能通过按设备的 back 键取消这个对话框，如果设置为 false 则只能通过程序代码取消。

进度对话框示例如图 10-13 所示。

ProgressDialog 是 AlertDialog 的扩展类，也能设置按钮，比如一个取消下载的按钮。但与 AlertDialog.Builder 不同，ProgressDialog 是调用 setButton, setButton2, setButton3 函数来创建按钮。

对于创建完的对话框对象，我们可以通过调用该对象 dismiss() 来消除它，但我们推荐在 Activity 中调用 dismissDialog(int id)的方式取消。如果不再需要对话框对象时，可以调用 removeDialog(int id)来删除。

▲图 10-13 进度对话框示例图

10.4 菜单——Menu

菜单是常用的用户界面元素，在 Android 系统里提供了 3 种类型的菜单。

（1）选项菜单（options menu）：按设备上 Menu 键显示的菜单。

（2）上下文菜单（context menu）：长按特定界面 view 显示，跟具体的 view 绑定在一起，类似 PC 上鼠标右键菜单。

（3）子菜单（sub menu）：以上两种菜单都可以加入子菜单，但子菜单不能再嵌套子菜单。

下面我们通过一个例子来演示 3 种菜单的基本用法。

菜单的 XML 资源文件放在 res/menu 目录下。

```
optionmenu.xml
1.    <?xml version="1.0" encoding="utf-8"?>
2.    <menu xmlns:android="http://schemas.android.com/apk/res/android">
3.    <item android:id="@+id/optionitem1"
4.    android:icon="@drawable/icon"
5.    android:title="选项 1" />
6.    <item android:id="@+id/optionitem2"
7.    android:icon="@drawable/ic_launcher"
8.    android:title="选项 2" />
9.    <item android:id="@+id/optionitem3"
10.   android:icon="@drawable/icon"
11.   android:title="子菜单" >
12.   <menu>
13.   <item android:id="@+id/subitem1"
14.   android:title="子菜单项 1" />
15.   <item android:id="@+id/subitem2"
16.   android:title="@string/子菜单项 2" />
17.   </menu>
18.   </item>
19.   </menu>
```

在这个菜单资源文件里，定义了 3 个菜单项，id 分别为 optionitem1、optionitem2 和 optionitem3。每个菜单项 item 有自己的 id、title 和 icon。

第 9～18 行的 optionitem3 菜单项里除了定义了 id、title 和 icon 外，还增加了第 12～17 行所示的子菜单结构。子菜单的 item 只有 id 和 title，不能设置 icon。

上下文菜单资源文件。

```
contextmenu.xml
1.    <?xml version="1.0" encoding="utf-8"?>
2.    <menu xmlns:android="http://schemas.android.com/apk/res/android">
3.    <item
4.    android:id="@+id/contextitem1"
5.    android:title="上下文菜单子项 1">
6.    </item>
7.    <item
8.    android:id="@+id/contextitem2"
9.    android:title="上下文菜单子项 2">
10.   </item>
11.   <item
12.   android:id="@+id/contextitem3"
13.   android:title="上下文菜单子项 3">
14.   </item>
15.   </menu>
```

上下文菜单的格式和子菜单格式类似，item 项没有 icon 属性。

菜单例子的 Java 源代码如下。

```
Mymenu.java
1.      @Override
2.      public void onCreate(Bundle savedInstanceState) {
3.          super.onCreate(savedInstanceState);
4.          setContentView(R.layout.main);
5.          GridView gridview;
6.          String[] titles={"赵1","钱2","张三","李四","王五"};
7.          int buf=R.drawable.sample;
8.          int[] resIds={buf,buf,buf,buf,buf};
9.          gridview=(GridView)this.findViewById(R.id.gridview);
10.         gridview.setAdapter(new MyAdapter(titles,resIds));
11.         registerForContextMenu(gridview) ;
12.         gridview.setOnItemClickListener(new AdapterView.OnItemClickListener(){
13.         ......});}
14.     @Override
15.     public void onCreateContextMenu(ContextMenu menu,View
        v,ContextMenu.ContextMenuInfo menuInfo){
16.         super.onCreateContextMenu(menu,v,menuInfo);
17.         getMenuInflater().inflate(R.menu.contextmenu,menu);
18.     }
19.     @Override
20.     public boolean onContextItemSelected (MenuItem item) {
21.         super.onContextItemSelected(item);
22.         switch (item.getItemId()) {
23.         case R.id.contextitem1:
24.             Toast.makeText(this, "上下文菜单子项1", Toast.LENGTH_SHORT).show();
25.             break;
26.         case R.id.contextitem2:
27.             Toast.makeText(this, "上下文菜单子项2", Toast.LENGTH_SHORT).show();
28.             break;
29.         case R.id.contextitem3:
30.             Toast.makeText(this, "上下文菜单子项3", Toast.LENGTH_SHORT).show();
31.             break;
32.         default:
33.             break;
34.         }
35.         return super.onOptionsItemSelected(item);
36.     }
37.     @Override
38.     public boolean onCreateOptionsMenu(Menu menu) {
39.         super.onCreateOptionsMenu(menu);
40.         getMenuInflater().inflate(R.menu.optionmenu, menu);
41.         return true;
42.     }
43.     @Override
44.     public boolean onOptionsItemSelected(MenuItem item)
45.     {
46.         switch (item.getItemId())
47.         {
48.         case R.id.optionitem1:
49.             Toast.makeText(this, "单击了选项1", Toast.LENGTH_SHORT).show();
50.             return true;
51.         case R.id.optionitem2:
52.             Toast.makeText(this, "单击了选项2", Toast.LENGTH_SHORT).show();
53.             return true;
```

```
54.    case R.id.optionitem3:
55.    Toast.makeText(this, "单击了选项 3", Toast.LENGTH_SHORT).show();
56.    return true;
57.    case R.id.subitem1:
58.    Toast.makeText(this, "单击子菜单选项 1", Toast.LENGTH_SHORT).show();
59.    return true;
60.    case R.id.subitem2:
61.    Toast.makeText(this, "单击子菜单选项 2", Toast.LENGTH_SHORT).show();
62.    return true;
63.    default:
64.    return super.onOptionsItemSelected(item);
65.    }}
66.    public class MyAdapter extends BaseAdapter {
67.    ......}}
```

第 11 行 registerForContextMenu(gridview)，我们为 gridview 注册了一个上下文菜单，当 gridview 里的 itemview 接收到长按事件时就会弹出一个上下文菜单。

第 14～18 行我们重写了 onCreateContextMenu 这个创建上下文菜单的回调方法。上下文菜单每次触发显示时都会调用这个方法。

第 17 行我们使用 getMenuInflater().inflate 方法装载菜单资源 XML 文件 contextmenu 到 menu 对象里，这个 menu 对象是由 onCreateContextMenu 回调函数传入的上下文菜单对象。

第 19～36 行的 onContextItemSelected 方法是当用户选择了上下文菜单中的选项时系统回调的方法，系统会传入用户选择的 MenuItem 对象。通过 item.getItemId() 我们知道用户选的菜单项的 id 号。在这里我们用 toast 显示用户的选择信息。

第 37～42 行 onCreateOptionsMenu 是创建选项菜单的回调方法，系统在第一次创建选项菜单时调用该方法。我们重写了该方法将菜单资源 optionmenu 加载到选项菜单。

第 43～65 行是选项菜单的 item 响应回调函数，同样我们通过 item.getItemId() 获取选项 id 号。

运行效果图如图 10-14、图 10-15、图 10-16 和图 10-17 所示。

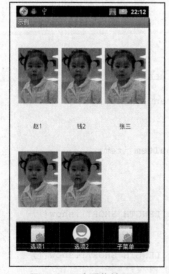

▲图 10-14　选项菜单图示

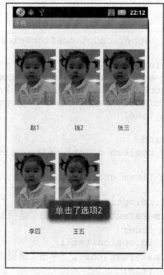

▲图 10-15　单击选项 2 后的图示

第 10 章 我的美丽我做主——用户界面（User Interface）

▲图 10-16 子菜单图示

▲图 10-17 上下文菜单图示

10.5 活动栏—Action Bar

活动栏（ActionBar）是 Android 3.0 之后增加的新组件。它用于替代传统的标题栏。它提供的主要功能包括以下几个。

（1）直接显示选项菜单。
（2）可添加交互视图到活动栏作为活动视图（Action View）。
（3）用程序的图标作为返回 Home 或者向上的导航操作。
（4）提供标签导航功能。
（5）提供下拉导航功能。

下面通过一个例子具体演示活动栏前 3 个功能的基本用法。

通过选项菜单资源文件 actionitem.xml 我们定义活动栏上的选项菜单和活动视图，而程序图标的单击响应也是作为一项菜单 item 单击事件处理的。

```
actionitem.xml
1.    <?xml version="1.0" encoding="utf-8"?>
2.    <menu xmlns:android="http://schemas.android.com/apk/res/android">
3.    <item android:id="@+id/actionview"
4.        android:icon="@drawable/ic_launcher"
5.        android:title="活动视图"
6.        android:actionViewClass="android.widget.SearchView"
7.        android:showAsAction="always" />
8.    <item android:id="@+id/optionitem1"
9.        android:icon="@drawable/icon"
10.       android:title="选项 1"
```

```
11.         android:showAsAction="ifRoom|withText" />
12.     <item android:id="@+id/optionitem2"
13.         android:icon="@drawable/ic_launcher"
14.         android:title="选项 2"
15.         android:showAsAction="ifRoom|withText" />
16.     <item android:id="@+id/optionitem3"
17.         android:icon="@drawable/icon"
18.         android:title="子菜单">
19.         <menu>
20.             <item android:id="@+id/subitem1"
21.                 android:title="子菜单项 1" />
22.             <item android:id="@+id/subitem2"
23.                 android:title="子菜单项 2" />
24.         </menu>
25.     </item>
26. </menu>
```

这个选项菜单文件和之前的例子很相似，只是在每个 item 项里增加了 android:showAsAction 属性。这个属性用于申明菜单项作为 action item 时的显示特性。有 4 种属性。

（1）ifRoom：只有当 ActionBar 上有空间时才显示这个菜单项，如果 ActionBar 上没有足够的空间，那么 Action Item 会被放置于"更多"菜单项中。

（2）never：此属性的 item 显示在"更多"菜单项中。

（3）withText：此属性要求 action item 同时显示图标和文字，无此属性将只显示图标。

（4）always：此属性申明 action item 显示在活动栏中，不放入"更多"中。

第 3～7 行我们定义了一个活动视图（action view），活动视图实际上是出现在 ActionBar 上的视图组件。在这个例子里，我们为菜单项添加一个活动视图来提供搜索组件（SearchView）。android:actionViewClass 属性使用了 SearchView 类的完全限定名。至于活动视图里的控件，我们可以通过代码方式获取并添加监听器。

下面是用这个资源文件实现的活动栏的效果图。

▲图 10-18　活动栏效果图

图 10-18 中我们看到了活动栏上的组件排列结构：最左边是应用图标和标题，然后是活动视图，最右边是选项菜单。选项菜单只在活动栏上显示了两项，余下的在"更多"内。

下面是单击"更多"后显示的"子菜单项目"，如图 10-19 所示。

▲图 10-19　单击"更多"后的效果图

单击子菜单后，弹出子菜单的效果图如图10-20所示。

▲图10-20 弹出子菜单的效果图

下面是活动栏相关的Java代码。

```
1.  @Override
2.  public void onCreate(Bundle savedInstanceState) {
3.  super.onCreate(savedInstanceState);
4.  setContentView(R.layout.main);
5.  ActionBar actionBar = this.getActionBar();
6.  actionBar.setDisplayOptions(ActionBar.DISPLAY_HOME_AS_UP, ActionBar.DISPLAY_
    HOME_AS_UP); }
7.  @Override
8.  public boolean onCreateOptionsMenu(Menu menu) {
9.  super.onCreateOptionsMenu(menu);
10. getMenuInflater().inflate(R.menu.optionmenu, menu);
11. SearchView searchView = (SearchView) menu.findItem(R.id.actionview).getActionView();
12. return true;}
13. @Override
14. public boolean onOptionsItemSelected(MenuItem item)
15. {
16. switch (item.getItemId())
17. {
18. case android.R.id.home:
19. Toast.makeText(this, "单击了图标", Toast.LENGTH_SHORT).show();
20. return true;
21. case R.id.optionitem1:
22. Toast.makeText(this, "单击了选项1", Toast.LENGTH_SHORT).show();
23. return true;
24. case R.id.optionitem2:
25. Toast.makeText(this, "单击了选项2", Toast.LENGTH_SHORT).show();
26. return true;
27. case R.id.optionitem3:
28. Toast.makeText(this, "单击了选项3", Toast.LENGTH_SHORT).show();
29. return true;
30. case R.id.subitem1:
31. Toast.makeText(this, "单击了子菜单选项1", Toast.LENGTH_SHORT).show();
32. return true;
33. case R.id.subitem2:
34. Toast.makeText(this, "单击了子菜单选项2", Toast.LENGTH_SHORT).show();
35. return true;
36. default:
37. return super.onOptionsItemSelected(item);
38. } }
```

第 5、6 行获取到活动栏，并设置了单击图标为用户提供"向上"导航功能，此时系统将绘制带箭头的应用图标。如果程序由多个 Activity 组成，这将为用户简化导航向上的功能。

第 7~12 行是选项菜单的创建函数，在这里就是为活动栏创建选项菜单。

第 11 行从菜单资源中通过 findItem 获取活动视图 searchView。这样我们可以为 searchView 设置监听函数进行相关操作。

第 13~37 行是选项菜单的 item 选项响应函数，和上一节类似，只是多了 android.R.id.home 这一个 item，这个正是活动栏上应用图标的 id，通过它我们能处理图标单击响应。

10.6 通知——Notifications

通知（Notification）是 Android 系统中常用的一种通知方式，当手机有未接电话的时候，Android 设备顶部状态栏里就会有提示小图标。当下拉状态栏时可以查看这些快讯。

下面通过一个例子具体展示通知的基本使用方法。

```
main.xml
1.    <?xml version="1.0" encoding="utf-8"?>
2.    <LinearLayout xmlns:android="http://schemas.android.com/apk/res/android"
3.        android:orientation="vertical"
4.        android:layout_width="fill_parent"
5.        android:layout_height="fill_parent">
6.        <TextView
7.            android:layout_width="fill_parent"
8.            android:layout_height="wrap_content"
9.            android:text="通知示例"/>
10.       <Button android:id="@+id/button1"
11.           android:layout_height="wrap_content"
12.           android:layout_width="fill_parent"
13.           android:text="添加通知"/>
14.   </LinearLayout>
```

主界面就放了一个提示文本 textview 和一个触发添加通知的按钮。

程序 Java 代码如下。

```
MyNotify.java
1.    public class MyNotify extends Activity {
2.        Button btn1;
3.        @Override
4.        public void onCreate(Bundle savedInstanceState) {
5.            super.onCreate(savedInstanceState);
6.            setContentView(R.layout.main);
7.            btn1 = (Button)findViewById(R.id.button1);
8.            btn1.setOnClickListener(new OnClickListener(){
9.            public void onClick(View arg0) {
10.           NotificationManager manager = (NotificationManager) getSystemService( Context.
              NOTIFICATION_SERVICE);
11.           Notification notification = new Notification(R.drawable.icon, "我的通知", System.
              currentTimeMillis());
12.           PendingIntent pendingIntent = PendingIntent.getActivity(MyNotify.this,0,new
              Intent(MyNotify.this,MyNotify.class),0);
```

```
13.     notification.setLatestEventInfo(getApplicationContext(),"通知标题","这是一个新的通
        知",pendingIntent);
14.     notification.flags|=Notification.FLAG_AUTO_CANCEL;
15.     notification.defaults |= Notification.DEFAULT_SOUND;
16.     manager.notify(0, notification);
17.     }});
18.  }}
```

第 10 行获得 NotificationManager 对象，这是个通知管理器。

第 11 行我们构建了一个新通知对象，并指定了图标、标题和触发时间。

第 12 行中 pendingIntent 对象是一个跳转 Intent，当用户单击通知提示栏"我的通知"时打开一个 Activity，在这个例子里我们打开 MyNotify。

第 13 行设定下拉通知栏时显示通知的标题和内容信息。

第 14 行设定通知当用户单击后自动消失。

第 15 行设定通知触发时的默认声音。

第 16 行调用通知管理器的 Notify 方法发起通知。

图 10-21～图 10-23 所示是通知示例的效果图。

▲图 10-21　通知示例主界面

▲图 10-22　单击添加通知后的效果图

▲图 10-23　拉下通知栏后看到的通知信息

10.7 本章小结

本章我们介绍了用户界面常用的一些布局和控件，并用实际代码演示了基本用法。

在布局这一节中，我们重点介绍了最常用的线性布局（Linear Layout）和相对布局（Relative Layout），并演示了基本写法和展示了示例图。

在列表视图这节，我们通过一个简单的联系人列表界面的例子演示了列视图（Listview）的用法，通过简单相册例子演示了表视图（GridView）的用法。

在输入控件（Input Controls）这节，我们通过一个简化的个人信息设置页面展示了各种常用输入控件的用法，并通过一个例子展示了4种对话框的用法。

在菜单（Menu）这节，我们介绍了3种菜单，选项菜单（options menu）、上下文菜单（context menu）和子菜单（sub menu）的用法。

在活动栏（Action Bar）这节我们只介绍了活动栏的前3个界面用途的用法。该控件的其他功能读者可以按需自学。

最后一节介绍了通知（Notification）的用法。

第 11 章 循序渐进——线程&进程

从本章你可以学到：

- 了解 Android 系统里线程、进程的基本概念
- 知道线程、进程、Application、Task、Activity 等概念之间的关系
- 知道 Android 设备上程序启动、运行过程中线程、进程与各组件的关系
- 简单学习 Android 系统里基本线程编程的 2 种方式

11.1 线程（Thread）&进程（Process）概念

Android 系统是 Google 公司基于 Linux 内核开发的开源手机操作系统。通过利用 Linux 内核的优势，Android 系统使用了大量操作系统服务，包括进程管理、内存管理、网络堆栈、驱动程序、安全性等相关的服务。所以从这个角度来看，Android 系统的线程和进程概念是 Linux 系统线程、进程的映射。

下面是操作系统层面进程和线程的概念解释。

进程（Process），从操作系统核心角度来说，进程是应用程序的一个运行活动过程，是操作系统资源管理的实体。进程是操作系统分配和调度系统内存、CPU 时间片等资源的基本单位，为正在运行的应用程序提供运行环境。一个进程至少包括一个线程。每个进程都有自己独立的内存地址空间。

线程（Thread），线程是进程内部执行代码的实体，它是 CPU 调度资源的最小单元，一个进程内部可以有多个线程并发运行。线程没有自己独立的内存资源，它只有自己的执行堆栈和局部变量，所以线程不能独立地执行，它必须依附在一个进程上。在同一个进程内多个线程之间可以共享进程的内存资源。

11.2 线程、进程与 Android 系统组件的关系

在上一节我们以操作系统的角度介绍了线程和进程的概念，这些概念比较底层，而我们在 Android 编程时经常碰到的概念却是应用（Application）、活动（Activity）、任务（Task）、服务（Service）、

广播接收器（Broadcast Receiver）等。它们之间的关系是如何的呢？我们编程后生成的.apk 程序是怎么运行的呢？下面进行定性的讲解。

我们知道 Android 应用程序是用 JAVA 编程语言写的。编译后的代码包括数据和资源文件，生成以 apk 为后缀的 Android 程序包。一个 apk 文件就是一个应用程序（Application）。我们通过电子市场或者直接下载等方式把应用程序包（apk）安装到手机上。

在安装 Android 应用程序的时候，默认情况下，每个应用程序分配一个唯一的 Linux 用户的 ID。权限设置为每个应用程序的文件仅对用户和应用程序本身可见。这样保证了其他应用程序不能访问此应用程序的数据和资源，保证了信息安全。在 Linux 系统中一个用户 ID 识别一个特定用户，而在 Android 系统里，一个用户 ID 识别一个应用程序。

但是，如果我们需要在两个不同的应用程序之间互相访问资源怎么办呢？我们可以给两个应用程序分配相同的 Linux 用户 ID，这样它们之间就能互相访问对方的资源了。而拥有相同用户 ID 的应用程序将运行在同一个进程中，共享同一个 Dalvik 虚拟机。要实现这个功能，首先必须在应用的 AndroidManifest 文件里给 android:sharedUserId 属性设置相同的 Linux 用户 ID，然后给这两个应用程序用相同的签名。

例如，下面表格里是两个不同程序 AndroidMenifest 文件的部分代码。

```
1.   <manifest xmlns:android="http://schemas.android.com/apk/res/android"
2.   package="com.kris.reskin"
3.   android:versionCode="1"
4.   android:versionName="1.0"
5.   android:sharedUserId="com.kris.skin">

6.   <manifest xmlns:android="http://schemas.android.com/apk/res/android"
7.   package="com.hexter.reskin1"
8.   android:versionCode="1"
9.   android:versionName="1.0"
10.  android:sharedUserId="com.kris.skin">
```

第 2 行和第 7 行说明这两个程序源自不同的 package。

第 5 行和第 10 行 android:sharedUserId="com.kris.skin"说明这两个程序设置了相同的共享 id。这两个程序用相同的签名发布后，在手机上将运行在同一个进程中，相互共享资源。

当我们单击手机上某个应用程序时，如果手机内存中没有这个应用的任何组件，那么系统会为这个应用启动一个新的 Linux 进程，在这个进程里运行一个新的 Dalvik 虚拟机实例，而应用程序则运行在这个 Dalvik 虚拟机实例里。Dalvik 虚拟机主要完成组件生命周期管理、堆栈管理、线程管理、安全和异常管理，以及垃圾回收等重要功能。虚拟机的这些功能都直接利用底层操作系统的功能来实现。默认情况下，这个进程只有一个线程（主线程），主线程主要负责处理与 UI 相关的事件，如，用户的按键事件、用户接触屏幕的事件以及屏幕绘图事件，并把相关的事件分发到对应的组件进行处理，所以主线程通常又被叫做 UI 线程。注意，应用程序里的所有组件，活动 Activity、服务 Service、广播 Broadcast Receiver 等都运行在这个主线程线程中。

注意，应用程序里多个 Activity，以及后台运行的 Service 甚至广播接收器，在默认情况下，都是在同一个进程和同一个主线程中被实例化和被调用运行的。因为主线程负责事件的监听和绘图，所以，必须保证主线程能够随时响应用户的需求。这说明，当应用程序运行时不应该有哪个组件（包括服务 Service）进行远程或者阻塞操作（比如网络调用或者复杂运算，这将阻碍进程中的所有其他组件的运行，甚至主线程如果超过 5 秒没有响应用户请求，系统会弹出对话框提醒用户终止应用程序。这也就是即使使用服务 Service 也会导致应用卡的原因。这时，我们必须新开线程去并行执行远程操作、耗时操作等代码，而主线程里的代码应该尽量短小。

当然，我们也可以通过设置参数让一个应用程序运行时分配多个进程。应用程序的 AndroidManifest.xml 文件中的组件节点——Activity、Service、Receiver 和 Provider ——都包含一个 process 属性。这个属性可以设置组件运行的进程，可以配置组件在一个独立进程运行，或者多个组件在同一个进程运行。application 节点也包含 process 属性，它用来设置程序中所有组件的默认进程。

如下表格里的两个 Activity，虽然在同一个应用程序，但因为显式地设置了不同的 android:process 属性，它们将运行在不同的进程中。

```
1.    <activity android:name=".A1"
2.        android:label="@string/app_name"
3.        android:process=":process .main">
4.    </activity>

5.    <activity android:name=".A2"
6.        android:label="@string/app_name2"
7.        android:process=":process .sub">
8.    </activity>
```

所以如前所述，一个 Android 应用程序运行时至少对应一个 Linux 进程和线程。默认情况下，不同的应用在不同的进程空间里运行，每个应用程序都有它自己的 Dalvik 虚拟机，因此应用程序代码独立于其他所有应用程序的代码运行。而且对不同的应用使用不同的 Linux 用户 ID 来运行，最大程度地保护了应用的安全和独立运行。

我们单击的应用程序运行后，一般会在手机屏幕显示界面，界面上可能有图片、文字和按钮等控件。单击这些控件会跳转到其他界面或者跳出提示或者运行特定的程序代码。然后，我们可能按手机的 Back 按键返回到之前的界面或者退出应用，或者按 Home 键到桌面。在这些操作过程中，应用程序的各组件在主线程或各自线程中被系统调用运行。这个阶段就是组件的生命周期过程。

即使我们完全退出应用程序，这个应用程序所使用的进程、虚拟机和线程等资源还将在内存中存在，只到系统内存不足时被系统回收。Android 系统会根据进程中运行的组件类别以及组件的状态来判断各进程的重要性，并根据这个重要性来决定回收时的优先级。

进程重要性从高到低一共有 5 个级别。

前台进程：它是用户当前正在使用的进程，是优先级最高的进程。

可见进程：它是在屏幕上有显示但却不是用户当前使用的进程。

服务进程：运行着服务 Service 的进程，只要前台进程和可见进程有足够的内存，系统不会回收它们。

后台进程：运行着一个对用户不可见的 Activity（并调用过 onStop() 方法）的进程，在前 3 种进程需要内存时，被系统回收。

空进程：未运行任何程序组件。

采用这种懒人策略方式回收资源的优点是下次启动该应用程序时会更快速，而弊端是系统资源得不到及时回收，当需要新启动一个应用时有可能因资源不足而等待系统回收资源。

讲到这里，似乎没提及系统里另一个重要的概念任务 Task，而我们编程时也没有找到该组件。任务 Task 是什么呢？

任务 Task：是排成堆栈的一组相关活动 Activity，Task 没有实体的堆栈数据结构，它只是逻辑上的一个堆栈。在一个 Task 堆栈里的活动 Activity 可以来自同一个应用程序也可以是来自不同的应用。简单地讲，任务 Task 是用户体验上的一个"应用程序"。

任务 Task 栈底的活动 Activity（根活动）是起始活动 Activity，栈顶的活动 Activity 是正在运行的活动 Activity。当一个活动 Activity 启动另一个时，新的活动 Activity 被压入栈顶，变为正在运行的活动 Activity。之前的那个活动 Activity 保存在栈中。当用户单击返回按钮时，当前活动 Activity 从栈顶弹出，之前那个活动 Activity 恢复成为正在运行的活动 Activity。

打开新浪微博过程的任务 Task 堆栈变化如下所示。

事　件	Task 栈（粗体为栈顶组件）
点开新浪微博，到微博列表	A（一个新的 task）
单击一条微博，查看详情	AB
单击里面的网址链接，用腾讯浏览器打开链接网页	ABC
单击返回，回到那条微博	AB
单击返回，到微博列表	A
退出微博	null

当在手机桌面单击新浪微博时，系统启动该应用，并展现微博列表，此时新建一个 Task，栈中只有微博列表 Activity 一个活动 A。当单击其中一条微博看详情时，启动新 Acitivty 活动 B，活动 B 压入 Task 堆栈变成栈顶活动。当单击微博内容里的网址链接时，启动腾讯浏览器打开这个网址，此时腾讯浏览器 Activity 活动 C 压入 Task 变成栈顶活动。当按 Back 返回操作时，弹出栈顶的活动 Activity，回到之前的活动，直到退出微博应用。

一个任务 Task 的所有活动 Activity 作为一个整体运行。整个任务 Task 可置于前台或后台。例如，一个任务有 4 个活动 Activity 在栈中，当用户按下 Home 键，切换到手机桌面，当选择一个新的应用程序（一个新的任务 Task），当前任务 Task 进入后台。过了一会，用户回到手机桌面并再次选择之前的应用程序（之前的任务），这个任务 Task 又变为前台运行。

上面所描述的是活动 Activity 和任务 Task 之间的默认行为。活动 Activity 与任务 Task 之间的行为方式有很多种组合，这由启动活动 Activity 的意图 Intent 对象的标志（flags）和应用程序 AndroidMenifest 文件中活动<activity>元素的属性共同决定的。在这里不做展开讲解。

11.3 实现多线程的方式

在 Android 系统里的线程分为有消息循环的线程和没有消息循环的线程。我们上一节介绍的应用程序主线程就是一个有消息循环的线程,而通过直接继承 Thread 类的线程是没有消息循环的线程,当然我们也可以通过在线程里调用 Looper.prepare(),让系统为该线程建立一个消息队列。

下面我们介绍两种常用的多线程方式。

11.3.1 Thread

通过继承 Thread 类进行多线程编程是最简单的方式之一。

其基本步骤如下。

(1) 继承 Thead 类生成其子类,并实现其 run()方法,该方法就是我们需要线程完成其功能的地方,例如在 run()里进行网上图片的下载。

(2) 在活动 Activity 里相应的地方实例化 Thread 子类并调用 start()运行线程。

(3) 在线程运行过程中如果需要更新 UI,则通过 Activity 的 handler 发送消息给主线程。

下面是线程示例。

```
Threadtest.java
1.    class Threadtest extends Activity {
2.      Handler handler = new Handler(){
3.        @Override
4.        public void handleMessage( Message msg ){
5.          if( msg.what == 0 ){
6.            msg.getData();
7.            //update ui
8.          }
9.        }
10.     };
11.     public void onCreate(Bundle savedInstanceState) {
12.       super.onCreate(savedInstanceState);
13.       ...
14.       t = new myThread();
15.       t .start();
16.     }
17.     class myThread extends Thread{
18.       public void run() {
19.         ...
20.         Message msg = new Message();
21.         msg.what = 0;
22.         Bundle data=new Bundle();
23.         ...
24.         message.setData(data);
25.         handler.sendMessage(msg);
26.     }}}
```

这个例子是个逻辑示例,在第 2~10 行,定了一个 handler 的消息处理函数,该 handler 直接绑定到主线程的消息循环上。当其他线程通过 handler 的 sendMessage 发送消息给主线程后,主线程的消息循环会派发消息给 handleMessage 函数处理消息,我们就在此处根据消息 msg 传来的数据进行相应的 UI 操作等动作。

第 17~25 行,我们的 myThread 继承自 Thread,并实现了 run()函数,在 run()里进行相应的操作,例如去网上下载图片、MP3 等。当完成任务后,我们通过构造一个新消息 msg,把运行结果等数据放入 msg，并通过上面的 handler 把消息发送给主线程。至此线程完成功能。

第 14～15 行是在 Activity 里实例化 myThread 类并运行。

11.3.2 AsyncTask

AsyncTask 也是实现多线程的一种常用方式，它封装了一些方法方便我们维护线程，并可以解决一些线程安全问题。通过继承 AsyncTask 类来进行多线程编程，将使得 UI thread 编程变得非常简单。它不需要借助 Handler 即可实现 UI 更新。

其基本步骤如下。

（1）继承 AsyncTask 生成子类。

（2）实现 AsyncTask 中定义的下面一个或几个方法。

onPreExecute()：该方法将在执行实际的后台操作前被主线程调用，我们可以在该方法中做一些准备工作。

doInBackground(Params...)：将在 onPreExecute 方法执行后马上执行，该方法运行在后台线程中。这里将主要负责执行那些很耗时的后台计算工作。可以调用 publishProgress 方法来更新实时的任务进度。该方法是子类必须实现的。

onProgressUpdate(Progress...)：在 publishProgress 方法被调用后，主线程将调用这个方法从而在界面上展示任务的进展情况。

onPostExecute(Result)：在 doInBackground 执行完成后。onPostExecute 方法将被主线程调用，后台的计算结果将通过该方法传递到主线程。

这 4 个方法都不能手动调用，而且除了 doInBackground(Params...)方法，其余 3 个方法都是被主线程所调用的，所以要求 AsyncTask 的实例必须在主线程中创建，AsyncTask.execute 方法必须在主线程中调用。

下面是一个自定义 AsyncTask 类的示例。

```
1.    class MyAsyncTask extends AsyncTask {
2.    public MyAsyncTask(Activity mActivity) {
3.        super();
4.        //初始化工作;
5.    }
6.    @Override
7.    protected void onPreExecute() {
8.        //准备工作，主线程中执行
9.        super.onPreExecute();
10.   }
11.   @Override
12.   protected Object doInBackground(Object... params) {
13.       //执行后台操作，即另外的线程中执行
14.       return new Object();
15.   }
16.   @Override
17.   protected void onPostExecute(Object result) {
18.       //doInBackground 执行完进入该方法中，此时又回到主线程中
19.   }
20. }
```

第 2～5 行是类的构造函数，我们可以通过此函数传递上下文等资源。
第 7～10 行 onPreExecute 函数，进行准备工作。
第 11～15 行 doInBackground 是后台线程部分，具体执行我们所需要做的工作代码。
第 16～19 行 onPostExecute 是执行完成后数据反馈部分。

11.4 本章小结

在本章学习中，我们首先介绍了 Android 系统里线程、进程的基本概念。然后我们通过一个应用程序的运行过程，讲解了应用运行过程中进程、线程以及各类组件的关系。

最后我们简单学习了 Android 系统里线程编程的两种方式。

第 12 章　信息百宝箱——全面数据存储

从本章你可以学到：

- SharedPreferences（分享爱好）
- 流文件存储
- SQLite 数据库
- db4o（面向对象的数据库）

12.1 SharedPreferences（分享爱好）

12.1.1　相识 SharedPreferences

SharedPreferences 是一种轻量级的键值对存储方式，可以用它来持久存储一些变量的值。当然了，这些变量必须是一些基本的数据类型，包括 Boolean、String、Float、Long、Int 5 种基本的数据类型。其实，也可以存储图片，不过需要经过编码格式的转化。

SharedPreferences 的具体存储数据以 XML 的文件形式存在。它的详细存储位置为：/data/data/<包名>/shared_prefs/存储的 XML 文件。

SharedPreferences 一般是用来存储应用程序的设置信息。例如，字体大小、语言类型、游戏得分、登录时间等。

那么 SharedPreferences 该如何具体使用呢？

通过查看 Android SDK 的 API 文档，可以知道，SharedPreferences 是一个接口，因此，不可以直接用。但是，我们可以通过 Context 类的 getSharedPreferences(String　name,int　mode)方法来获得一个 SharedPreferences 的对象。

> **注意**
> 第 1 个参数 name 表示存储的 XML 文件的名称。如果存在，则直接引用；如果不存在，则创建一个新的 XML 文件。
> 第 2 个参数表示文件的存储模式。
> 通过该方式创建的 XML 文件可以被同一个软件的不同 Activity 引用。

> **小知识**
>
> 文件的几种存储模式。
> MODE_PRIVATE：表示私有文件，该文件只能被创建它的软件所访问。
> MODE_APPEND：表示新的存储内容会添加在原有文件内容的后面。
> MODE_WORLD_READABLE：表示该文件能被所有的软件读取，但是不可写入。
> MODE_WORLD_WRITABLE：表示该文件能被所有的软件写入，也可以读取。
> MODE_MULTI_PROCESS：表示该文件可以被多个进程同时访问，适用于 Android2.3 及以后的版本。

另一种获得 SharedPreferences 的对象的方法为：调用 Activity 对象的 getPreferences(int mode) 方法。该方法只有一个参数，表示文件的存储模式，具体模式同 getSharedPreferences(String name, int mode)方法相同。

两种获得 SharedPreferences 对象的方法的区别在于：getSharedPreferences(String name,int mode) 方法获得的对象可以被同一个软件的不同组件所共享和调用，而 getPreferences(int mode)方法获得的对象只能被该方法所在的 Activity 所调用。

此外，还要创建一个 SharedPreferences.Editor 类的对象。该类负责具体的写入操作。创建方法是，通过 SharedPreferences 类的 edit()方法来创建。

其他常用的方法有以下几种。

putBoolean(String key, boolean value)：存储布尔类型值的键值对方法。第一个参数表示关键字的名称；第 2 个参数表示关键字的值。

putString(String key, String value)：存储字符串的键值对方法。

putInt(String key, int value)：存储基本整型数的键值对方法。

putFloat(String key, float value)：存储单精度浮点类型数的键值对方法。

putLong(String key, long value)：存储长整型数的键值对方法。

commit()：在执行完各种写入、删除、修改的操作后，通过该方法来正式提交数据，确认存储文件的数据变化。

clear()：清除键值对的方法。

remove(String key)：删除关键字所对应的值。

getAll()：读取存储文件中的所有数据，返回一个 Map 类型的值，来存放所有的键值对。

getBoolean(String key,boolean defValue)：读取存储文件中某个布尔类型数的值。第一个参数表示欲读取关键字的名称；第 2 个参数表示默认的返回值（如果指定关键字的值不存在，则返回此值，当然，可以为空）。

getString(String key, String defValue)：读取存储文件中某个字符串的值。

getInt(String key, int defValue)：读取存储文件中某个基本整型数的值。

getFloat(String key, float defValue)：读取存储文件中某个单精度浮点类型数的值。

getLong(String key, long defValue)：读取存储文件中某个长整型数的值。

contains(String key)：判断该 SharedPreferences 中有没有存在的 Key 关键字所对应的值。

registerOnSharedPreferenceChangeListener(SharedPreferences.OnSharedPreferenceChangeListener listener)：注册监听器，来监听 SharedPreferences 的更改事件。

unregisterOnSharedPreferenceChangeListener(SharedPreferences.OnSharedPreferenceChangeListener listener)：注销监听器，不再监听 SharedPreferences 的更改事件。

12.1.2 保存数据

上面把基础知识讲解了那么多，接下来就通过一个具体的实例，讲解一下数据的存储。

本小节将创建一个编辑框 EditText，通过在编辑框输入名称，然后单击按钮即可完成保存。

首先创建一个新的工程 Sample_12_01，包名为 com.lyj.cn。

然后，在 res/layout/下面创建一个名为 main.xml 的布局文件。在布局文件中，创建一个编辑框和一个按钮。

代码解释

```xml
<?xml version="1.0" encoding="utf-8"?>
<LinearLayout xmlns:android="http://schemas.android.com/apk/res/android"
    android:layout_width="fill_parent"
    android:layout_height="fill_parent"
    android:orientation="vertical" >

    <TextView
        android:layout_width="fill_parent"
        android:layout_height="wrap_content"
        android:text="七夕献花清单" />
    <EditText
        android:id="@+id/EditText01"
        android:layout_width="fill_parent"
        android:layout_height="wrap_content"
    ></EditText>
    <Button
        android:id="@+id/Button01"
        android:layout_width="wrap_content"
        android:layout_height="wrap_content"
        android:text="献花"
    ></Button>
</LinearLayout>
```

代码解释

创建一个标题：七夕献花清单，以及一个输入框和一个"献花"的按钮。

然后，打开 src/com.lyj.cn/下的 main.java 文件。在此文件中编写相应的核心逻辑代码。

```java
package com.lyj.cn;

import android.app.Activity;
import android.content.SharedPreferences;
import android.os.Bundle;
import android.view.View;
import android.widget.Button;
import android.widget.EditText;
```

```java
import android.widget.Toast;

public class main extends Activity {

    private EditText et;
    private Button   btn;
    private SharedPreferences sp;


    @Override
    public void onCreate(Bundle savedInstanceState) {
        super.onCreate(savedInstanceState);
        setContentView(R.layout.main);

        et=(EditText) findViewById(R.id.EditText01);
        btn=(Button) findViewById(R.id.Button01);

        //创建一个 SharedPreferences 的实例, MODE_APPEND 表示新的内容会添加在原有内容的后面
        sp=this.getSharedPreferences("demo_01", MODE_PRIVATE);
        //创建一个按钮的单击事件
        btn.setOnClickListener(new Button.OnClickListener(){

            public void onClick(View v) {
        //创建一个 SharedPreferences.Editor 类的实例对象
                SharedPreferences.Editor editor=sp.edit();
        //取得输入的献花的名称
                String flowername=et.getText().toString();
        //把献花的名称放进去
                editor.putString("name", flowername);
        //正式提交，予以生效
                editor.commit();
        //进行提交成功的提示
                Toast.makeText(main.this, "恭喜，献花成功! ", Toast.LENGTH_LONG).show();
            }

        });


    }
}
```

代码解释

（1）创建一个 SharedPreferences 接口的实例对象，这里的代码为：

```
sp=this.getSharedPreferences("demo_01",MODE_PRIVATE);
```

其中，将生成的 XML 文件的名称为：demo_01，模式为 MODE_PRIVATE。

（2）创建一个 SharedPreferences.Editor 类的实例对象，这里的代码为：

```
SharedPreferences.Editor editor=sp.edit();
```

通过 edit()方法创建了 SharedPreferences.Eidtor 的实例对象。

（3）然后通过 putString(String name, String value)方法，将数据存入存储文件中。
（4）最后，用 commit()方法予以正式提交。

安装，运行后的界面如图 12-1 所示。

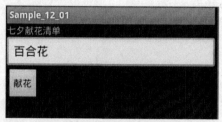

▲图 12-1　安装运行后的界面

输入一个字符串"百合花"，单击"献花"按钮，即可将字符串"百合花"以键值对的形式保存在/data/data/com.lyj.cn/shared_prefs/demo_01.xml 中。

打开该 demo_01.xml 文件，可以看到代码如下。

```
<map>
<string name="name">百合花</string>
</map>
```

由此，成功地保存了键值对。

12.1.3　删除数据

本小节通过创建一个新的工程来讲解 SharedPreferences 接口的数据删除方法。

首先创建一个新的工程 Sample_02，在该工程下面创建一个新的布局，一行文本，用来显示保存与删除的结果，一个编辑框用来输入数据，两个按钮，分别为确定和删除，如图 12-2 所示。

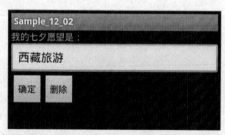

▲图 12-2　数据删除界面

相应的布局文件如下。

```
<?xml version="1.0" encoding="utf-8"?>
<LinearLayout xmlns:android="http://schemas.android.com/apk/res/android"
    android:layout_width="fill_parent"
    android:layout_height="fill_parent"
    android:orientation="vertical" >
```

```xml
<TextView
android:id="@+id/TextView01"
android:layout_width="fill_parent"
android:layout_height="wrap_content"
android:text="我的七夕愿望是: " />
<EditText
android:id="@+id/EditText01"
android:layout_width="fill_parent"
android:layout_height="wrap_content"
android:hint="请输入您的七夕愿望！"
></EditText>
<LinearLayout
android:layout_width="wrap_content"
android:layout_height="wrap_content"
android:orientation="horizontal"
>
<Button
android:id="@+id/Button01"
android:layout_width="wrap_content"
android:layout_height="wrap_content"
android:text="确定"
></Button>
<Button
android:id="@+id/Button02"
android:layout_width="wrap_content"
android:layout_height="wrap_content"
android:text="删除"
></Button>
</LinearLayout>
</LinearLayout>
```

通过以上的布局文件，分别创建相应的控件。

接下来，通过别写相应的代码，实现数据的删除。核心主要代码如下（详细代码见源代码）。

```
SharedPreferences.Editor editor=sp.edit();//创建编辑类的实例对象
editor.clear();//清除数据
```

以上代码就是先创建一个编辑类的实例，然后用编辑类调用 clear()，予以清除。

12.1.4 修改数据

常规的数据修改方式是：先删除，然后再添加数据。其实，在 SharedPreferences 接口的实例对象中，可以直接添加数据，从而覆盖原来的数据，当然了，模式必须为 MODE_PRIVATE。

不过两种方式都可行，只是先删除，然后再添加数据的方法显得过于画蛇添足。其实，只需直接覆盖就行。

假设 SharedPreferences 接口的实例对象为 sp，SharedPreferences.Editor 编辑类的实例对象为 editor，那么具体的修改方法可以这么写：

```
editor.clear();
editor.putString("name","新保存的内容");
editor.commit();//提交保存
```

其实，直接添加也是可以的。

```
editor.putString("name","新保存的内容");
editor.commit();//提交保存
```

经过以上的操作，就可以完成数据的修改了。呵呵，是不是很简单啊！

12.1.5 查询数据

查询数据主要使用 SharedPreferences 接口的相应的查询方法，例如，查询一个字符串，则相应的查询方法为：getString(String   name, String   defvalue)。其中，第一个参数 name 为欲查询数据的对应关键字，第二个参数 defvalue 为查询无返回值时默认的返回值。

其他类型数据（boolean、int、float、long）的查询方法与此类似，可以举一反三。

实际的查询过程如下。

（1）创建一个 SharedPreferences 接口的实例对象。

（2）用相应的方法予以查询。

```
SharedPreferences  sp=this.getSharedPreferences("demo_04",MODE_PRIVATE);
//查询一个字符串
String myString=sp.getString("name","未查到字符串");
//查询一个布尔类型值
boolean myBoolean=sp.getBoolean("name",true);
//查询一个基本整数类型的值
int myint=sp.getInt("name",1);
//查询一个单精度类型数的值
float myfloat=sp.getFloat("name",3.14);
//查询一个长整型数的值
long mylong=sp.getLong("name",10);
```

经过以上的操作，即将保存到 XML 文件中的键值对数据查询出来。如果未查询到数值，则返回默认值。

12.1.6 监听数据变化

在 SharedPreferences 中，不但可以实现数据的增删改查操作，同时还可以实现监听数据的变化。具体的实现方法如下。

（1）首先让入口类实现 OnSharedPreferenceChangeListener 接口。

（2）实现接口的抽象方法。

```
public void onSharedPreferenceChanged(SharedPreferences  sp,String  key){
    //进行相应的操作
}
```

（3）在 onCreate(){} 中注册数据改变的监听器。

```
sp.registerOnSharedPreferenceChangeListener(this);
```

（4）在 onPause(){}中注销数据改变的监听器。

```
sp.unregisterOnSharedPreferenceChangeListener(this);
```

经过以上的操作，就可以实现数据变化的监听操作了。我们可以在监听方法中对数据进行相应处理，或者提示用户数据发生了改变等。

12.2 流文件存储

12.2.1 基本方法简介

在众多的 Android 存储方案中，如果需要存储大量的数据，就要使用到文件存储。

在 Android 中，就好像 JAVA 中的 I/O 实现一样，这里有专门的实现方法。

用来保存数据的方法为：openFileOutput(String name,int mode)。

其中，name 参数表示文件的名称。如果文件不存在，则直接创建。文件的存储位置为：/data/data/包名/files/文件目录。mode 表示待存储文件的模式。

mode 的模式有如下几种。

（1）MODE_PRIVATE：表示该文件只能被创建它的程序所调用。

（2）MODE_APPEND：表示新存入的数据添加在原来数据的后面。

（3）MODE_WORLD_READABLE：表示该文件的数据能够被所有的程序读取。

（4）MODE_WORLD_WRITEABLE：表示该文件的数据可以被所有的程序写入。

用来查询数据的方法为 openFileInput(String name)，其中 name 参数表示文件的名称。

> **注意**
>
> 用来保存数据和查询数据的方法名称与现实的思维理解是相反的。
>
> openFileOutput(Strng name,int mode) 表面上的理解是：打开文件输出的方法。一般来说，文件输出是输出查询结果的，而这里是保存数据的，与现实的思维理解是相反的。
>
> openFileInput(String name)表面上的理解是：打开文件输入的方法。一般来说，文件输入是输入保存的数据的，而这里恰恰相反，是用来查询数据的，与人类的现实思维理解方向是相反的。
>
> 我个人认为：openFileOutput(String name ,int mode) 修改为保存文件，比如，openFileSave(String name,int mode)更合理。同理，openFileInput(String name)修改为 openFileQuery(String name)更合理。规则都是人定的，希望在以后的版本中，能够看到 Google Android 适当地修改。
>
> 我想，也许这里是 API 制定者带有强烈的个人主义色彩，就好比古代的监察院非要叫："大理寺"一样，拿它又有什么办法呢？死记硬背吧。
>
> 以上仅为个人观点，希望辨明真实用途，有助于大家的理解。

12.2.2 存储流程图

向文件中保存数据的流程如图 12-3 所示。

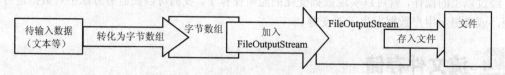

▲图 12-3　保存数据的流程

从文件中查询数据的流程如图 12-4 所示。

▲图 12-4　查询数据的流程

12.2.3 数据保存和查询的实例

上面说了那么多，接下来就创建一个实例，简单地实现将文本保存到文件中，然后再实现从文件中查询文本。话不多说，马上开始。

首先创建一个新的工程：File_01。

然后，创建一个布局，该布局为：一个编辑框用来输入内容，单击按钮"确定"进行保存，一个编辑框用来显示内容，单击按钮"查询"进行显示。如图 12-5 所示。

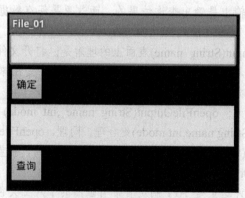

▲图 12-5　基本布局

具体代码如下。

```
<?xml version="1.0" encoding="utf-8"?>
<LinearLayout xmlns:android="http://schemas.android.com/apk/res/android"
```

```xml
    android:layout_width="fill_parent"
    android:layout_height="fill_parent"
    android:orientation="vertical" >

    <EditText
    android:id="@+id/EditText01"
    android:layout_width="fill_parent"
    android:layout_height="wrap_content"
    ></EditText>
    <Button
    android:id="@+id/Button01"
    android:layout_width="wrap_content"
    android:layout_height="wrap_content"
    android:text="确定"
    ></Button>
    <EditText
    android:id="@+id/EditText02"
    android:layout_width="fill_parent"
    android:layout_height="wrap_content"
    android:lines="2"
    ></EditText>
    <Button
    android:id="@+id/Button02"
    android:layout_width="wrap_content"
    android:layout_height="wrap_content"
    android:text="查询"
    ></Button>
</LinearLayout>
```

代码解释

创建 2 个编辑框和 2 个按钮，分别实现文本的输入和查询的显示。

保存文本的核心代码如下。

```java
try{
    String string=et01.getText().toString();//取得文本内容
    
    byte[] buffer=string.getBytes();//将内容转化为字节数组
    //创建文件输出流及文件 demo.txt
    FileOutputStream fos=openFileOutput("demo.txt", MODE_PRIVATE);
    
    fos.write(buffer);//将字节数组通过文件输出流存入 demo.txt 文件中
    fos.close();//关闭文件输出流
    
}
catch(Exception e){
    e.printStackTrace();
}
```

> **注意**　所有的核心代码要写在一个进行异常处理的结构中！

小知识

除了可以将文本保存在默认的位置外（/data/data/包名/files/），还可以保存在其他的位置。

比如

（1）存储到/data/data/（本工程的包名，比如:com.lyj.cn）/demo.txt 中，可以这么写：

```
File  myfile=new File("/data/data/com.lyj.cn/demo.txt");
FileOutputStream fos=new FileOutputStream(myfile);
```

切记：只能存储到本工程的包文件夹下面！

（2）存储到 sdcard 中。可以这么写：

```
String path=Environment.getDownloadCacheDirectory().getPath();
File  myfile01=new File(path+"/demo01.txt");
FileOutputStream fos=new FilePutputStream(myfile01);
```

此外，还有在 AndroidMainfest.xml 中写上与 sdcard 有关的权限。

```
<uses-permission android:name="android.permission.WRITE_EXTERNAL_STORAGE"/>
<uses-permission/ android:name="android.permission.MOUNT_UNMOUNT_FILESYSTEMS">
```

查询文本的核心代码如下。

```
try{
//取得文件，并将文件中的字节数组放入文件输入流中
        FileInputStream  fis=openFileInput("demo.txt");
//取得文件的大小
        int length=fis.available();
   byte[] buffer=new byte[length];//设置缓冲字节数组，与文件大小相同
        fis.read(buffer);//将文件输入流中的字节数组放入缓冲字节数组

//以下两种方法是将缓冲字节数组转化为文本
      //String queryresult=new String(buffer,"UTF-8");
        String queryresult=EncodingUtils.getString(buffer, "UTF-8");
        fis.close();

}catch(Exception e){
    e.printStackTrace();
}
```

注意

（1）available()方法可以取得 FileInputStream 文件输入流的大小。

（2）将 FileInputStream 中的字节数组传入缓冲字节数组中的方法，与正常的思维是相反的。将缓冲字节数组作为参数传入 FileInputStream 的 read()中。按照正常的思维，应该是将含有字节数组的 FileInputStream 作为参数，传入缓冲字节数组的方法才对。但是，这里却恰恰相反。因此，必须要注意！

（3）将字节数组转化为文本字符串，这里提供了两种方法。

```
String queryresult=new String(buffer,"UTF-8");
String queryresult=EncodingUtils.getString(buffer, "UTF-8");
```

第 12 章 信息百宝箱——全面数据存储

> **小知识**
>
> 除了可以从默认的位置读取文件内容外,还可以从其他的位置读取文件的内容。
>
> 比如:
>
> (1) 读取 raw 资源文件夹下面的内容。
>
> ```
> Resources myres=getResources();
> InputStream is=myres.openRawResource(R.raw.demo01);
> ```
>
> (2) 读取 Assets 文件夹下面的内容。
>
> ```
> Resources myres=getResources();
> InputStream is=myres.getAssets().open(filename);
> ```
>
> (3) 读取 sdcard 文件夹下面的文件内容。
>
> ```
> File file=new File("/sdcard/filename");
> FileInputStream fis=new FileInputStream(file);
> ```
>
> (4) 读取特定位置的文件。
>
> ```
> File file=new File("/data/data/com.lyj.cn/filename");
> FileInputStream fis=new FIleInputStream(file);
> ```

总结:以上是关于文件存储的基本知识,有些方法是与人的正常思维相反的,必须牢记!

12.3 实战 db4o 数据库

db4o 数据库是一种面向对象的数据库,而 Java 本身就是一种面向对象的高级语言,所以两者融合在一起,使用起来会更加方便。

其实 db4o 本身并不难学,只是许多的人都比较保守,怕大家都学会了,影响到自己的前途和饭碗。因此,大道理讲了一大车,有用的一句都没有,毫无意义。

光说不练假把式,现在开始实战。

(1) 下载 db4o 的 Java 库文件。

登录:

http://www.db4o.com

登录后的主页如图 12-6 所示。

然后单击 DOWNLOAD NOW 或者 Downloads 按钮,进入正式的下载界面。

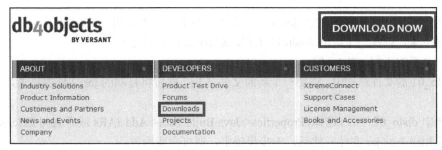

▲图 12-6 登录后的主页

正式的下载界面如图 12-7 所示。

单击 db4o 8.0 for Java，即可将压缩文件下载到自己的电脑上。

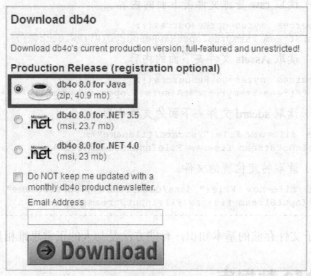

▲图 12-7　下载的界面

（2）解压压缩文件，寻找在 Android 能用的库文件。

下载完成以后，进行解压，可以看到一大堆文件，哪个是我们要用到的呢？傻眼了吧！别急，别急，办法总比困难多。按照下图，依葫芦画瓢吧！哈哈！

先找到 lib 文件夹，如图 12-8 所示。

▲图 12-8　找到 lib 文件夹

然后找到图 12-9 所示的框中的 jar 文件，并进行复制，以备下用。

（3）接下来，创建一个新的 Android 工程，把 jar 文件添加进去。

创建一个新的工程：db4o_01。

在 db4o_01 的文件结构中，添加一个新的文件夹 lib。然后将复制的 jar 文件放进去，如图 12-10 所示。

右键选中 db4o_01 工程，选择：Properties->Java Build Path->Add JARs 或者 Add External JARs，找到我们添加进去的 jar 文件，然后，一步步确定，即可完成配置。

第 12 章 信息百宝箱——全面数据存储

▲图 12-9 框中的 jar 文件

▲图 12-10 创建一个新的 Android 工程

（4）增加数据。

既然是面向对象的数据库，首先要封装一个类，以便于创建对象，存储数据。

```java
package com.lyj.cn;

public class People {

    private int    id;
    private String name;
    private int    age;

    public People(){

    }

    public People(int id,String name, int age){
        this.id=id;
        this.name=name;
        this.age=age;
    }

    public int getId(){
        return id;
    }
    public void setId(int id){
        this.id=id;
    }

    public String getName(){
        return name;
    }
        public void setName(String name){
        this.name=name;
    }

    public int getAge(){
        return age;
    }
```

```
    }
    public void setAge(int age){
        this.age=age;
    }

}
```

然后创建一个对象容器的实例。具体程序如下所示。

```
ObjectContainer db=Db4oEmbedded.openFile(Db4oEmbedded.newConfiguration(),"/sdcard/
db4o.data");
```

既然是保存在 sdcard 中，就要在 Android Mainfest.xml 中添加相应的权限。

```
<uses-permission android:name="android.permission.WRITE_EXTERNAL_STORAGE"/>
<uses-permission android:name="android.permission.MOUNT_UNMOUNT_FILESYSTEMS"/>
```

接下来创建封装类的实例对象，保存，提交。

```
People people =new People(1,"小明",20);
db.store(people);
db.commit();
```

至此，成功保存数据。

（5）查询数据。

db4o 的数据查询方法是：

通过实例对象（query by example）。

```
//首先创建对象集
ObjectSet   myObjectSet=db.queryByExample(new  People());
String      string="";
while(myObjectSet.hasNext()){
    People  people=myObjectSet.next();
    string=string+people.getId()+people.getName().people.getAge();

}
```

（6）更改数据。

更改数据就是数据的重新保存，无需删除，直接保存就可以实现对原数据的覆盖保存。

如：`people.setName("小刚");`

   `people.commit();`

（7）删除数据。

删除数据就是用一个删除方法，直接删除即可。

如：

```
db.delete(people);
db.commit();
```

是不是很简单呢！其实就是这么简单！另外，请大家多多提宝贵意见。谢谢！

12.4 SQLite 数据库

12.4.1 什么是 SQLite 数据库

SQLite 是一种轻量级的关系型数据库。与大型的数据库相比，它的体积小，零配置，可以直接运行在应用程序的进程中，非常适合嵌入式的操作系统。

SQLite 目前支持 NULL、INTEGER、REAL（浮点数字）、TEXT（字符串文本）、BLOB（二进制文本）这 5 种数据类型。

12.4.2 Android 中的 SQLite

在 Android 中，相关的 SQLite 数据库的库文件已经被放入 Android 系统平台的底层库文件，因此，我们可以直接通过相关的 API 来调用，从而实现数据库的各种功能。

值得注意的是，SQLite 的数据库文件默认位于 /data/data/package-name/databases 目录下。

12.4.3 SQLiteOpenHelper

好比盖房子要打好地基一般，要创建一个灵活应用、便于维护的数据库，首先要实现 SQLiteOpenHelper 的子类。

比如说，我们创建了一个新的工程，在其 src 文件夹下面的包文件夹里面创建一个新的类 MySQLiteHelper.java，然后让该类实现 SQLiteOpenHelper 这个抽象类。

代码如下。

```java
package com.lyj.cn;

import android.content.Context;
import android.database.sqlite.SQLiteDatabase;
import android.database.sqlite.SQLiteOpenHelper;
import android.database.sqlite.SQLiteDatabase.CursorFactory;

public class MySQLiteHelper extends SQLiteOpenHelper {

    public MySQLiteHelper(Context context, String name, CursorFactory factory,
            int version) {
        super(context, name, factory, version);
    }

    @Override
    public void onCreate(SQLiteDatabase db) {
        //创建一个数据库及表格，3 个字段分别为：_id,name,age
        db.execSQL("create table mytable(_id integer primary key autoincrement,name text,age integer)");
        // 定义为 integer primary key 的字段最多只能储存 64 位的整数
    }

    @Override
```

```
    public void onUpgrade(SQLiteDatabase db, int oldVersion, int newVersion) {

    }
}
```

> **代码解释**

在以上的代码中，成功地创建了 SQLiteOpenHelper 的子类 MySQLiteHelper，然后分别实现了其成员方法 MySQLiteHelper、onCreate、onUpgrade。其中，在 onCreate 方法中，初始化数据库及相关的字段。

12.4.4 创建或打开数据库

在上一小节中，成功地创建了 SQLiteOpenHelper 的子类，在这一节就来创建数据库。

在主 Activity 类中创建数据库，首先应给实现类 MySQLiteHelper 的实例对象，然后让该实例对象通过相应的方法，从而成功地创建或打开一个数据库。

首先，分别创建它们的变量。

```
private MySQLiteHelper mySQLiteHelper;
private SQLiteDatabase db;
```

然后，再逐步实现。

```
//参数分别为：Context、数据库的名称、工厂（默认为 null）、版本。
mySQLiteHelper=new MySQLiteHelper(main.this, "testdb", null, 1);
db=mySQLiteHelper.getReadableDatabase();
```

> **小知识**
>
> getReadableDatabase()和 getWritableDatabase()的区别。
>
> getReadableDatabase()的方法创建的数据库首先以读写方式打开数据库，如果用来存储数据库的磁盘空间已经满了，则会打开失败，然后重新以只读方式打开。
>
> getWritableDatabase()的方法创建的数据库首先以读写方式打开数据库，如果用来存储数据库的磁盘空间已经满了，就会报错。
>
> 因此，建议尽量使用 getReadableDatabase()来创建数据库的实例，从而打开数据库。

12.4.5 关闭数据库

世间万物都是相对的，数据库也是一样的，既然能创建或打开，就能关闭。

如果某个数据库我们不想要的时候，可以通过一个事件，将其关闭。

核心代码如下。

```
db.close(); //关闭一个打开的数据库。
```

以上是采用了一个 close()将打开的数据库关闭了。

12.4.6 创建数据表

创建数据表往往是在创建 **SQLiteOpenHelper** 的子类的 **onCreate()** 中，通过 **sql** 语句来创建。如：

```
db.execSQL("create table mytable(_id integer primary key autoincrement ,name text, age integer )");
```

代码解释

在以上的语句中，就是创建一个数据表，表名为 **mytable**，并分别创建了 3 个字段：_id、name、age。其中，**primary key** 表示该字段为主键，**autoincrement** 表示存储数据的时候自动排序。

12.4.7 删除数据表

数据表既然可以创建，那就可以删除。方法如下。

```
delete(String table, String whereClause, String[] whereArgs);
```

代码解释

第一个参数 table 表示欲删除的数据表的名称；第二个参数表示删除的条件，从哪一行开始删除，如果填写 null，则表示全部删除；第三个参数表示如果第二个参数里面有"？"表示的通配符，这里就可以来书写通配符。

```
db.delete("mytable",null,null);//表示删除数据表里所有的数据。
db.delete("mytable","_id=?",new String[]{"1"});//表示从数据表 mytable 的字段_id=1 的哪
                                               //一行开始，将其后面存储的所有数据删除
```

12.4.8 增加数据

向数据表中增加数据有 2 种方法，既可以通过 SQL 语句进行数据的添加，也可以通过 AndroidAPI 提供的相应方法来添加。

比如，通过 SQL 语句向数据表中添加一行记录，可以这样写：

```
//创建一个合法的插入一行记录的 SQL 语句
String insert="insert into mytable( _id, name, age) value(1,"小楠", 28)";
执行该插入语句
db.execSQL(insert);
```

也可以通过 AndroidAPI 提供的方法来添加一行语句，比如：

```
ContentValues cv=new ContentValues();
cv.put("_id",1);
cv.put("name","李楠");
cv.put("age",27);
db.insert("mytable",null,cv);
```

代码解释

在以上的语句体中，首先通过 ContentValues 创建了一个容器，然后通过 put()方法将数据添加

到容器 ContentValues 中,最后通过 insert()方法再分配到数据表中。

需要说明的是,insert(String table, String nullColumnHack, ContentValues values); 的 3 个参数的含义分别为:table 表示表名,nullColumnHack 表示如果插入的数据为空,则用来添加的默认值,通常情况下设为 null,values 表示用来插入的数据值。

12.4.9 查询数据

数据既然保存到了数据表中,在我们需要的时候,就要进行查询。

首先通过 query()方法取得一个指向数据表的指针 cursor,然后通过指针 cursor 取得欲查询的列的索引 index,最后将索引 index 传入相应的方法,取得我们想要的数据。

比如:

```
Cursor cursor =db.query("mytable", new String[]{"_id","name","age"}, null, null, null, null, null);
    while(cursor.moveToNext()){

        int idindex=cursor.getColumnIndex("_id");
        int id=cursor.getInt(idindex);

        int nameindex=cursor.getColumnIndex("name");
        String name=cursor.getString(nameindex);

        int ageindex=cursor.getColumnIndex("age");
        int age=cursor.getInt(ageindex);

        String result=id+" "+name+" "+age+" \n";
    }
```

代码解释

首先通过 query()方法取得 Cursor 的实例对象,然后用该 cursor 对象取得欲查询字段的索引,最后用索引取得相应的值。

查询数据时的一些方法如下。

```
moveToNext()
moveToPrevious()
moveToFirst()
moveToLast()
moveToPosition()
getCount()
getPosition()
getColumnIndexOrThrow()
getColumnName()
getColumnNames()
```

12.4.10 修改数据

修改数据可以通过 SQL 语句来进行修改,也可以通过 Android 的 API 提供的方法来进行修改。比如,通过相应的 API 方法来进行修改,具体代码如下。

```java
ContentValues cv=new ContentValues();
    cv.put("_id",3);
    cv.put("name", "小红");
    cv.put("age", "26");
    db.update("mytable", cv, "_id=?", new String[]{"1"});
```

> **代码解释**
> 首先创建一个装载数据的容器 ContentValues，然后通过 put() 方法将数据放进去，再通过 update() 来更新修改数据。update() 方法有 4 个参数，分别为数据表的名称、装载的容器类 ContentValues、欲更新的字段的名称以及字段的数值。

此外，也可以通过 SQL 语句来修改数据。

```java
String updateString="update mytable set name='詹小楠', age='23' where _id=1";
db.execSQL(updateString);
```

12.4.11 删除数据

删除数据可以通过 SQL 语句来进行删除，也可以通过相应的方法来进行删除。
比如，可以通过相应的 SQL 语句来删除。

```java
String deleteString="delete from mytable where _id=2";
db.execSQL(deleteString);
```

也可以通过相应的方法来进行删除。比如下面代码。

```java
db.delete("mytable", "_id=?", new String[]{"1"});
```

12.4.12 事务

在 SQLite 中，事务的使用方法如下。
（1）首先通过 beginTransaction() 开始一个事务。
（2）通过 setTransactionSuccessful() 设置一个事务成功的标志。
（3）如果调用了以上第 2 步，则成功地提交事务，结束事务，否则回滚事务。方法为：endTransaction()。

比如：

```java
db.beginTransaction();
    try{
    ......//其他部分语句体
      db.setTransactionSuccessful();
    }finally{
    db.endTransaction();
    }
```

12.4.13 SQLite 可视化管理工具

数据库文件创建成功了，我们可以通过相关的 SQLite 可视化工具来更加直观地查看相应的数据库文件。

当前可视化工具有许多，我个人认为比较好用的是 sqlite expert（sqlite 专家）。下面就来具体地讲解一下详细的用法。

首先是登录官方网站（http://www.sqliteexpert.com），下载软件界面如图 12-11 所示。

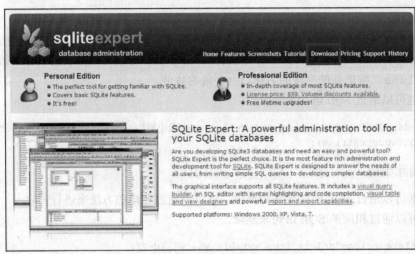

▲图 12-11　sqlite expert 的官方网站

下载完成以后，直接单击，按照步骤一步步进行安装，然后就可以使用了。

打开后的界面如图 12-12 所示。

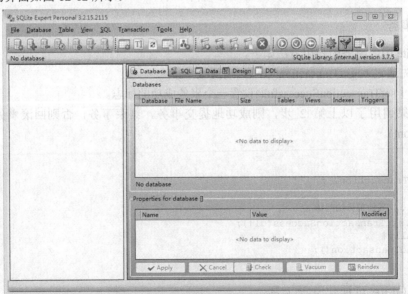

▲图 12-12　sqlite expert 的初始界面

在这个可视化的管理工具里面，我们可以进行关于 SQLite 的各项操作。

12.4.14 图片的保存和查询

图片也可以在 SQLite 中进行相应的保存和查询。

它的整体的工作流程如下。

保存流程如图 12-13 所示。

▲图 12-13 保存流程

查询流程如图 12-14 所示。

▲图 12-14 查询流程

下面通过一个具体的实例来说明图片的保存和查询。

该实例主要分为 4 部分。

（1）创建一个二维码和相片的数据库保存和查询的工程。

（2）创建一个数据库。

（3）二维码和相片的保存。

（4）二维码和相片的查询。

1．创建工程

首先，打开已经配置好的 Android 应用开发的集中开发环境 Eclipse。创建一个新的工程 SaveImage，Target 为 2.3.3，包名为 com.yiyiweixiao，主 Activity 为 main。

如图 12-15 所示。

然后，创建一个新的布局 main.xml。

布局代码如下所示。

▲图 12-15 创建一个新的工程

```
<?xml version="1.0" encoding="utf-8"?>
<RelativeLayout
xmlns:android="http://schemas.android.com/apk/res/android"
android:orientation="vertical" android:layout_width="fill_parent"
android:layout_height="fill_parent">
    <Button android:layout_height="wrap_content" android:id="@+id/button1"
android:layout_width="wrap_content"
android:text="保存图片1"
```

```xml
        android:layout_alignParentTop="true" android:layout_alignParentLeft="true"></Button>
    <Button android:layout_height="wrap_content" android:id="@+id/button2"
android:layout_width="wrap_content"
android:text="保存图片2"
android:layout_alignParentTop="true" android:layout_toRightOf="@+id/button1"></Button>
    <Button android:layout_height="wrap_content" android:id="@+id/button3"
android:layout_width="wrap_content"
android:text="查询图片1"
android:layout_below="@+id/button1" android:layout_alignParentLeft="true"></Button>
    <Button android:layout_height="wrap_content" android:id="@+id/button4"
android:layout_width="wrap_content"
android:text="查询图片2"
android:layout_alignBaseline="@+id/button3"
android:layout_alignBottom="@+id/button3"
android:layout_toRightOf="@+id/button3"></Button>
    <ImageView android:src="@drawable/icon" android:layout_width="wrap_content"
android:id="@+id/imageView1"
android:layout_height="wrap_content"
android:layout_below="@+id/button3" android:layout_alignParentLeft="true"></ImageView>

<ImageView android:src="@drawable/icon" android:layout_width="wrap_content"
android:id="@+id/imageView2"
android:layout_height="wrap_content"
android:layout_alignTop="@+id/imageView1"
android:layout_alignLeft="@+id/button4"></ImageView>
</RelativeLayout>
```

效果如图12-16所示。

▲图12-16 运行效果图

2. 创建一个数据库

首先，在包com.yiyiweixiao下面，创建一个SQLiteOpenHelper助手类的实例MySQLiteOpen-Helper.java。

代码如下。

```java
package com.yiyiweixiao;

import android.content.Context;
import android.database.sqlite.SQLiteDatabase;
import android.database.sqlite.SQLiteOpenHelper;
import android.database.sqlite.SQLiteDatabase.CursorFactory;
```

```java
public class MySQLiteOpenHelper extends SQLiteOpenHelper {
    // 重写构造方法
    public MySQLiteOpenHelper(Context context, String name,
    CursorFactory cursor, int version) {
        super(context, name, cursor, version);
    }

    // 创建数据库的方法
    public void onCreate(SQLiteDatabase db) {
        // 创建一个数据库，表名：imagetable，字段：_id、image。
        db.execSQL("CREATE TABLE imagetable (_id INTEGER PRIMARY KEY  AUTOINCREMENT,image BLOB)");
    }

    // 更新数据库的方法
    public void onUpgrade(SQLiteDatabase db, int oldVersion, int newVersion) {

    }
}
```

然后，在 main.java 中创建 **MySQLiteOpenHelper** 类的实例，并创建一个可读写的数据库。

```java
// 创建助手类的实例
// CursorFactory 的值为 null,表示采用默认的工厂类
mySQLiteOpenHelper = new MySQLiteOpenHelper(this, "saveimage.db", null,1);
// 创建一个可读写的数据库
mydb = mySQLiteOpenHelper.getWritableDatabase();
```

3. 二维码和相片向数据库中保存的方法

第1步：将图片转化为位图。

```java
//将图片转化为位图
Bitmap bitmap1=BitmapFactory.decodeResource(getResources(), R.drawable.erweima);
```

第2步：将位图转化为字节数组。

```java
int size=bitmap1.getWidth()*bitmap1.getHeight()*4;
    //创建一个字节数组输出流,流的大小为size
ByteArrayOutputStream baos=new ByteArrayOutputStream(size);
    //设置位图的压缩格式,质量为100%,并放入字节数组输出流中
bitmap1.compress(Bitmap.CompressFormat.PNG, 100, baos);
    //将字节数组输出流转化为字节数组 byte[]
byte[] imagedata1=baos.toByteArray();
```

第3步：将字节数组保存到数据库。

```java
//将字节数组保存到数据库中
ContentValues cv=new ContentValues();
cv.put("_id", 1);
cv.put("image", imagedata1);
```

```
mydb.insert("imagetable", null, cv);
//关闭字节数组输出流
baos.close();
```

保存成功后,在 DDMS 中,即可看到保存成功的文件。

如图 12-27 所示。

用可视化开发工具打开后的列表如图 12-18 所示。

▲图 12-17 保存成功的文件　　　　　　　　　　▲图 12-18 打开后的列表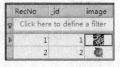

4. 从数据库中查询二维码和相片的方法

第 1 步:将数据库中的 **Blob**(二进制大对象类型)**数据转换为字节数组**。

方法如下。

```
//创建一个指针
Cursor cur=mydb.query("imagetable", new String[]{"_id","image"}, null, null, null, null, null);
byte[] imagequery=null;
if(cur.moveToNext()){
//将 Blob 数据转化为字节数组 imagequery=cur.getBlob(cur.getColumnIndex("image"));
}
```

第 2 步:将字节数组转换为位图。

```
//将字节数组转化为位图
Bitmap imagebitmap=BitmapFactory.decodeByteArray(imagequery, 0, imagequery.length);
```

第 3 步:将位图显示为图片。

```
iv1=(ImageView) findViewById(R.id.imageView1);
//将位图显示为图片
iv1.setImageBitmap(imagebitmap);
```

在模拟器中的显示效果如图 12-19 所示。

至此,便完成了二维码和图片在 SQLite 数据库中的保存和查询。

▲图 12-19 模拟器中的显示效果

12.5 记事本实例

在上一节中,完整地介绍了 SQLite 数据库的增删改查,在本节将通过一个完整的记事本实例,对上一节学到的知识进行一次完整的练习和巩固。

在本节中，创建一个新的实例 SQLite_Notepad_01，包名为 com.lyj.cn。打开本实例后，出现一个选择的界面，可以"添加内容"，或者"查看内容"。单击"添加内容"按钮，弹出"添加内容"的编辑界面；单击"查看内容"按钮，以列表的形式将查询的内容显示出来。单击任何一个查询的结果，则会弹出一个菜单，可以"查看"、"修改"、"删除"；单击菜单的任何一个菜单选项，即可进行相应的操作。

12.5.1　创建主界面

首先创建记事本的主界面，如图 12-20 所示，主界面上有两个按钮，分别为添加内容和查看内容。

▲图 12-20　创建记事本的主界面

相应的布局代码如下。

```xml
<?xml version="1.0" encoding="utf-8"?>
<RelativeLayout xmlns:android="http://schemas.android.com/apk/res/android"
    android:layout_width="fill_parent"
    android:layout_height="fill_parent"
    android:orientation="vertical" >

    <Button
    android:id="@+id/Button01"
    android:layout_width="wrap_content"
    android:layout_height="wrap_content"
    android:text="添加内容"
    android:layout_centerHorizontal="true"
    ></Button>
    <Button
    android:id="@+id/Button02"
    android:layout_below="@id/Button01"
    android:layout_width="wrap_content"
```

```
        android:layout_height="wrap_content"
        android:layout_centerHorizontal="true"
        android:text="查看内容"
    ></Button>
</RelativeLayout>
```

代码分析：在以上的代码中，创建了一个相对布局（RelativeLayout），在布局中有两个按钮，分别为添加内容和查看内容，并且这两个按钮均为水平居中。

12.5.2 添加内容界面的创建

单击"添加内容"按钮，即进入添加内容的正式界面。
此按钮的相应事件方法为如下。

```
private Button editbtn;
editbtn=(Button) findViewById(R.id.Button01);
// "添加内容" 按钮的单击事件
editbtn.setOnClickListener(new Button.OnClickListener(){

    public void onClick(View v) {
        Intent intent=new Intent();
        intent.setClass(main.this, edit.class);
        startActivity(intent);
    }

});
```

代码分析：首先创建添加内容按钮（editbtn）的实例，然后创建按钮的单击事件。在事件中，创建一个意图，并且指向用来添加内容的编辑视图。

单击了添加内容的按钮，即进入正式添加内容的编辑视图，如图 12-21 所示。

▲图 12-21 添加内容的编辑界面

创建该布局的相关代码如下。

```xml
<?xml version="1.0" encoding="utf-8"?>
<LinearLayout
xmlns:android="http://schemas.android.com/apk/res/android"
    android:layout_width="match_parent"
    android:layout_height="match_parent"
    android:orientation="vertical" >
<TextView
android:id="@+id/TextView01"
android:layout_width="wrap_content"
android:layout_height="wrap_content"
android:text="主题"
></TextView>
 <EditText
 android:id="@+id/EditText01"
 android:layout_width="fill_parent"
 android:layout_height="wrap_content"
 ></EditText>
<TextView
android:id="@+id/TextView02"
android:layout_width="wrap_content"
android:layout_height="wrap_content"
android:text="内容"
></TextView>
<EditText
android:id="@+id/EditText02"
android:layout_width="fill_parent"
android:layout_height="wrap_content"
android:scrollbars="vertical"
android:layout_weight="1"
></EditText>
<Button
android:id="@+id/Button01"
android:layout_width="wrap_content"
android:layout_height="wrap_content"
android:text="确定"
></Button>
</LinearLayout>
```

> 代码解释

在该代码中，创建了两个编辑框，分别用来获得主题和内容，创建了一个按钮，用来将编辑框中的内容保存到 SQLite 数据库中。

12.5.3 保存数据

由于记事本数据的保存采用的是 SQLite 数据库，因此，首先需要继承 SQLiteOpenHelper 类，创建一个新的类 MySQLiteHelper，相应的代码如下。

```java
public class MySQLiteHelper extends SQLiteOpenHelper{
    public MySQLiteHelper(Context context, String name, CursorFactory factory,
```

```
            int version) {
        super(context, name, factory, version);
    }

    @Override
    public void onCreate(SQLiteDatabase db) {

        db.execSQL("create table notepadtable(_id integer primary key autoincrement,title text,content text);");

    }

    @Override
    public void onUpgrade(SQLiteDatabase db, int oldVersion, int newVersion) {

    }
}
```

代码解释

在 MySQLiteHelper 类中，首先实现其构造方法 MySQLiteHelper()，并且在 onCreate()方法中，创建了一个新的数据表 notepadtable，在该表中，有 3 个字段，分别为_id，title 和 content。

创建一个新的类 edit.java。在该类中，创建 MySQLiteHelper 类的实例 mySQLiteHelper，代码如下。

```
mySQLiteHelper=new MySQLiteHelper(edit.this, "notepad.db", null, 1);
```

至此，创建了一个新的数据库 notepad.db。

然后分别创建两个编辑框：主题和内容的实例，以及创建按钮的实例。通过实例分别取得相应的数值。代码如下。

```
String mytitle=et01.getText().toString();
String mycontent=et02.getText().toString();
```

最后创建相应的数据库的实例，并对取得的数据进行保存。

```
SQLiteDatabase db=mySQLiteHelper.getReadableDatabase();
ContentValues cv=new ContentValues();
            cv.put("title", mytitle);
            cv.put("content",mycontent);
            db.insert("notepadtable", null, cv);
```

12.5.4 以列表的形式查询数据

在主界面中，单击"查看内容"按钮，以前保存的内容会以列表的形式表现出来。如图 12-22 所示。

具体的查询方法的代码如下。

```
mySQLiteHelper=new MySQLiteHelper(contentlist.this, "notepad.db", null, 1);
```

```
tv=(TextView) findViewById(R.id.TextView01);
lv=(ListView) findViewById(R.id.ListView01);
    //数据库
db=mySQLiteHelper.getReadableDatabase();
cursor=db.query(
"notepadtable",new String[]{"_id","title","content"}, null, null, null, null, null);
    if(cursor.getCount()>0){
    tv.setVisibility(View.GONE);
    }
SimpleCursorAdapter sca=new SimpleCursorAdapter(contentlist.this, R.layout.item, cursor,
new String[]{"_id","title","content"}, new int[]{R.id.TextView01,R.id.TextView02,
R.id.TextView03});
lv.setAdapter(sca);
```

> 代码解释

在 SimpleCursorAdapter 中，采用的布局是 R.layout.item 这种两行文本式布局，分别用来显示主题和内容。

12.5.5 选项的菜单

当单击列表的每一项时，便会弹出相应的菜单。如图 12-23 所示。

▲图 12-22 查看内容的界面

▲图 12-23 选项的菜单界面

实现菜单界面的代码如下。

```
Builder builder=new Builder(contentlist.this);
builder.setSingleChoiceItems(new String[]{"查看","修改","删除"}, 0, new OnClickListener(){
            public void onClick(DialogInterface dialog, int which) {
```

```
                //相应的事件
            }
                                    }
                                );
        builder.show();
```

12.5.6 "查看"选项的事件

当单击查看选项时,相应的内容会以 Toast 的形式展示出来。如图 12-24 所示。
相应的实现代码如下。

```
int myidindex=cursor.getColumnIndex("_id");
myid=cursor.getInt(myidindex);
int titleindex=cursor.getColumnIndex("title");
title=cursor.getString(titleindex);
int contentindex=cursor.getColumnIndex("content");
content=cursor.getString(contentindex);

Toast.makeText(contentlist.this, myid+title+content,
Toast.LENGTH_LONG).show();
```

代码解释

通过 Cursor 的实例取得选项的数据,然后以 Toast 的形式展示出来。

12.5.7 "修改"选项的事件

当单击"修改"项时,便会弹出"修改"项的编辑菜单,如图 12-25 所示。

▲图 12-24 "查看"选项的展示结果

▲图 12-25 "修改"选项的编辑菜单

通过在"修改"选项的编辑菜单操作，即可修改已经保存的数据。

关键代码如下。

```
String newtitle=et01.getText().toString();
String newcontent=et02.getText().toString();
        ContentValues cv=new ContentValues();
        cv.put("title", newtitle);
        cv.put("content", newcontent);
        db.update("notepadtable", cv, "_id="+myid, null);
```

代码分析：修改数据时，使用了一个update()方法，实现了相应数据的修改。

12.5.8 "删除"选项的事件

当单击"删除"选项时，即可将已经保存的数据完整删除，如图12-26所示。

▲图12-26　删除数据后的界面

删除数据的核心代码如下。

```
int myidindex=cursor.getColumnIndex("_id");
myid=cursor.getInt(myidindex);

db.delete("notepadtable", "_id="+myid, null);
```

🐝 代码解释

删除数据时，采用了一个delete()方法，将已经保存的一条记录，成功删除了。

到此，记事本的例子就讲完了，在该例子中，成功地实现了完整的数据的增删改查功能。不过，还有许多的方面可以完善，并使体验更好。

12.6 本章小结

在本章中,读者可以学习到 SharedPreferances、流文件存储、面向对象的数据库 db4o 的使用方法、SQLite 数据库的使用方法,并且通过一个记事本的实例,完整地展示了 SQLite 数据库的增删改查的操作方法。在做软件和游戏时,我们应该根据具体的需要,采用相应的方法,从而满足相应的需求。

第13章 不积跬步无以至千里
——Widget

从本章你可以学到:

- 了解什么是 Widget
- 如何创建一个 Widget
- 学习 Widget 的生命周期
- 掌握实例:音乐播放器

上一章我们对 Android 中的数据库有了一定了解,这一章我们将会接触到一个新的概念——Widget。在本章中我们先介绍一下什么是 Widget,如何简单构建一个 Widget 应用及 Widget 的生命周期,最后我们会一起探讨一个关于 Widget 的实例来加深对 Widget 的理解与运用。

13.1 认识 Widget

Widget 就是一些窗口小部件,它能嵌入到其他的应用程序(如桌面)中运行,并且能定期收到更新的广播。我们可以使用 Widget Provider 来发布一个 Widget 应用。能够容纳其他 Widget 的应用程序组件我们称为 Widget 宿主(如桌面)。下面是系统中音乐的 Widget,如图 13-1 所示。

Widget 是 Android 1.5(Cupcake)中最大的亮点之一。虽然说从 Android 1.0 开始就有 Widget 的影子(时钟、搜索框、相框),但是 Google 的开发团队并没有发布任何的开发文档,直到 Android 1.5 的发布,终于提供了 Widget 的开发框架,开发者才真正揭开了 Widget 神秘的面纱。

▲图 13-1 音乐 Widget

随着 Widget 构架的开放,使得 Android 手机屏幕能够被更有效地利用起来,更方便快捷地访问应用程序和移动互联网服务,它给 Android 手机用户带来了更良好的呈现方式与交互方式。

> **小知识**
>
> 如何添加 Widget?
>
> 在 Android 4.0 及以后的版本中,进入"所有应用",切换到 Widget 分页,长按你想添加的 Widget 并拖动到主屏幕即可。
>
> 在 Android 4.0 以前的版本中,在主屏页面单击 Menu 选择 Add 菜单或者在屏幕空白处长按,然后选择 Widget 项,即可选择自己想要的 Widget 到屏幕中。

13.2 使用 Widget

前面一小节讲解了什么是 Widget，想必大家已经是摩拳擦掌想试试如何编写出一个 Widget 应用了吧？那么接下来就跟着我一起来试试水吧！在本节中我们主要讲解如何编写一个简单的 Widget，了解编写 Widget 时的一些注意事项。

首先我们新建一个名为 WidgetDemo 的空项目，如图 13-2 所示。

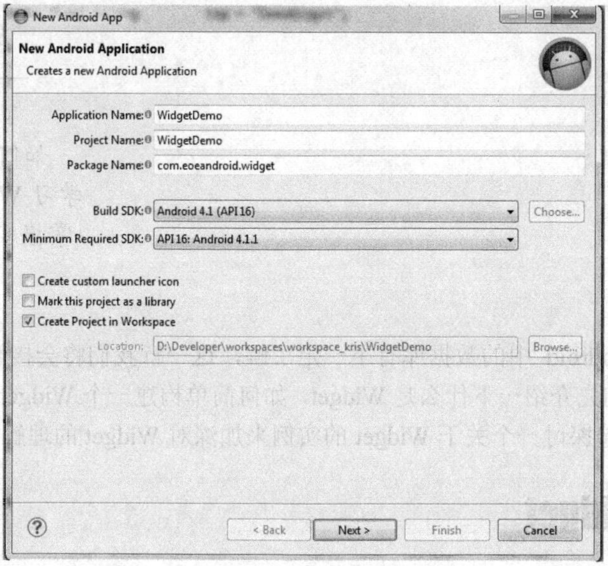

▲图 13-2 创建项目

然后，我们在 com.example.widget 包下新建一个名 DemoWidget 的源文件，并且继承自 android.appwidget.AppWidgetProvider 类。该类主要是用于管理 Widget 的生命周期，我们在下一章节会重点讲解。代码如下：

```
DemoWidget.java
package com.eoeandroid.widget;

import android.appwidget.AppWidgetProvider;

public class DemoWidget extends AppWidgetProvider{

}
```

接着，在 res/layout 文件夹下新建一个名为 Widget 的 XML 布局文件。该文件主要用来呈现 Widget 的布局。代码如下。

```
widget.xml
<?xml version="1.0" encoding="utf-8"?>
<LinearLayoutxmlns:android="http://schemas.android.com/apk/res/android"
```

```
    android:layout_width="wrap_content"
    android:layout_height="wrap_content"
    android:orientation="vertical"
    android:background="#aaa"
    android:gravity="center">

    <TextView
        android:id="@+id/textView2"
        android:layout_width="wrap_content"
        android:layout_height="wrap_content"
        android:text="Widget Demo"
        android:textAppearance="?android:attr/textAppearanceMedium" />

</LinearLayout>
```

代码解释

上述布局文件中，我们采用的是 LinearLayout 布局方式，并加入了 TextView 来显示一句话。

Widget 显示的控件是基于 RemoteView（将在 13.4.1 节中介绍并应用）的，它并不支持所有的布局与控件。仅有 android.widget 包下面的布局与控件才能用于 Widget 中。其中布局控件有：

```
FrameLayout
LinearLayout
RelativeLayout
GridLayout
```

视图控件有：

```
AnalogClock
Button
Chronometer
ImageButton
ImageView
ProgressBar
TextView
ViewFlipper
ListView
GridView
StackView
AdapterViewFlipper
```

接着，我们在 res 文件夹下面新建一个 xml 文件夹，并添加一个名为 provider 的 xml 文件。内容如下。

```
provider.xml
<?xml version="1.0" encoding="utf-8"?>
<appwidget-provider xmlns:android="http://schemas.android.com/apk/res/android"
    android:initialLayout="@layout/widget"
    android:minHeight="40dip"
    android:minWidth="110dp"
    android:updatePeriodMillis="86400000"
    android:previewImage="@drawable/ic_launcher"
    android:resizeMode="none">
</appwidget-provider>
```

🔖 **代码解释**

appwidget-provider 标签主要是用来配置 AppWidgetProviderInfo（以及为 WidgetProvider 的配置信息）。下面我们将一一介绍。

- android:initialLayout 用于指定 Widget 布局文件。
- android:minHeight 和 android:minWidth 用于指定 Widget 显示时最小的尺寸。众所周知，我们在添加 Widget 的时候，Widget 总是被放置于网格中。而手机桌面的网格宽与高是固定的。如果我们给出的 minHeight 与 minWidth 与网格的宽和高不匹配，系统会做一定自适应，然后将我们的 Widget 填充到网格中去。关于尺寸与网格匹配的详细信息，请参见本章第 4 节 Widget 设计向导。

> ⚠ **注意**　为了 Widget 在不同设备上面的可移植性，最好不要将 Widget 的最小尺寸设为大于 4×4 网格的尺寸。

- android:updatePeriodMillis 用于指定 Widget 更新的频率。实现的更新时间不一定是精确按照这个时间来发生的。建议不要更新太频率。官方给的建议时间是一小时更新一次。主要是因为当更新时间到的时候，如果设备正在休眠，那么设备会被唤醒执行更新。如果更新频率太高，会对电池寿命造成一定的影响。但是有时候我们确实需要更高频率的更新（如股票更新、系统时间更新），或者说是不希望设备在休眠的时候执行更新，那么可以利用 Alarmmanager 来替换 Widget 自身的更新机制，同时将 updatePeriodMillis 设置为 0。

> ⚠ **注意**　将 AlarmManager 类型设置为 ELAPSED_REALTIME 或 RTC，将不会唤醒休眠的设备。

在 Android 1.5 以后，如果 updatePeriodMillis 中设置的时间太短，比如，5000（5 秒更新一次），则系统会将更新时间延长到 30 分钟至 1 小时。

- android:previewImage 用于指定一个 Widget 的预览图，该预览图会在用户选择 Widget 的时候出现，如果没有提供，则会默认显示程序的图标。
- android:resizeMode 用于指定 Widget 调整大小的规则。可取值为：Horizontal、Vertical、None。如果没有指定该属性，默认会是 None（不可改变大小）。如果想同时横向与纵向改变大小，可以使用 android:resizeMode="horizontal|vertical"。

> 💡 **小知识**　android:configure 属于可以为 Widget 添加一个配置页面，我们将会在本章第 4 节里面详细介绍。

最后，我们需要在 AndroidManifest.xml 文件里面添加一些对 DemoWidget 类的定义。

```
AndroidManifest.xml
<manifest xmlns:android="http://schemas.android.com/apk/res/android"
    package="com.eoeandroid.widget"
android:versionCode="1"
android:versionName="1.0" >
```

```xml
<uses-sdkandroid:minSdkVersion="16"/>

<application android:icon="@drawable/ic_launcher"
android:label="@string/app_name"
android:theme="@style/AppTheme" >
<receiver android:name=".DemoWidget" android:label="@string/app_name" >
<intent-filter>
<action android:name="android.appwidget.action.APPWIDGET_UPDATE" />
</intent-filter>
<meta-data
android:name="android.appwidget.provider"
android:resource="@xml/provider" />
</receiver>
</application>
</manifest>
```

代码解释

- Receiver 标签中指定了我们使用的 AppWidgetProvider 类名。因为 AppWidgetProvider 是 BroadcastReceiver 的子类，所以可以是广播的一种。
- 在过滤器中，我们必需申明 android.appwidget.action.APPWIDGET_UPDATE。在本章第 3 节我们会讲到，整个 Widget 生命周期其实不仅仅只是接收这一个事件，但是只要我们申明了这个事件，其他的事件系统会自动地分发。
- android:resource 指明了我们 AppWidgetProviderInfo 资源。

好了，我们的代码部分完成了，大家现在可以看到我们的项目结构如图 13-3 所示。

最后选择项目运行。待控制台下显示安装完成后，可以进入所有程序，选择 Widget 标签找到名为 WidgetDemo 的 Widget，长按并拖到桌面，显示效果如图 13-4 所示。

▲图 13-3 项目结构

▲图 13-4 WidgetDemo 运行效果

13.3 Widget 生命周期

在上节我们创建了一个简单的 Widget 应用，大概了解了一下 Widget 创建的基本过程。接下来这一节我们将和大家一起探讨 Widget 的生命周期。只有熟练地掌握了 Widget 的整个生命周期，才能让 Widget 运行得更加完美！

Widget 的生命周期是通过 AppWidgetProvider 类来进行管理的。AppWidgetProvider 继承自 BroadcastReceiver。这也为什么我们需要在 AndroidManifest.xml 中定义 receiver 来指明我们的 Widget provider。AppWidgetProvider 会接收 Widget 相关的广播，比如，ACTION_APPWIDGET_UPDATE、ACTION_APPWIDGET_DELETED、ACTION_APPWIDGET_ENABLED、ACTION_APPWIDGET_DISABLED、ACTION_APPWIDGET_OPTIONS_CHANGED。当有以上这些广播时，AppWidgetProvider 会触发以下的方法调用。

- onUpdate()

  当 Widget 更新的时候，会调用此函数进行更新。在此方法中我们可以完成一些对 View 的定义，事件捕捉等。如果在 AppWidgetProviderInfo 中设置了 updatePeriodMillis 属性，则系统会根据设置的周期来调用此方法。关于 updatePeriodMillis 属性在使用中的注意事项，我们在上一节已经有一定的介绍。

  如果想通过手动触发 Widget 的此函数，我们可能利用 AppWidgetManager 来完成。具体的操作我们将会在接下来的章节中讲解。

- onAppWidgetOptionsChanged()

  当 Widget 被拖到桌面时，或者是当修改了 Widget 的尺寸时会触发该方法。我们可以在此方法中根据 Widget 新的尺寸来重新布局。Bundle 参数中包含的信息有：OPTION_APPWIDGET_MIN_WIDTH、OPTION_APPWIDGET_MIN_HEIGHT、OPTION_APPWIDGET_MAX_WIDTH、OPTION_APPWIDGET_MAX_HEIGHT。

- onDeleted()

  当 Widget 从桌面移除的时候会调用此方法。在此方法中我们需要回收、释放一些资源。

> **注意** 在 Android 1.5 中，onDeleted() 方法不能被正确调用。你可以通过实现 onReceive() 方法来解决该问题。

- onEnabled()

  当添加第一个 Widget 到桌面的时候，会触发该方法。如果用户对同一个 Widget 添加了多次，那么该方法只会在第一次时触发。

  所以，如果你想添加一个数据库，或者是处理在 App widget 实例中只发生一次的事件，可以放到此方法中去完成。

- onDisabled()

  当最后一个 Widget 从桌面移除的时候调用该方法。可以清理一些在 onEnabled() 中创建

- onReceive()

  当有广播时候都会触发该方法。一般我们不需要实现该方法，在 **AppWidgetProvider** 中已经帮我们过滤了所有的 Widget 广播。但是如果有一些额外的广播,我们可以在此方法中去处理。

  通过上面的介绍，我们了解到了 Widget 生命周期中几个重要的方法调用。现在我们结合代码来看一下 Widget 的生命周期的过程。修改 DemoWidget 代码如下。

```java
DemoWidget.java
package com.eoeandroid.widget;

import android.appwidget.AppWidgetManager;
import android.appwidget.AppWidgetProvider;
import android.content.Context;
import android.content.Intent;
import android.os.Bundle;
import android.util.Log;

public class DemoWidget extends AppWidgetProvider {
    private static final String tag = "DemoWidget";

    @Override
    public void onDeleted(Context context, int[] appWidgetIds) {
        super.onDeleted(context, appWidgetIds);
        Log.e(tag, "onDeleted");
    }

    @Override
    public void onDisabled(Context context) {
        super.onDisabled(context);
        Log.e(tag, "onDisabled");
    }

    @Override
    public void onEnabled(Context context) {
        super.onEnabled(context);
        Log.e(tag, "onEnabled");
    }

    @Override
    public void onReceive(Context context, Intent intent) {
        super.onReceive(context, intent);
        Log.e(tag, "onReceive");
    }

    @Override
    public void onUpdate(Context context, AppWidgetManagerappWidgetManager,
            int[] appWidgetIds) {
        super.onUpdate(context, appWidgetManager, appWidgetIds);
        Log.e(tag, "onUpdate");
    }

    @Override
    public void onAppWidgetOptionsChanged(Context context,
```

```
                AppWidgetManagerappWidgetManager, intappWidgetId,
                Bundle newOptions) {
        super.onAppWidgetOptionsChanged(context, appWidgetManager, appWidgetId,
                newOptions);
        Log.e(tag, "onAppWidgetOptionsChanged");
    }
}
```

选择项目运行。运行结果如下:

添加第一个 Widget 到桌面。

```
10-12 08:26:40.359: E/DemoWidget(4813): onEnabled
10-12 08:26:40.359: E/DemoWidget(4813): onReceive
10-12 08:26:40.359: E/DemoWidget(4813): onUpdate
10-12 08:26:40.359: E/DemoWidget(4813): onReceive
10-12 08:26:41.849: E/DemoWidget(4813): onAppWidgetOptionsChanged
10-12 08:26:41.849: E/DemoWidget(4813): onReceive
```

添加第二个 Widget 到桌面。

```
10-12 08:24:24.859: E/DemoWidget(4304): onUpdate
10-12 08:24:24.859: E/DemoWidget(4304): onReceive
10-12 08:24:27.949: E/DemoWidget(4304): onAppWidgetOptionsChanged
10-12 08:24:27.949: E/DemoWidget(4304): onReceive
```

删除其中一个 Widget。

```
10-12 08:28:10.109: E/DemoWidget(4813): onDeleted
10-12 08:28:10.109: E/DemoWidget(4813): onReceive
```

删除桌面最后一个 Widget。

```
10-12 08:28:46.959: E/DemoWidget(4813): onDeleted
10-12 08:28:46.959: E/DemoWidget(4813): onReceive
10-12 08:28:46.959: E/DemoWidget(4813): onDisabled
10-12 08:28:46.959: E/DemoWidget(4813): onReceive
```

13.4 Widget 设计向导

通过上面几节的学习,我们学习了实现 Widget 的步骤及 Widget 的生命周期。但是如果我们想给自己的 Widget 添加一个配置页面该怎么办呢?如何布局自己的 Widget 才是最合理的呢?带着这些疑问,我们开始本小节的学习吧。

13.4.1 添加配置页面

有时候在添加 Widget 到桌面前需要为 Widget 配置一些属性,那么我们可以为 Widget 添加配置的 Activity。此 Activity 会在 Widget 添加到宿主之前加载,并且为 Widget 进行配置,如字体、颜色、大小、更新周期等。

下面我们在 WidgetDemo 项目中添加一个配置页面。在配置页面中我们可以输入想在 Widget 中显示的文字,单击 OK 按钮后添加 Widget 到桌面并显示在配置页面中输入的内容。

第 13 章 不积跬步无以至千里——Widget

首先，我们需要创建一个配置 Activity，代码如下。

```java
WidgetConfig.java
package com.eoeandroid.widget;

import android.app.Activity;
import android.appwidget.AppWidgetManager;
import android.content.Context;
import android.content.Intent;
import android.content.SharedPreferences;
import android.os.Bundle;
import android.util.Log;
import android.view.View;
import android.view.View.OnClickListener;
import android.widget.Button;
import android.widget.EditText;

public class WidgetConfig extends Activity{
    private static final String        tag = "WidgetConfig";
    public static final String         PREFS_NAME = "WidgetDemo";
    public static final String         PREF_TITLE_KEY = "title_";

    private EditText          etInput;
    private Button            btnOK;
    private int               mAppWidgetId = AppWidgetManager.INVALID_APPWIDGET_ID;
    @Override
    protected void onCreate(Bundle savedInstanceState) {
        super.onCreate(savedInstanceState);
        //当用户在配置过程中，单击了返回键，也可以通知宿主当前 Widget 已经被取消了
        setResult(RESULT_CANCELED);
        setContentView(R.layout.config);
        etInput = (EditText)findViewById(R.id.editText);
        btnOK = (Button)findViewById(R.id.button);

        //从 Intent 中找到 Widget 的 ID
        Intent intent = getIntent();
        Bundle extras = intent.getExtras();
        if (extras != null) {
mAppWidgetId = extras.getInt(
AppWidgetManager.EXTRA_APPWIDGET_ID, AppWidgetManager.INVALID_APPWIDGET_ID);
        }
Log.e(tag, "mAppWidgetId:"+mAppWidgetId);

        // 如果给出了一个不可用的 Widget ID，则关闭当前页面
        if (mAppWidgetId == AppWidgetManager.INVALID_APPWIDGET_ID) {
            finish();
        }

        etInput.setText(loadTitlePref(mAppWidgetId));
        btnOK.setOnClickListener(new OnClickListener() {

            @Override
            public void onClick(View v) {
                //当 OK 按钮按下后，我们保存输入的文字到 Preference
```

```
                String title = etInput.getText().toString();
        saveTitlePref(mAppWidgetId, title);

                // 设置返回值与 Widget 的 ID
                Intent resultValue = new Intent();
        resultValue.putExtra(AppWidgetManager.EXTRA_APPWIDGET_ID, mAppWidgetId);
        setResult(RESULT_OK, resultValue);

                //更新 Widget
                Context context = WidgetConfig.this;
        AppWidgetManagerappWidgetManager = AppWidgetManager.getInstance(context);
        DemoWidget.update(context, appWidgetManager, mAppWidgetId);
            finish();
        }
    });
}

//保存 text 到 Preference 文件中去
    private void saveTitlePref(intappWidgetId, String text) {
SharedPreferences.Editorprefs = getSharedPreferences(PREFS_NAME, 0).edit();
prefs.putString(PREF_TITLE_KEY + appWidgetId, text);
prefs.commit();
    }

//从 Preference 文件中读取出值
    private String loadTitlePref(intappWidgetId) {
SharedPreferencesprefs = getSharedPreferences(PREFS_NAME, 0);
        String prefix = prefs.getString(PREF_TITLE_KEY + appWidgetId, null);
        if (prefix != null) {
            return prefix;
        } else {
            return "Default Text";
        }
    }
}
```

※ 代码解释

- 在 OK 按钮的单击事件中，我们首先保存文字到 Preference 文件中，以便在 Widget 中取出。Preference 此处作为配置的载体。
- 然后将原本的 Widget ID 传回给宿主，并设置结果为 RESULT_OK。
- 最后获取到 AppWidgetManager 的实例，通过调用 DemoWidget 的 update()方法来更新 Widget。

> **💡小知识** 在 onCreate()方法一开始时，我们可以加上 setResult(RESULT_CANCELED)，这样当用户在配置过程中，单击返回键，也可以通知宿主当前 Widget 已经被取消了。

我们添加了 Widget 配置页面的代码，接下来修改 DemoWidget 类完成更新 RemoteView 的动作。

```
DemoWidget.java
…
    @Override
    public void onUpdate(Context context, AppWidgetManagerappWidgetManager,
        int[] appWidgetIds) {
        super.onUpdate(context, appWidgetManager, appWidgetIds);
        Log.e(tag, "onUpdate");
        //遍历需要更新 appWidgetIds
        for(intwidgetId: appWidgetIds)
        {
            update(context, appWidgetManager, widgetId);
        }
    }
    public static void update(Context context, AppWidgetManagerappWidgetManager,
        intwidgetId)
    {
        //从 Preferences 根据 WidgetID 取出内容
        String title = context.getSharedPreferences(WidgetConfig.PREFS_NAME, 0).getString
(WidgetConfig.PREF_TITLE_KEY + widgetId, "");
        //new 一个新的 RemoteViews,并赋值
        RemoteViews views = new RemoteViews(context.getPackageName(),R.layout.widget);
        views.setTextViewText(R.id.textView, title);
        Log.e(tag, "textView:"+title);
        //通知系统更新
        appWidgetManager.updateAppWidget(widgetId, views);
    }
…
```

> 代码解释

- onUpdate()中系统传给我们的是一个 appWidgetIds 数组，我们需要遍历处理每一个 Widget。
- update()中主要是新建一个 RemoteViews 对象，并从 Preference 文件里取出需要显示的内容在 TextView 中显示出来。最后调用 appWidgetManager.updateAppWidget(int,RemoteViews) 来通知系统 Widget 的更新。在这里把 Update()定义成一个静态的方法主要是因为我们程序中有两处需要更新 Widget 视图。一处是由系统唤醒而调用的 onUpdate 方法，就在 DemoWidget 类中。另一处是在 WidgetConfig 中，当用户配置完后，需要手动刷新一次 Widget 的视图才能让用户配置信息生效。为了提高代码的管理性与维护性，避免在不同的地方有两份相同的代码更新 Widget，加上 AppWidgetManager 更新 Widget 与 DemoWidget 实例无关，所以可以写一个静态的方法来统一完成更新具体某一个 Widge。

> 小知识　RemoteViews 是用于描述在另外一个进程里面显示的 View,并且只提供一些简单的修改 view 的操作，所以有较大的局限性，主要用于 Widget 与 Notification 中。在 13.2 节中讲过仅 android.widget 包中的视图控件才能被 Remoteview 所用。

上面两步，我们把配置页面与更新的动作已经写好了，现在就需要将配置页面添加到 AppWidgetProviderInfo 的 XML 中去。代码如下。

```
provider.xml
<appwidget-provider xmlns:android="http://schemas.android.com/apk/res/android"
…
```

```
android:configure="com.eoeandroid.widget.WidgetConfig"
…
</appwidget-provider>
```

📝 **代码解释**

通过 android:configure 属性来指定我们的配置页面。

最后记得我们添加了配置页面,当然也需要在 AndroidManifest.xml 来定义配置页面的 Activity。

```
AndroidManifest.xml
<activity android:name=".WidgetConfig">
<intent-filter>
    <action android:name="android.appwidget.action.APPWIDGET_CONFIGURE"/>
    </intent-filter>
</activity>
```

📝 **代码解释**

android.appwidget.action.APPWIDGET_CONFIGURE 必需定义,不然 Widget 宿主无法在 Widget 创建时唤起配置页面,如图 13-5 所示。

大功告成了!现在我们可以运行 WidgetDemo 项目,效果如图 13-6 所示。

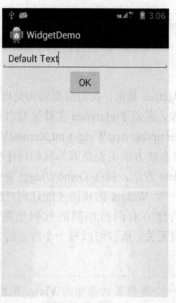

▲图 13-5 配置页面

▲图 13-6 显示配置的内容

13.4.2 Widget 设计向导

Widget 加大了用户与应用的交互性,但是相信没有谁愿意将一些丑陋的 Widget 添加到自己的手机桌面去吧。好的 Widget 应用能让我们的工作事半功倍,但是界面优美的 Widget 更能让我们带着愉快的心情去享受这个过程。在这一节中我们来尝试让我们的 Widget 在桌面呈现得更加合理。

13.4.2.1 Widget 标准剖析

一般 Widget 布局我们可以分成三个部分：A bounding box（边界框）、a frame（框架）和 Widget 的图形控件与其他元素。一般精心设计的 Widget 会在 Bounding Box 与 Frame 之前会留一些填充间距，在 Widget 控件与 Frame 之前也会留有一定的填充间距，如图 13-7 所示。

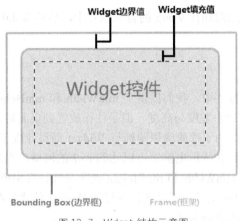

▲图 13-7　Widget 结构示意图

自 Android 4.0 开始，系统会自动地在 Bounding Box 与 Frame 之间加上一定的间距以便更好协调与其他 Widget 或者是桌面图标的对准方式。在实际应用中，我们也可以为每个版本定制不同的间距，从而实现在 Android 4.0 以下的版本中手动为 Widget 添加间距，具体步骤如下。

（1）首先创建一个 Widget 布局，并且为最外层的 Layout 分配一个 padding 值。

```
<FrameLayout
        android:layout_width="match_parent"
        android:layout_height="match_parent"
        android:padding="@dimen/widget_margin">

    <LinearLayout
        android:layout_width="match_parent"
        android:layout_height="match_parent"
        android:orientation="horizontal"
        android:background="@drawable/my_widget_background">
        …
    </LinearLayout>

</FrameLayout>
```

（2）接着，分别创建两个 dimens.xml。一个放在 res/values 下供 4.0 以前的版本使用，一个放在 res/values-v14 下供 4.0 及以后的版本使用。两个资源文件的内容分别如下。

```
res/values/dimens.xml
<?xml version="1.0" encoding="utf-8"?>
<resources>
```

```
<dimen name="widget_margin">8dp</dimen>
</resources>

res/values-v14/dimens.xml
<?xml version="1.0" encoding="utf-8"?>
<resources>
<dimen name="widget_margin">0dp</dimen>
</resources>
```

另外,我们也可以将间隔附加在 9.png 的背景图片中,然后为 4.0 及以后的版本提供不同的背景图片。

13.4.2.2　Widget 设计大小

在<appwidget-provider>标签中,我们提供了 minWidth 和 minHeight 两个属性,它只是表明了 Widget 展示在桌面时需要的最小宽度与高度。但是往往放置到桌面后,我们会发现 Widget 的实际尺寸有所变化,这是因为桌面为了摆放应用图标与 Widget 而设计成了行与列的网格布局。在手机设备上一般为 4×4 的网格,而在平板电脑上可以达到 8×7 的网格。当添加一个 Widget 到桌面的时候,系统会根据我们提供的 minWidth 和 minHeight 两个属性计算出所占用的最小单位的网格,从而保证 Widget 能有足够的空间显示。所以建议在设计 Widget 的背景图片的时候,尽量采用 9.png 格式的图片来适配更多类型的桌面屏幕。

由于 Android 手机的分辨率众多,为了使在各种设备上展示的差异性减到最小。在 Android 官网上给我们列出了一个网格与像素值关系的表格。

网格(行数、列数)	推荐值(minWidth、minHeight)
1	40dp
2	110dp
3	180dp
4	250dp
...	...
n	70 × n −30

有了以上的表格,我们就可以参考为 Widget 选择一个合适的 minWidth 与 minHeight 值了。比如想让 Widget 占用 4×1 的网格,我们可以将尺寸定义如下。

```
minWidth = 70 × 4 -30 = 250 dp
minHeight = 70 -1 -30 = 40dp
```

13.5　Widget 实例——eoeWikiRecent Widget

通过前几节的介绍,大家应该对 Widget 有了较全面的了解。但是很多东西可能还存在于理论知识上面,在这一节中我们将为大家讲解一个关于 eoe Wiki 的 Widget 实例,我们把它取名为 eoeWikiRecent。

第 13 章 不积跬步无以至千里——Widget

eoeWikiRecent 实现的主要功能是利用 API 接口从 eoe 官方 Wiki 获取最新改动的 Wiki 标题并显示在桌面上，让用户可以及时了解 eoe wiki 的最新动态。在正式开始编码前，我们先得好好设计一下我们的 Widget 应用，虽然"麻雀"虽小，但也得五脏俱全，良好的软件习惯，能让我们在软件这一行走得更加轻松。

图 13-8 所示为 eoeWikiRecent 的流程图。从图中可看出将要开始的实例的功能划分与实现的流程。

有了设计图，整个项目就基本心中有数了，接下来就开始我们的编码工作。首先创建一个名为 eoeWikiRecent 的项目，如图 13-9 所示。

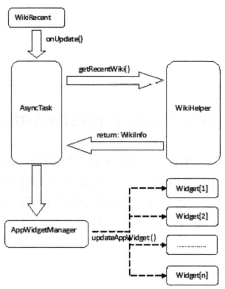

▲图 13-8　eoeWikiRecent 流程图　　　　▲图 13-9　创建项目

项目创建好了，我们先从布局文件开始。Widget 在桌面展示的时候，需要 3 个布局文件。
（1）正常情况下用于显示 wiki 标题与作者的布局文件。

```
layout.xml
<?xml version="1.0" encoding="utf-8"?>
<RelativeLayout xmlns:android="http://schemas.android.com/apk/res/android"
    android:layout_width="match_parent"
    android:layout_height="match_parent"
    android:id="@+id/widget"
    android:padding="@dimen/widget_margin">
    <RelativeLayout android:layout_width="match_parent"
        android:layout_height="wrap_content"
        android:gravity="center"
        android:background="@drawable/bg"
        android:layout_centerInParent="true">
    <TextView
            android:id="@+id/tv_title"
            android:layout_width="wrap_content"
```

```
            android:layout_height="wrap_content"
            android:textSize="14sp"
            android:textColor="#000"
            android:textStyle="bold"
            android:maxLines="2"
        android:ellipsize="end"/>

        <TextView
            android:id="@+id/tv_user"
            android:layout_width="wrap_content"
            android:layout_height="wrap_content"
            android:layout_below="@+id/tv_title"
            android:layout_alignParentRight="true"
            android:textSize="12sp"
            android:textColor="#000"
            android:singleLine="true"
            android:ellipsize="end"/>
    </RelativeLayout>
</RelativeLayout>
```

> 代码解释

最外层的 RelativeLayout 主要是用来实现在不同版本之间的间隔问题,如 13.4.2.1 中讲到的内容。

第二层 RelativeLayout 用于设置整个 Widget 的背景,并包含了显示标题与用户名的 Textview。

(2) 在 Widget 初始状态下,需要展示一个正在加载数据的界面给用户,以提高程序的人性化。

(3) 当我们加载数据出错的时候,也需要一个提示出错的界面给用户。在这里我们将加载数据与出错情况考虑成一个界面,因为在界面里面只需要显示一些提示性的文字即可。我们取名为 layout_message.xml。

```
layout_message.xml
<?xml version="1.0" encoding="utf-8"?>
<RelativeLayout xmlns:android="http://schemas.android.com/apk/res/android"
    android:layout_width="match_parent"
    android:layout_height="match_parent"
    android:padding="@dimen/widget_margin">
    <RelativeLayout android:layout_width="match_parent"
        android:layout_height="wrap_content"
        android:id="@+id/widget"
        android:gravity="center"
        android:background="@drawable/bg"
        android:layout_centerInParent="true">
    <TextView
        android:id="@+id/tv_message"
        android:layout_width="wrap_content"
        android:layout_height="wrap_content"
        android:text="@string/loading"
        android:textSize="16sp"
        android:textColor="#26A8D7"
        android:layout_centerInParent="true"/>
    </RelativeLayout>
</RelativeLayout>
```

代码解释

外面两层的 RelativeLayout 作用与 layout.xml 中是相同的，用于间隔与背景。

Textview 主要是用于显示提示文字。默认情况下，字体颜色是#26A8D7（浅蓝色），在出错的情况，我们会在代码中将文字颜色修改成红色，以提高视觉效果。

然后我们在 res/xml 目录下创建 appwidget-provider.xml。

```xml
    appwidget-provider.xml
<?xml version="1.0" encoding="utf-8"?>
<appwidget-provider xmlns:android="http://schemas.android.com/apk/res/android"
    android:minWidth="110dip"
    android:minHeight="40dip"
    android:updatePeriodMillis="7200000"
    android:initialLayout="@layout/layout_message"
    android:previewImage="@drawable/preview"/>
```

代码解释

我们设置了 Widget 的 minWidth 与 minHeight 分别为 110dip 与 40dip，使得 Widget 在桌面主要是占据了 2×1 的位置。

更新的时间是每两个小时(2×3600×1000)。

同时也添加了 previewImage，在 Android 4.0 以后，用户可以在添加之前更直观地了解到该 Widget 的呈现效果。

在 initialLayout 中，我们设置的是 layout_message，这是因为在初始化状态下默认呈现的是一个加载页面。

布局文件准备好之后，开始我们的类文件的编写了。首先我们要创建一个 WikiRecent 类来继承 AppWidgetProvider，以接收系统的更新广播。

```java
WikiRecent.java
package com.eoeandroid.wikirecent;

import android.appwidget.AppWidgetManager;
import android.appwidget.AppWidgetProvider;
import android.content.Context;

public class WikiRecent extends AppWidgetProvider {

    @Override
    public void onUpdate(Context context, AppWidgetManager appWidgetManager,
            int[] appWidgetIds) {
        new RecentAsyncTask(context).execute();
    }

}
```

代码解释

虽然说 AppWidgetProvider 整个周期中会有多个回调函数，但是在本实例中，我们主要是需要 onUpdate()方法，所以只实现了该方法，其他的周期函数就省略了，没有实现。但是在结合自己其他项目的时候，按具体情况而定。

在 onUpdate()方法中,我们启动一个后台任务来完成 Widget 的更新任务。
RecentAsyncTask 类主要是利用后台任务来完成获取 Wiki 信息与显示。

```java
RecentAsyncTask.java
package com.eoeandroid.wikirecent;

import android.app.PendingIntent;
import android.appwidget.AppWidgetManager;
import android.content.ComponentName;
import android.content.Context;
import android.content.Intent;
import android.graphics.Color;
import android.net.Uri;
import android.os.AsyncTask;
import android.util.Log;
import android.widget.RemoteViews;

import com.eoeandroid.wikirecent.WikiHelper.ApiException;
import com.eoeandroid.wikirecent.WikiHelper.ParseException;
import com.eoeandroid.wikirecent.WikiHelper.WikiInfo;

public class RecentAsyncTask extends AsyncTask<Object, Integer, Boolean> {
    private static final String TAG = "WikiHelper";
    private Context mContext;

    public RecentAsyncTask(Context context) {
        mContext = context;
    }

    @Override
    protected Boolean doInBackground(Object... params) {
        // 获取到需要显示的 widget 布局,并初始化
        RemoteViews updateViews = buildUpdate();

        // 通知 AppWidgetManager 更新所有的 widget
        ComponentName thisWidget = new ComponentName(mContext, WikiRecent.class);
        AppWidgetManager manager = AppWidgetManager.getInstance(mContext);
        manager.updateAppWidget(thisWidget, updateViews);
        return true;
    }

    public RemoteViews buildUpdate() {
        RemoteViews updateViews = null;
        WikiInfo pageContent = null;

        try {
            // 获取最新更新的 Wiki
            pageContent = WikiHelper.getRecentWiki();
            Log.e(TAG, "pageContent:" + pageContent);
            updateViews = new RemoteViews(mContext.getPackageName(), R.layout.layout);

            //给 widget 页面元素赋值
            String title = pageContent.getTitle();
            String name = mContext.getString(R.string.widget_user, pageContent.getUser());
```

```java
        updateViews.setTextViewText(R.id.tv_title, title);
        updateViews.setTextViewText(R.id.tv_user, name);

        // 当用户单击 widget 的时候,跳转到 widget 详细页面
        String url = title.replace(" ", "_");
        Intent defineIntent = new Intent(Intent.ACTION_VIEW, Uri.parse("http://wiki.eoeandroid.com/" + url));
        PendingIntent pendingIntent = PendingIntent.getActivity(mContext, 0 , defineIntent, 0 );
        updateViews.setOnClickPendingIntent(R.id.widget, pendingIntent);
    } catch (ApiException e) {
        Log.e(TAG, "Couldn't contact API", e);
        CharSequence errorMessage = mContext.getText(R.string.widget_api_error);
        updateViews = dealWithExcaption(errorMessage);
    }catch (ParseException e) {
        Log.e(TAG, "Couldn't contact API", e);
        CharSequence errorMessage = mContext.getText(R.string.widget_parse_error);
        updateViews = dealWithExcaption(errorMessage);
    }
    return updateViews;
}
private RemoteViews dealWithExcaption(CharSequence error)
{
    //如果出现了错误,则在页面提醒用户
    RemoteViews updateViews = new RemoteViews(mContext.getPackageName(), R.layout.layout_message);
    updateViews.setTextViewText(R.id.tv_message, error);
    updateViews.setTextColor(R.id.tv_message, Color.RED);
    return updateViews;
}
}
```

代码解释

doInBackground() 方法中通过 buildUpdate() 方法来获取 RemoteView,然后通过 AppWidgetManager.updateAppWidget()来通知所有的 Widget 都完成更新。

buildUpdate()中通过 WikiHelper.getRecentWiki()获取到 Wiki 的信息,并将数据与事件绑定到 RemoteView 中的控件上。如果没有成功获取到 Wiki 信息,则会将 Widget 的布局切换成 layout_message 资源文件,并根据不同的异常类型来显示不同的提示信息。

ApiException 与 ParseException 是在 WikiHelper 工具类中自定义的两个异常类。

> **小知识** 许多时候,为了让上层知道在底层具体发生了什么异常,可以定义不同的异常来区分。

WikiHelper 类是一个工具类,主要功能是通过网络完成 Wiki 信息的获取,并将结果转化成 WikiInfo 对象。WikiInfo 对象主要是包含了一个标题与用户名两个字段。

```java
WikiHelper.java
package com.eoeandroid.wikirecent;

import java.io.ByteArrayOutputStream;
```

```java
import java.io.IOException;
import java.io.InputStream;

import org.apache.http.HttpEntity;
import org.apache.http.HttpResponse;
import org.apache.http.StatusLine;
import org.apache.http.client.HttpClient;
import org.apache.http.client.methods.HttpGet;
import org.apache.http.impl.client.DefaultHttpClient;
import org.json.JSONArray;
import org.json.JSONException;
import org.json.JSONObject;

import android.util.Log;

public class WikiHelper {
    private static final String TAG = "WikiHelper";
    private static final String WIKTIONARY_PAGE = "http://wiki.eoeandroid.com/api.php?action=query&list=recentchanges&rclimit=1&format=json&rcprop=title%7Cuser";
    private static final int HTTP_STATUS_OK = 200;

    private static byte[] sBuffer = new byte[2048];

    public static WikiInfo getRecentWiki() throws ApiException, ParseException {
        // 通过接口获取到数据
        String content = getUrlContent(WIKTIONARY_PAGE);
        Log.e(TAG, "content:" + content);
        WikiInfo wikiInfo = null;
        try {
            // 解析接口返回来的 JSON 数据
            JSONObject response = new JSONObject(content);
            JSONObject query = response.getJSONObject("query");
            JSONArray recentchanges = query.getJSONArray("recentchanges");
            JSONObject recentchange = recentchanges.getJSONObject(0);
            wikiInfo = new WikiInfo();
            String title = recentchange.getString("title");
            String user = recentchange.getString("user");
            wikiInfo.setTitle(title);
            wikiInfo.setUser(user);
        } catch (JSONException e) {
            throw new ParseException("Problem parsing API response", e);
        }
        return wikiInfo;
    }

    protected static synchronized String getUrlContent(String url)
            throws ApiException {
        Log.e(TAG, "url:" + url);
        // 创建 HttpClient
        HttpClient client = new DefaultHttpClient();
        HttpGet request = new HttpGet(url);
        try {
            HttpResponse response = client.execute(request);
```

```java
            // 检查服务器返回的状态码
            StatusLine status = response.getStatusLine();
            if (status.getStatusCode() != HTTP_STATUS_OK) {
                throw new ApiException("Invalid response from server: "
                        + status.toString());
            }

            // 从数据流中将结果转化成 String
            HttpEntity entity = response.getEntity();
            InputStream inputStream = entity.getContent();
            ByteArrayOutputStream content = new ByteArrayOutputStream();

            int readBytes = 0;
            while ((readBytes = inputStream.read(sBuffer)) != -1) {
                content.write(sBuffer, 0, readBytes);
            }

            return new String(content.toByteArray());
        } catch (IOException e) {
            throw new ApiException("Problem communicating with API", e);
        }
    }
    public static class WikiInfo
    {
        private String title;
        private String user;
        public String getTitle() {
            return title;
        }
        public void setTitle(String title) {
            this.title = title;
        }
        public String getUser() {
            return user;
        }
        public void setUser(String user) {
        this.user = user;
        }
        public String toString()
        {
            return "WikiInfo"+
                "#title:"+title+
                "#user:"+user;
        }
    }
    public static class ApiException extends Exception {
        private static final long serialVersionUID = 1L;

        public ApiException(String detailMessage, Throwable throwable) {
            super(detailMessage, throwable);
        }
```

```
    public ApiException(String detailMessage) {
        super(detailMessage);
    }
}

public static class ParseException extends Exception {
    private static final long serialVersionUID = 1L;

    public ParseException(String detailMessage, Throwable throwable) {
        super(detailMessage, throwable);
    }
}
```

✎ 代码解释

getUrlContent()方法中使用 HttpClient 从网络服务器中获取到 URL 指向的内容。如果返回值不是 200 状态码，则抛出 ApiException 异常。

getRecentWiki()方法主要是将网络服务器返回的内容通过 JSON 解析出来，转化成 WikiInfo 对象。如果转化失败，抛出 ParseException 异常。

代码写完了，但是别忘了在 AndroidManifest 文件中添加对 WikiRecent 类的定义，并且我们实例需要用到网络权限，所以也得一起加上。

```
AndroidManifest.xml
<manifest xmlns:android="http://schemas.android.com/apk/res/android"
    package="com.eoeandroid.wikirecent"
    android:versionCode="1"
    android:versionName="1.0">

<uses-sdk android:minSdkVersion="8" android:targetSdkVersion="15" />
    <uses-permission android:name="android.permission.INTERNET" />
<application android:label="@string/app_name"
        android:icon="@drawable/icon"
        android:theme="@style/AppTheme">
        <receiver android:name=".WikiRecent">
<intent-filter>
<action android:name="android.appwidget.action.APPWIDGET_UPDATE" />
</intent-filter>
<meta-data                              android:name="android.appwidget.provider"
android:resource="@xml/widget_provider" />
</receiver>
<service android:name=".RecentService" />
</application>

</manifest>
```

> **注意**　实例中所涉及的 String 资源与图片资源，大家在源码中找到并复制到相应的文件中即可。

现在可以选择项目并运行了，图 13-10 所示为程序运行效果。

▲图 13-10　Widget 运行效果

我们本节的 Widget 实例到这里就结束了。大家可以再回过头看看本节开始时的流程图，加深一下对该实例的理解。如果想学习更多更系统的实例，可以往后看哦。

13.6　本章小结

本章主要学习了 Android 中 Widget 的基本概念，Widget 的生命周期，如何设计出更好的 Widget，并且也和大家一起学习了一个 eoe Wiki 的实例来加深对 Widget 整体的理解。相信现在大家对 Widget 也已经掌握了。

记得以后在自己的应用程序中添加一些简洁、漂亮、高效的 Widget 来美化用户的桌面，加强用户与应用的交互哦。

第 14 章　更上一层楼
——网络通信和 XML 解析

从本章你可以学到：

- 了解 Android 网络通信的常用方法
- 熟悉基于 HTTP 协议的网络通信
- 熟悉基于 Socket 的网络通信
- 掌握 Android 中 XML 文件解析方法

14.1　Android 网络通信基础

Android 平台是建立在 Linux 平台的基础上的，当然也继承了 Linux 的优秀的连网功能，但是这些都是在系统层面上。首先介绍下在 Android 系统中，与网络连接相关的包。

（1）java.net：提供与联网有关的类，包括流和数据包 sockets、Internet 协议和常见 HTTP 处理。该包提供了多功能网络资源。有经验的 Java 开发人员可以立即使用该包创建应用程序。

（2）java.io：虽然没有提供显式的联网功能，但在网络编程中仍然相当重要。该包中的类由其他 Java 包中提供的 socket 和连接使用。还可用来与本地文件进行交互（在与网络进行交互时经常出现）。

（3）java.nio：包含表示特定数据类型的缓冲区的类。适合用于基于 Java 语言的两个端点之间的通信。

（4）org.apache.*：表示许多为 HTTP 通信提供精确控制和功能的包。可以将 Apache 视为流行的开源 Web 服务器。

（5）android.net：除了包含核心的 java.net.* 类以外，还包含额外的网络访问 socket。该包包括 URI 类，URI 频繁用于 Android 应用程序开发，而不仅仅是传统的联网方面。

（6）android.net.http：包含处理 SSL 证书的类。

（7）android.net.wifi：包含在 Android 平台上管理有关 WiFi（802.11 无线 Ethernet）所有方面的类。

（8）android.telephony.gsm：包含用于管理和发送 SMS（文本）消息的类。一段时间后，可能会引入额外的包为非 GSM 网络提供类似的功能，比如 CDMA 或 android.telephony.cdma 等网络。

在开发层面上，Android 平台有三种网络接口可以使用，它们分别是 org.apache.*（Apache 网络接口）、java.net.*（标准 Java 网络接口）和 android.net.*（Android 网络接口）。下面简单地介绍下这 3 个接口。

14.1.1 Apache 网络接口

当 HTTP 协议在 Internet 上大规模使用的时候，越来越多的 Java 应用程序需要通过 HTTP 协议来访问网络资源。标准的 Java 接口（java.net.*）虽然也能满足其基本要求，但是灵活性不足，这个时候引入了 Apache 实验室开源的包 org.apache.http.*，该包提供非常丰富的网络操作接口，弥补了 java.net.* 灵活性不足的缺点，对 java.net.* 进行封装和扩展，例如：设置缺省的 HTTP 超时和缓存大小等。功能更加强大和全面，也会给 Android 带来更加丰富多彩的网络应用。可以将 Apache 视为目前比较流行的开源 Web 服务器，主要包括创建 HttpClient、Get/Post 和 HttpRequest 等对象，设置连接参数，执行 HTTP 操作，处理服务器返回结果等功能。

14.1.2 标准 Java 网络接口

Java.net.*（标准 Java 网络接口）提供与联网有关的类，包括 Internet 协议、流、数据包套接字和常见 HTTP 处理。比如，创建 URL/URLConnection/HttpURLConnection 对象、设置连接参数、连接到服务器、从服务器读取数据和向服务器写数据等通信操作。

14.1.3 Android 网络接口

android.net.* 包实际上是通过对 Apache 中 HttpClient 的封装来实现的一个 HTTP 编程接口，同时还提供了 HTTP 请求队列管理以及 HTTP 连接池管理，此外还提供了网络状态监视等接口、网络访问的 Socket、常用的 URI 类以及有关 WiFi 相关的类等。

14.2 基于 HTTP 协议的网络通信

14.2.1 HTTP 介绍

HTTP（HyperText Transfer Protocol）是超文本传输协议的简称，它是互联网上应用最广泛的一种网络协议。HTTP 协议采用了请求/响应模型，客户端向服务器端发送一个请求，请求包含了请求的方法、URI、协议版本，以及包含请求修饰符、客户信息和内容的类似与 MIME 的消息结构，服务器以一个状态行作为响应，响应的内容包括消息协议的版本、成功或者错误编码，还包含服务器信息、实体元信息以及可能的实体信息。HTTP 协议由两部分程序实现，一个客户端程序和一个服务器端程序，它们运行在不同的端系统上，通过交换 HTTP 报文进行会话。

HTTP 使用 TCP 作为运输层协议。HTTP 客户端发起一个与服务器端的 TCP 连接，一旦建立连接，客户端和服务器端进程就可以通过套接字接口访问 TCP。客户端的套接字接口是客户端进程与 TCP 连接之间的门，服务器端的套接字接口则是服务器端进程与 TCP 连接之间的门。客户端从套接字接口发送 HTTP 请求报文和接收 HTTP 响应报文。服务器端也是从套接字接口接收 HTTP

请求报文和发送 HTTP 响应报文。服务器端向客户端发送被请求的文件时，并不存储任何关于该客户端的任何信息。假如某个特定的客户端在短短的几秒钟内两次请求同一对象，服务器并不会因为刚刚为用户提供了该对象就不再做出响应，而是重新发送该对象，就像该服务器已经完全忘记了不久之前做过事一样，所以说 HTTP 协议是无状态协议（stateless protocol）。

HTTP 协议有持久性连接和非持久性连接两种连接方式。持久性连接（persistent connection）：同一客户机对服务器的所有请求和服务器对该客户机的所有响应都使用同一 TCP 连接进行。非持久性连接（non-persistent connection）：客户机和服务器对每个请求/响应对建立一个新的 TCP 连接。

14.2.2 使用 Apache 接口

在 Android 系统中，最常用的是 Apache 接口，Apache 提供了 HttpClient，它对 java.net 中的类做了封装和抽象，提供了对 HTTP 协议的全面支持，可以使用 HTTP GET 和 POST 进行访问，更适合在 Android 上开发互联网应用。在使用 HttpClient 接口前，需要了解一些常用的类和接口。

1. DefaultHttpClient 接口

DefaultHttpClient 是默认的一个 HTTP 客户端，我们可以使用它来创建一个 HTTP 连接，在代码中可以这样使用。

```
HttpClient httpClient = new DefaultHttpClient();
```

2. HttpResponse 接口

HttpResponse 是一个 HTTP 连接响应，当执行一个 HTTP 连接后，就会返回一个 HttpResponse，可以通过 HttpResponse 获得一些响应的信息。在代码中可以这么使用。

```
        HttpResponse response = httpClient.execute(httpget);
if(response.getStatusLine().getStatusCode() == HttpStatus.SC_OK){
//连接成功
        }
```

3. HttpEntity 接口

HttpEntity 是一个可以同 Http 消息进行接收或发送的实体，HttpEntity 实体既可以是流也可以是字符串形式。实体的资源使用完之后要适当地回收资源，特别是对于流实体。

4. EntityUtils 类

EntityUtils 类是一个 final 类，一个专门针对于处理 HttpEntity 的帮助类。

下面讲解 Apache 接口如何在 Android 应用中使用。

（1）在使用网络的时候，首先要在 AndroidManifest.xml 的配置中加入如下权限。

```
<uses-permission android:name="android.permission.INTERNET"/>
```

（2）新建 HttpClient 对象，并设置超时时间，当然此处也可以进行其他设置。代码如下。

第 14 章 更上一层楼——网络通信和 XML 解析

```java
HttpClient httpClient = new DefaultHttpClient();         //新建 HttpClient 对象
HttpConnectionParams.setConnectionTimeout(httpClient.getParams(), 3000);
                                                         //设置连接超时
HttpConnectionParams.setSoTimeout(httpClient.getParams(), 3000);
                                                         //设置数据读取时间超时
   ConnManagerParams.setTimeout(httpClient.getParams(), 3000);
                                                         //设置从连接池中取连接超时
```

（3）使用 Get 请求，并获取 HttpResponse 响应。代码如下。

```java
    HttpGet httpget = new HttpGet(url);    //获取请求

   try {
      HttpResponse response = httpClient.execute(httpget);    //执行请求，获取响应结果
      if(response.getStatusLine().getStatusCode() == HttpStatus.SC_OK){  //响应通过
           String result = EntityUtils.toString(response.getEntity(), "UTF-8");
      }else{
                                                //响应未通过，需处理
      
      }
   } catch (ClientProtocolException e) {
      // TODO Auto-generated catch block
         e.printStackTrace();
   }catch (IOException e) {
      // TODO: handle exception
         e.printStackTrace();
   }
```

（4）使用 Post 请求，并获取 HttpResponse 响应。代码如下。

```java
HttpClient httpClient = new DefaultHttpClient();         // 新建 HttpClient 对象


        HttpPost httpPost = new HttpPost(url);             // 新建 HttpPost 对象
        List<NameValuePair> params = new ArrayList<NameValuePair>();
                                        //使用 NameValuePair 来保存要传递的 Post 参数
        params.add(new BasicNameValuePair("username", "hello"));    //添加要传递的参数
        params.add(new BasicNameValuePair("password", "eoe"));
        try {
             HttpEntity entity = new UrlEncodedFormEntity(params, HTTP.UTF_8);
                                                           // 设置字符集
        httpPost.setEntity(entity);           // 设置参数实体
        HttpResponse httpResp = httpClient.execute(httpPost); // 获取 HttpResponse 实例
        if(httpResp.getStatusLine().getStatusCode() == HttpStatus.SC_OK){  //响应通过
            String result = EntityUtils.toString(httpResp.getEntity(), "UTF-8");
        }else{
                                                           //响应未通过

        }
        } catch (UnsupportedEncodingException e) {
            // TODO Auto-generated catch block
            e.printStackTrace();
        } catch (ClientProtocolException e) {
            // TODO Auto-generated catch block
```

```
            e.printStackTrace();
        } catch (IOException e) {
            // TODO Auto-generated catch block
            e.printStackTrace();
        }
```

14.2.3 使用标准 Java 接口

在 Android 系统中,也可以使用标准的 Java 接口来实现网络通信。下面说明如何在 Android 程序中使用标准的 Java 接口来实现网络通讯。首先我们先介绍 URL。

1. 统一资源定位符(URL)

URL 是 Uniform Resource Locator 的缩写,也称为网页地址,是因特网上标准的资源地址。它最初是由蒂姆·伯纳斯-李发明用来作为万维网的地址的。现在它已经被万维网联盟编制为因特网标准 RFC1738 了,用于完整地描述 Internet 上网页和其他资源的地址的一种标识方法。Internet 上的每一个网页都具有一个唯一的名称标识,通常称为 URL 地址,这种地址可以是本地磁盘,也可以是局域网上的某一台计算机,更多的是 Internet 上的站点。简单地说,URL 就是 Web 地址,俗称"网址"。

在 Java 中,有一个 URL 类,它在 java.net 包中,URL 类是网络编程的重要内容,它为 Java 访问网络资源提供了接口,通过这些接口可以很容易地接触服务器上的文件。

2. 默认使用 get 请求,首先创建 URL 对象,然后打开一个 `HttpURLConnection` 连接,代码示例如下。

```
try {
    URL pathUrl = new URL(url);       //创建一个 URL 对象
    HttpURLConnection urlConnect = (HttpURLConnection) pathUrl.openConnection();
//打开一个 HttpURLConnection 连接
    urlConnect.setConnectTimeout(3000);   // 设置连接超时时间
    urlConnect.connect();
    InputStreamReader in = new InputStreamReader(urlConnect.getInputStream());
//得到读取的内容
    BufferedReader buffer = new BufferedReader(in);   //为输出创建 BufferedReader
    String inputLine = null;
    while (((inputLine = buffer.readLine()) != null)) {
        //利用循环来读取数据
    }
} catch (MalformedURLException e) {
    // TODO Auto-generated catch block
    e.printStackTrace();
} catch (IOException e) {
    // TODO Auto-generated catch block
    e.printStackTrace();
}
```

3. 使用 post 请求,首先创建 URL 对象,然后打开一个 `HttpURLConnection` 连接,代码示例如下。

```java
try {
        String params = "username=" + URLEncoder.encode("hello", "UTF-8")+ "&password=" 
+ URLEncoder.encode("eoe", "UTF-8");
        byte[] postData = params.getBytes();
        URL pathUrl = new URL(url);  //创建一个 URL 对象
        HttpURLConnection urlConnect = (HttpURLConnection) pathUrl.openConnection();
        urlConnect.setConnectTimeout(3000);  // 设置连接超时时间
        urlConnect.setDoOutput(true);   //post 请求必须设置允许输出
        urlConnect.setUseCaches(false);  //post 请求不能使用缓存
        urlConnect.setRequestMethod("POST");   //设置 post 方式请求
        urlConnect.setInstanceFollowRedirects(true);
        urlConnect.setRequestProperty("Content-Type","application/x-www-form-urlencode");//配置请求 Content-Type
        urlConnect.connect();  // 开始连接
        DataOutputStream dos = new DataOutputStream(urlConnect.getOutputStream());
// 发送请求参数
        dos.write(postData);
        dos.flush();
        dos.close();
        if (urlConnect.getResponseCode() == 200) {    //请求成功
            byte[] data = readInputStream(urlConnect.getInputStream());
        }
    } catch (MalformedURLException e) {
        // TODO Auto-generated catch block
        e.printStackTrace();
    } catch (IOException e) {
        // TODO Auto-generated catch block
        e.printStackTrace();
    } catch (Exception e) {
        // TODO Auto-generated catch block
        e.printStackTrace();
    }
```

14.2.4 总结

在做网络通信方面的程序开发的时候，必须注意异常的捕获，网络异常是比较正常的现象，比如说当前网络繁忙，网络连接超时，更是"家常便饭"。因此在写网络编程应用的时候，必须养成捕获异常的好习惯，查看完函数说明后，必须要注意网络异常的说明。

14.3 基于 Socket 的网络通信

在 HTTP 通信中客户端发送的每次请求都需要服务器返回响应，在请求结束后，会主动释放连接。从建立连接到关闭连接的过程称为"一次连接"。要保持客户端程序的在线状态，需要不断地向服务器发起连接请求。通常的做法是即使不需要获得任何数据，客户端也保持每隔一段固定的时间向服务器发起一次"保持连接"的请求，服务器在接收到该请求后对客户端进行回复，表示知道客户端"在线"。若服务器长时间无法受到客户端的请求，则认为客户端已经"下线"；若客户端长时间无法收到服务器的回复，则认为网络已经"断开"。在很多情况下，需要服务器主动向客户端发送数据，保持客户端与服务器数据的实时和同步。若双方建立的是 HTTP 连接，则服务器需要等到客户端发送一次请求后才能将数据推送给客户端，因此，客户端定时向服务器发送连接请求，不仅可以保持在线，同时也是为了查看服务器是否有更新的数据，如果有最新数据，其实就将最新数据返回给客户端。可以知道 HTTP 通信是一种由客户端主动发起的一次性网络连接，是短连接的。如果需要维护多人同时在线的这种应用，那么 HTTP 协议不能很好地满足我们的需求了，这时就需要使用 Socket 通信。

14.3.1 Socket 介绍

Socket 通常也称做"套接字"，是一种抽象层，应用程序通过它来发送和接收数据，就像应用程序打开了一个文件句柄，将数据读写到稳定的存储器上一样。使用 Socket 可以将应用程序添加到网络中，并与处于同一网络中的其他应用程序进行通信。一台计算机上的应用程序向 socket 写入的信息能够被另一台计算机上的另一个应用程序读取，反之亦然。根据不同的的底层协议实现，也会很多种不同的 Socket。

Socket 主要有两种操作方式：面向连接的（流 Socket）和无连接的（数据报 Socket）。面向连接的 Socket 操作必须建立一个连接和一个呼叫，所有数据包的到达顺序和发出顺序一致，使用 TCP 协议，此时 Socket 必须在发送数据之前与目的地的 Socket 取得连接，效率不高，但是安全；无连接的 Socket 操作，数据包到达顺序和发出顺序不保证一致。使用 UDP 协议，一个数据报是一个独立的单元，它包含了这次投递的所有信息，快速、高效，但安全性不高。若数据的可靠性更重要的话，推荐使用面向连接的操作。

Java.net 中提供了两个类 Socket 和 ServerSocket，分别用来表示双向连接的客户端和服务端。这是两个封装得非常好的类，方便开发人员的使用。部分构造方法如下：

```
Socket(InetAddress address,int port ,InetAddress localAddr ,int localPort)
Socket(InetAddress address, int port ,boolean stream)
Socket(InetAddress address, int port)
Socket(String host,int port ,InetAddress localAddr ,int localPort)
Socket(String host,int port ,,boolean stream)
Socket(String host,int port)
Socket(SocketImpl impl)
ServerSocket(int port , int backlog, InetAddress bindAddr)
ServerSocket(int port , int backlog)
```

其中 address、host、port 分别表示双向连接中另一方的 IP 地址、主机名、端口号，stream 指明 Socket 是流 Socket 还是数据报 Socket，localPort 表示本地主机的端口号，localAddr、bindAddr 是本地机器的地址（ServerSocket 的主机地址），impl 是 Socket 的父类，既可以创建 ServerSocket，也可创建 Socket。

在选择端口时必须小心。每一个端口提供一种特定的服务，只有给出正确的端口，才能获取相应的服务。端口号的范围从 0 到 65535，0 到 1023 的端口号为系统所保留，例如 http 服务的端口号是 80，FTP 服务的端口号为 21，Telnet 的端口号为 23，SMTP 的端口号为 25。所以我们在选择端口号时最好选择 1024~5000 之间的数，因为大于 5000 的端口号是为其他服务器预留的。在创建

Socket 时，如果发生错误，将产生 IOException，在程序中必须对其进行处理。所以在创建 Socket 或 ServerSocket 时必须捕获或抛出异常。

14.3.2 Android Socket 编程

一个客户端要发起一次通信，首先必须知道运行服务器端的主机 IP 地址，然后由网络基础设施利用目标地址，将客户端发送的信息传递到正确的主机上，在 Java 中，地址可以由一个字符串来定义，这个字符串可以是数字型的地址（如 192.168.1.1），也可以是主机名（example.com）。在 Java 当中 InetAddress 类代表了一个网络目标地址，包括主机名和数字类型的地址信息。下面介绍一下创建 Socket 服务端和客户端的步骤。

创建服务端的步骤如下：

（1）指定端口实例化一个 ServerSocket；

（2）调用 ServerSocket 的 accept 方法以在等待连接期间造成阻塞；

（3）获取位于底层的 Socket 流以进行读写操作；

（4）将数据封装成流；

（5）对 Socket 进行读写；

（6）关闭打开的流。

创建客户端的步骤如下：

（1）通过 IP 地址和端口实例化 Socket，请求连接服务器；

（2）获取 Socket 上的流以进行读写；

（3）把流包装进输入/输出（比如，**BufferedReader/PrintWriter** 或者 **DataOutputStream/ DataInputStream** 等）的实例；

（4）对 Socket 进行读写；

（5）关闭打开的流。

下面具体说明如何实现 Socket 服务端和 Socket 客户端。

1．服务端的实现

```
            ServerSocket ss=new ServerSocket(8888);  //创建一个 ServerSocket 对象，并让这
个 ServerSocket 在 8888 端口监听
            while(true){
                Socket socket=ss.accept();  //调用 ServerSocket 的 accept()方法，接收客户
//端所发送的请求，如果客户端没有发送数据，那么该线程就停滞不继续
                try {
                    DataInputStream in=new DataInputStream(socket.getInputStream());
//接收客户端信息
                    String readline=in.readUTF();
                    System.out.println(readline);
                    DataOutputStream out=new DataOutputStream(socket.getOutputStream());
//向客户端发送消息
                    out.writeUTF("link server success");
                    out.flush();
                    in.close();    //关闭流
```

```
            out.close();//关闭流
            socket.close();//关闭打开的socket
    } catch (Exception e) {
            System.out.println(e.getMessage());
    }
}
```

在实现中，首先创建 ServerSocket 对象，让你监听 8888 端口，开启线程通过 accept 方法监听客户端的连接，并获取客户端的 Socket 对象，然后通过 DataInputStream 和 DataOutputStream 得到输入和输出流，最后要记得关闭流和 Socket。

2. 客户端的实现

```
            socket = new Socket("192.168.0.37", 8888);
// 创建Socket，其中IP地址为我的PC机器的地址，手机通过WiFi上网和服务器在一个网段

            DataOutputStream out = new DataOutputStream(socket
                    .getOutputStream()); // 向服务器发送消息
            out.writeUTF(sendMsg);
            out.flush();

            DataInputStream in = new DataInputStream(socket
                    .getInputStream()); // 接收来自服务器的消息
            String readMsg = in.readUTF();
            if (readMsg != null) {
                text.setText(readMsg);
            }
            out.close();
            in.close();
            socket.close();
```

在客户端，通过创建 Socket 来实现和服务器的连接，通过一个按钮来实现客户端向服务器发送消息，在接通后，TextView 显示来自服务器的消息。

3. 小结

在 Socket 通信中，注意异常信息的处理。在本例中，仅仅演示了面向连接的 Socket 通信，对于无连接的 Socket 通信，要使用 DatagramSocket 对象，数据部分用 DatagramPacket 对象，通过 DatagramSocket 的 send 和 receive 方法发送和接收 DatagramPacket 数据。

14.4 XML 解析技术介绍

XML（extensible markup language）是可扩展标记语言，它与 HTML 一样，都是 SGML（Standard Generalized Markup Language，标准通用标记语言）的子集。XML 是为了克服 HTML 缺乏灵活性和伸缩性的缺点以及 SGML 过于复杂、不利于软件应用的缺点而发展起来的一种元标记语言。XML 是 Internet 环境中跨平台的、依赖于内容的技术，是当前处理结构化文档

技术的有力工具。XML 是一种简单的数据存储语言，使用一系列简单的标记来描述数据，而这些标记可以使用很方便的方式建立。由于 XML 具有与平台无关性，所以 Android 的应用中，大量使用了 XML 文件。Android 对 XML 文件解析的方法主要有三种方式：DOM、SAX 和 PULL。在 Android 的 assets 目录下存在一个 student.xml 文件，其文件内容如下。

```xml
<?xml version="1.0" encoding="UTF-8"?>
<students>
    <student id = "1">
        <name>张三</name>
        <age>22</age>
    </student>
    <student id = "2">
        <name>李四</name>
        <age>21</age>
    </student>
    <student id = "3">
        <name>王五</name>
        <age>22</age>
    </student>
    <student id = "4">
        <name>麻六</name>
        <age>26</age>
    </student>
</students>
```

下面我们详细地介绍通过 DOM、SAX、PULL 三种方式来解析该 XML 文件。

14.4.1　DOM 方式

DOM 方式解析 XML 是先把 XML 文档都读到内存中，然后再用 DOM API 来访问树形结构，并获取数据。由 DOM 解析的方式可以知道，如果 XML 文件很大的时候，处理效率就会变得比较低，这也是 DOM 方式的一个缺点。现在我们来解析 student.xml 文件。什么是解析呢？说得通俗一点，就是将这个带标签的 XML 文件识别出来，并抽取一些相关的、对我们有用的信息给我们使用。那在这个文件里，id，name，age 对我们来说是需要得到的，我们要对其做解析。

解析的具体思路如下。

（1）将 XML 文件加载进来。
（2）获取文档的根节点。
（3）获取文档根节点中所有子节点的列表。
（4）获取子节点列表中需要读取的节点信息。

根据这 4 个步骤，进行开发。

首先要做的就是创建一个 **DocumentBuilderFactory** 实例，然后通过该实例来加载 XML 文档（**Document**），文档加载完毕以后，就要进行节点获取操作，先找到根节点，在找到子节点。具体的代码实现如下。

```java
......
List<Person> students = new ArrayList<Person>();
```

```java
DocumentBuilderFactory factory = null;
DocumentBuilder builder = null;
Document document = null;
factory = DocumentBuilderFactory.newInstance();//获取DOM解析的工厂
    try {
        builder = factory.newDocumentBuilder();
        document = builder.parse(inStream); //// 获取解析器
        // 找到根 Element
        Element root = document.getDocumentElement();
        NodeList nodes = root.getElementsByTagName("student");
        // 遍历根节点所有子节点,students下所有student
        Person student = null;
        for (int i = 0; i < nodes.getLength(); i++) {
            student = new Person();
            // 获取 student 元素节点
            Element studentElement = (Element) (nodes.item(i));
            // 获取 student 中 id 属性值
            student.setId(new Integer(studentElement.getAttribute("id")));
            // 获取 student 下 name 标签
            Element introduction = (Element) studentElement
                    .getElementsByTagName("name").item(0);
            student.setName(introduction.getFirstChild().getNodeValue());
            // 获取 student 下 age 标签
            Element imageUrl = (Element) studentElement.getElementsByTagName(
                    "age").item(0);
            student.setAge(new Integer(imageUrl.getFirstChild()
                    .getNodeValue()));
            students.add(student);
        }
    } catch (IOException e) {
        e.printStackTrace();
    } catch (SAXException e) {
        e.printStackTrace();
    } catch (ParserConfigurationException e) {
        e.printStackTrace();
    }
......
```

14.4.2 SAX 方式

SAX 是 Simple API for XML 的缩写,是一个包也可以看成是一些接口。相比于 DOM 而言 SAX 是一种速度更快、更有效、占用内存更少的解析 XML 文件的方法。它是逐行扫描,可以做到边扫描边解析,因此 SAX 可以在解析文档的任意时刻停止解析,非常适用于 Android 等移动设备。

SAX 是基于事件驱动的。所谓事件驱动就是说,它不用解析完整个文档,在按内容顺序解析文档的过程中,SAX 会判断当前读到的字符是否符合 XML 文件语法中的某部分。如果符合某部分,则会触发事件。所谓触发事件,就是调用一些回调方法。当然 android 的事件机制是基于回调方法的,在用 SAX 解析 xml 文档时候,在读取到文档开始和结束标签时候就会回调一个事件,在读取其他节点与内容时也会回调一个事件。在 SAX 接口中,事件源是 org.xml.sax 包中的 XMLReader,它通过 parser()方法来解析 XML 文档,并产生事件。事件处理器是 org.xml.sax

包中 `ContentHander`、`DTDHander`、`ErrorHandler` 以及 `EntityResolver` 这 4 个接口。`XMLReader` 通过相应事件处理器注册方法 `setXXXX()` 来完成与 `ContentHander`、`DTDHander`、`ErrorHandler` 以及 `EntityResolver` 这 4 个接口的连接。我们无需都继承这 4 个接口，Android SDK 为我们提供了 `DefaultHandler` 类来处理，`DefaultHandler` 类的一些主要事件回调方法如下。

`startDocument()`：当遇到文档的开头的时候，调用这个方法，可以在其中做一些预处理的工作。

`endDocument()`：当文档结束的时候，调用这个方法，可以在其中做一些善后的工作。

`startElement(String uri, String localName, String qName, Attributes attributes)`：当读到开始标签的时候，会调用这个方法。uri 就是命名空间，`localName` 是不带命名空间前缀的标签名，qName 是带命名空间前缀的标签名。通过 `attributes` 可以得到所有的属性。

`endElement(String uri, String localName, String name)`：在遇到结束标签的时候，调用这个方法。

`characters(char[] ch, int start, int length)`：这个方法用来处理在 XML 文件中读到的内容，第一个参数用于存放文件的内容，后面两个参数是读到的字符串在这个数组中的起始位置和长度，使用 `new String(ch,start,length)` 就可以获取内容。

SAX 的一个重要特点就是它的流式处理，当遇到一个标签的时候，它并不会记录之前所碰到的标签，即在 **startElement()** 方法中，所有能够知道的信息，就是标签的名字和属性，至于标签的嵌套结构，上层标签的名字，是否有子元属等其他与结构相关的信息，都是不知道的，都需要在程序中做设置。这使得 SAX 在编程处理上没有 DOM 方便。具体的解析 student.xml 的实现代码如下。

```java
// 需要重写 DefaultHandler 的方法
private class MyHandler extends DefaultHandler {
......
    @Override
    public void startDocument() throws SAXException {
        super.startDocument();
        students = new ArrayList<Person>();
        builder = new StringBuilder();
    }

    @Override
    public void startElement(String uri, String localName, String qName,
            Attributes attributes) throws SAXException {
        super.startElement(uri, localName, qName, attributes);
        if (localName.equals("student")) {
            student = new Person();
            student.setId(new Integer(attributes.getValue("id")));
        }
        builder.setLength(0); // 将字符长度设置为 0 以便重新开始读取元素内的字符节点
    }

    @Override
    public void characters(char[] ch, int start, int length)
```

```
            throws SAXException {
        super.characters(ch, start, length);
        builder.append(ch, start, length); // 将读取的字符数组追加到 builder 中
    }
    @Override
    public void endElement(String uri, String localName, String qName)
            throws SAXException {
        super.endElement(uri, localName, qName);
        if (localName.equalsIgnoreCase("name")) {
            student.setName(builder.toString());
        } else if (localName.equalsIgnoreCase("age")) {
            student.setAge(new Integer(builder.toString()));
        } else if (localName.equalsIgnoreCase("student")) {
            students.add(student);
        }
    }
    @Override
    public void endDocument() throws SAXException {
        // TODO Auto-generated method stub
        super.endDocument();
    }
}
SAXParserFactory factory = SAXParserFactory.newInstance(); // 取得 SAXParserFactory 对象
SAXParser parser = factory.newSAXParser(); // 利用获取到的对象创建解析器实例
MyHandler handler = new MyHandler(); // 实例化自定义 Handler
parser.parse(is, handler); // 根据自定义 Handler 规则解析输入流
```

解析 SAX 自需要继承 DefaultHandler 类，然后重载相应的方法即可。使用 SAX 解析 XML 文件一般有以下 7 个步骤。

（1）创建一个 SAXParserFactory 对象；

（2）调用 SAXParserFactory 中的 newSAXParser 方法创建一个 SAXParser 对象；

（3）调用 SAXParser 中的 getXMLReader 方法获取一个 XMLReader 对象；

（4）实例化一个 DefaultHandler 对象；

（5）连接事件源对象 XMLReader 到事件处理类 DefaultHandler 中；

（6）调用 XMLReader 的 parse 方法从输入源中获取到的 XML 数据；

（7）通过 DefaultHandler 返回我们需要的数据集合。

14.4.3　PULL 方式

Pull 是 Android 内置的解析 XML 文件的解析器。Pull 解析器的运行方式与 SAX 解析器相似。它提供了类似的事件，如开始元素和结束元素事件，使用 parser.next() 可以进入下一个元素并触发相应事件。事件将作为数值代码被发送，因此可以使用一个 switch 对感兴趣的事件进行处理。当元素开始解析时，调用 parser.nextText() 方法可以获取下一个 Text 类型元素的值。具体的解析 student.xml 的实现代码如下。

```
    ……
    try {
        XmlPullParserFactory factory = XmlPullParserFactory.newInstance(); //创建一个
```

XmlPullParser解析的工厂
```
        factory.setNamespaceAware(true);
        XmlPullParser xmlPull = factory.newPullParser(); //获取一个解析实例

        xmlPull.setInput(inStream, "UTF-8");       //设置输入流的编码格式
        /**
         * 触发事件 getEventType() =返回事件码 当它遇到某个字符,如果符合xml的语法规范。它就会触发
这个语法所代表的数字
         **/
        int eventCode = xmlPull.getEventType();

        /**
         * 解析事件: StartDocument,文档开始 Enddocument,文档结束 每次读到一个字符,就产生一个事件
         * 只要解析XML文档事件不为空,就一直往下读
         **/
        while (eventCode != XmlPullParser.END_DOCUMENT) {
            switch (eventCode) {
            case XmlPullParser.START_DOCUMENT: // 文档开始事件,可以做一些数据初始化处理
                persons = new ArrayList<Person>();
                break;

            case XmlPullParser.START_TAG://元素开始.
                String name = xmlPull.getName();
                if (name.equalsIgnoreCase("student")) {
                    currentPerson = new Person();
                    currentPerson.setId(new Integer(xmlPull
                        .getAttributeValue(null, "id")));
                } else if (currentPerson != null) {
                    if (name.equalsIgnoreCase("name")) {
                        currentPerson.setName(xmlPull.nextText());
                    } else if (name.equalsIgnoreCase("age")) {
                        currentPerson.setAge(new Short(xmlPull.nextText()));
                    }
                }
                break;
            case XmlPullParser.END_TAG: // 元素结束,
                if (currentPerson != null
                        &&
xmlPull.getName().equalsIgnoreCase("student")) {
                    persons.add(currentPerson);
                    currentPerson = null;
                }
                break;
            }
            eventCode = xmlPull.next();// 进入到下一个元素.
        }
    } catch (XmlPullParserException e) {
        Log.i("eoe", e.toString());
    } catch (IOException e) {
        Log.i("eoe", e.toString());
    }
……
```

14.5 本章小结

对于 Android 的移动设备而言，因为设备的资源比较宝贵，内存是有限的，所以我们需要选择适合的技术来解析 XML，这样有利于提高访问的速度。DOM 在处理 XML 文件时，将 XML 文件解析成树状结构并放入内存中进行处理。当 XML 文件较小时，我们可以选 DOM，因为它简单、直观。SAX 则是以事件作为解析 XML 文件的模式，它将 XML 文件转化成一系列的事件，由不同的事件处理器来决定如何处理。XML 文件较大时，选择 SAX 技术是比较合理的。虽然代码量有些大，但是它不需要将所有的 XML 文件加载到内存中。这样对于有限的 Android 内存更有效，而且 Android 提供了一种传统的 SAX 使用方法以及一个便捷的 SAX 包装器。PULL 解析并未像 SAX 解析那样监听元素的结束，而是在开始处完成了大部分处理。这有利于提早读取 XML 文件，可以极大地减少解析时间，这种优化对于连接速度较慢的移动设备而言尤为重要。对于 XML 文档较大但只需要文档的一部分时，PULL 解析器则是更有效的方法。

第 15 章 灵活的应用

从本章你可以学到：

- 在应用中熟悉使用自定义组件
- 片段（Fragment）的使用
- 熟练使用画布和画笔

15.1 Android 自定义 UI 控件

15.1.1 Android UI 结构

Android 的 UI 界面都是由 View 和 ViewGroup 及其派生类组合而成的。其中，View 是所有 UI 组件的基类，而 ViewGroup 是容纳这些组件的容器，其本身也是从 View 派生出来的。Android UI 界面的一般结构如图 15-1 所示。

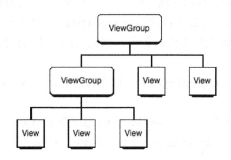

▲图 15-1 Android UI 界面结构示意图

可见，作为容器的 ViewGroup 可以包含作为叶子节点的 View，也可以包含作为更低层次的子 ViewGroup，而子 ViewGroup 又可以包含下一层的叶子节点的 View 和 ViewGroup。事实上，这种灵活的 View 层次结构可以形成非常复杂的 UI 布局，开发者可据此设计、开发非常精致的 UI 界面。

一般来说，开发 Android 应用程序的 UI 界面都不会直接实用 View 和 ViewGroup，而是使用这两大基类的派生类。比如我们使用的基本控件和布局都是由此继承而来的。由此我们知道，在一个

Android 应用程序中，用户界面通过 View 和 ViewGroup 对象构建，Android 中有很多种 View 和 ViewGroup，它们都继承自 View 类，View 对象是 Android 平台上表示用户界面的基本单元。View 的布局显示方式直接影响用户界面，View 的布局方式是指一组 View 元素如何布局，准确地说是一个 ViewGroup 中包含的一些 View 怎么样布局。ViewGroup 类是布局（layout）和视图容器（View container）的基类，此类也定义了 ViewGroup.LayoutParams 类，它作为布局参数的基类，此类告诉父视图其中的子视图想如何显示。

15.1.2 Android 绘制 View 的原理

当一个 Activity 接收到焦点时，它将被要求绘制它的布局。Android 框架将处理这个绘画的过程，但是 Activity 必须提供它的布局层次的根节点。

绘制首先从布局的根节点开始。它被要求来测量和绘制布局树，会通过遍历布局树并渲染每个和失效区域相交的 View 来绘制。相应的，每个 ViewGroup 负责请求绘制它的子 View（通过 draw() 方法），而每个 View 负责绘制它自己。因为这个树是顺序遍历的，这意味着先画父节点（也就是在屏幕后面），然后按照树中出现的顺序画其同层次节点。框架将不会画不在失效区域的视图，而且还将会帮你画视图背景。你可以强制一个视图被重画，方法是通过调用 invalidate()。

绘制布局共有两步：一个度量过程和一个布局过程。度量过程在 measure(int, int) 里实现且是一个自顶向下的视图树遍历。每个 View 在递归时往下推送尺寸规格。在度量过程的最后，每个 View 都已经保存了自己的度量。第二个过程发生在 layout(int, int, int, int) 中并且也是自顶向下。在这个过程中，每个父节点负责定位它的所有子节点，通过使用在度量过程中计算得到的尺寸。

当一个 View 的 measure() 方法返回时，它的 getMeasuredWidth() 和 getMeasuredHeight() 值必须被设置，以及所有这个 View 子节点的值。一个 View 的度量的宽度和高度值必须符合父 View 引入的限制。这确保在度量过程之后，所有父节点接受所有它们的子节点的度量值。一个父 View 可能会在其子 View 上多次调用 measure() 方法。比如，父 View 可能会通过未指定的尺寸调用 measure 来发现它们的大小，然后使用实际数值再次调用 measure()，如果所有子 View 未做限制的尺寸总合过大或过小（即，如果子 View 之间不能对各自占据的空间达成共识的话，父 View 将会干预并设置第二个过程的规则）。

要开始一个布局，可调用 requestLayout()。这个方法通常在 View 认为它自己不再适合它当前的边界的情况下被调用。

度量过程使用两个类来交流尺寸。View.MeasureSpec 类被 View 用来告诉它们的父 View 它们想如何被度量和定位。基础的 LayoutParams 类仅仅描述了 View 想有多大（高和宽）。对于每个维度，它可以指定下面之一：

（1）一个准确的数值。

（2）FILL_PARENT：这意味着 View 想和父 View 一样大（减掉填充 padding）。

（3）WRAP_CONTENT：这意味着 View 只想有刚好包装其内容那么大（加上填充）。

对于不同的 ViewGroup 子类，有相应的 LayoutParams 子类。比如，相对布局 RelativeLayout 有它自己的 LayoutParams 子类，这包含了能够让子 View 横向和竖向居中显示的能力。

度量规格（MeasureSpecs）被用来沿着树从父到子下传度量需求。一个 MeasureSpecs 可以是下面三种模式之一。

（1）UNSPECIFIED：这被父 View 用来决定其子 View 期望的尺寸。比如，一个线性布局可能在它的子 View 上调用 measure() on its child，通过设置其高度为 UNSPECIFIED 以及一个宽度为 EXACTLY 240，来找出这个子 View 在给定 240 像素宽度的情况下需要显示多高。

（2）EXACTLY：这被父 View 用来给子 View 强加一个准确的尺寸。子 View 必须使用这个大小，并确保其所有的后代将适合这个尺寸。

（3）AT_MOST：这被父 View 用来给子 View 强加一个最大尺寸。子 View 必须确保它自己以及所有的后代都适合这个尺寸。

15.1.3 Android 自定义控件分析

Android framework 层已经集成了许多标准的系统类，开发者在应用开发中可直接引用这些系统类及其 API。比如我们常用的系统控件有：文本控件（TextView 和 EditText）、按钮控件（Button 和 ImageButton）、单选复选按钮（RadioButton 和 RadioGroup）、状态开关按钮（ToggleButton）、单选按钮与复选按钮（CheckBox 和 RadioButton）、图片控件（ImageView）、时钟控件（AnalogClock 和 DigitalClock）、进度条（ProgressBar）以及日期与时间选择控件（DatePicker 和 TimePicker）等。但事实上，直接使用这些系统控件并不能满足应用开发的需要。比如，我们想用 ImageView 在默认情况下加载一幅图片，但是希望在单击该 View 时 View 变换出各种图像处理效果，这个时候直接使用 ImageView 是不行的，此时我们可以重载 ImageView，在新派生出的子控件中重载 OnDraw 等方法来实现我们的定制效果。这种派生出系统类的子类方法我们通常称为自定义控件。自定义控件可像标准 View 控件那样在 XML 及我们的 Java 文件中进行布局和实例化，但在布局时必须指出其完整的包名和类名。事实上，自定义控件的使用是我们进行 Android 开发的必不可少的基本用法，是必须掌握的基本技巧。一般来讲，自定义控件主要分为三种形式：用一个类继承一个布局，该布局中包含多个控件；继承已有的控件；直接继承 View 类绘制。下面通过例子来说明如何实现自定义控件。

（1）通过继承 TextView 来实现自定义控件，实现的效果是用一个边框把文字给包围起来。核心代码部分是重新 onDraw（）方法，具体代码如下。

```
protected void onDraw(Canvas canvas) {
    super.onDraw(canvas);
    Paint paint = new Paint();
    paint.setColor(android.graphics.Color.RED);    //定义画笔颜色
    canvas.drawLine(0, 0, this.getWidth()-1, 0, paint); //横坐标 0 到 this.getWidth()-1,纵坐标 0 到 0
    canvas.drawLine(0, 0, 0, this.getHeight()-1, paint); // 横坐标 0 到 0，纵坐标 0 到 this.getHeight()-1
    canvas.drawLine(this.getWidth()-1, 0, this.getWidth()-1, this.getHeight()-1, paint);
//横坐标 this.getWidth()-1 到 this.getWidth()-1,纵坐标 0 到 this.getHeight()-1
    canvas.drawLine(0, this.getHeight()-1, this.getWidth()-1, this.getHeight()-1, paint);
//横坐标 0 到 this.getWidth()-1,纵坐标 this.getHeight()-1 到 this.getHeight()-1
}
```

在应用中引用该控件的时候和引用 TextView 相似，只是要加上该类的绝对地址。

```xml
<com.eoe.control.view.MyTextView
  android:layout_width="wrap_content"
  android:layout_height="wrap_content"
  android:layout_margin="15dp"
  android:padding="14dp"
  android:text="hello"
  >
</com.eoe.control.view.MyTextView>
```

（2）通过继承一个布局，来实现自定义控件。实现的效果是左边是一个 ProgressBar 控件，右边是一个 TextView 控件，可以通过在自定义控件的 XML 文件中或者代码中来控制 TextView 控件显示的文字和文字的大小。具体实现如下，首先定义控件属性，需要检查在 values 目录下是否有 attrs.xml，如果没有则新建该文件。在 attrs.xml 中创建一个属性集 progress 的代码如下。

```xml
<declare-styleable name="progress">
  <attr name="text" format="string" />
  <attr name="titleSize" format="dimension" />
</declare-styleable>
```

自定义控件的代码实现部分如下。

```java
public progressBar(Context context, AttributeSet attrs) {
    super(context, attrs);
    TypedArray attr = context.obtainStyledAttributes(attrs, R.styleable.progress);
    //加载属性集
    draw();      //加载自定义布局
    setText(attr.getString(R.styleable.progress_text));
//attr.getString(R.styleable.progress_text)为获取 XML 属性中定义的值，
    setSize(attr.getDimension(R.styleable.progress_titleSize, 16));
    attr.recycle();
}
```

在应用中引用该控件的方法如下。

```xml
<com.eoe.control.view.progressBar  xmlns:progress="http://schemas.android.com/apk/res/com.eoe.control"
    android:id="@+id/my_progressBar"
    android:layout_width="fill_parent" android:layout_height="wrap_content"
    progress:text="我是自定义的"  progress:titleSize="30sp">
</com.eoe.control.view.progressBar>
```

由于引入了外部属性，所以在引用的时候需要加入命名空间，比如例子中的 progress，在定义引入的属性的时候，可以直接通过命名控件来引入。通过这种方式实现的自定义控件可以在 XML 文件中自定义属性，更好地实现界面和控制的分离，使控件具有更好的可重用性。

15.1.4 Android 自定义控件小结

本节通过介绍 Android UI 系统的结构和 UI 绘制原理引入了自定义控件，使用自定义控件是 Android 开发中必须具备的一项技能。当现有的控件不能满足程序的需求的时候，可以通过在现有的控件基础上做扩充或者控件功能的叠加来实现自定义控件。如果无法通过扩展现有的控件来满足程序的需求，这个时候就需要通过继承布局来实现自定义控件，其具体的实现方案可以通过 2D/3D 绘制等实现。

15.2 片段（Fragment）布局

15.2.1 Fragment 简介

自从 Android 3.0 中引入 Fragment 的概念，Fragment 被翻译成碎片或者片段。一个片段代表了一个 Activity 的一种行为或是其用户界面的一个区域，可以在一个单独的活动中组合多个分片来组建一个多面板界面，并在不同的活动中多次利用同一个分片，可以把片段理解为一个活动的一个模块化部分，有其自己的生命周期，接收其自己的输入事件，并且可以在活动运行过程中添加或移除一个片段。

一个片段必须被嵌在一个活动中，它的生命周期与该活动的有着紧密联系。例如，当活动被暂停（pause），该活动中所有的片段也会暂停，当活动被销毁（destroy），其中所有的片段也会被销毁。不过，当活动在运行时（处于 resumed 生命周期状态），可以单独改变每一个片段，如添加或是删除它们。当进行这样的片段处理时，还能将片段加入一个由该活动管理的返回栈——每个活动中的返回栈条目是一段发生过的片段处理的记录。返回栈允许用户通过按下 BACK 键撤销一个片段事务（反向导航）。

在添加一个片段作为活动布局的一部分时，它将存在于活动的视图层级的 ViewGroup 中，并定义其自有的视图布局。可以通过在活动布局文件中以 <fragment> 元素声明片段，或是在程序代码中添加至已有的 ViewGroup 来将一个片段插入活动的布局之中。不过，片段并不一定要是活动布局的一部分，还可以将片段作为一个活动的不可见部分使用。

本文档描述了如何使用片段来构建应用程序，包括片段如何在被加入活动的返回栈时维护其状态，与活动和活动内的其他片段共享事件，以及和活动的动作条相结合等。

15.2.2 Fragment 设计理念

Android 在 Android 3.0（API 级别"Honeycomb"蜂巢）中引入了片段，用以在平板等大屏幕上支持更为动态而灵活的 UI 设计。由于平板等屏幕比手机的要大许多，因此有更多的空间来交互组合 UI 组件。片段可以在不必考虑视图层级的复杂操作的情况下实现这种设计。通过把活动的布局分成一个个片段，就可以在运行时改变活动的外观并在该活动所管理的返回栈中保存这些变化。

例如，一个新闻程序可以在左侧用一个片段来展示条目列表，在另一边的片段中显示一条条目——两个片段同时显示在一个活动中的两边，且都有自己的生命周期回馈方法并处理其自有的用户输入事件。因此，相比一个活动选择条目另一个活动阅读条目，现在用户可以在同一个活动中选择条目并阅读，就像图 15-2 所示的那样。

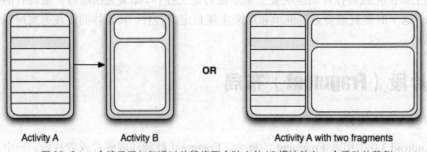

▲图 15-2 一个演示了如何通过片段将两个独立的 UI 模块并入一个活动的范例

一个片段应该是程序中的一个模块化的可重用的组件。也就是说，因为片段定义了其自有的布局以及使用了自有生命周期回馈方法的自有行为，所以可以将一个片段用在多个活动之中。这是很重要的一点，它能够在不同屏幕尺寸上提供不同的用户体验。例如，可以只在屏幕尺寸足够大时才在一个活动中包含多个片段，否则，就将不同片段分在不同的活动中使用。

例如，还是那个新闻程序的例子，程序可以在运行于一个超大屏幕设备（extra large screen，如平板电脑）时将两个片段嵌入在一个 Activity A 中。不过，在普通尺寸屏幕的设备（如手机）上，就没有足够的空间放下两个片段，所以 Activity A 仅包含了条目列表功能的片段，而当用户选择了一个条目时，它将启动包含了阅读条目的片段的 Activity B。因此，图 15-2 所示程序将同时支持两种设计模式。

15.2.3　创建一个 Fragment

要创建一个片段，必须创建一个 Fragment（或它的一个已有的子类）的子类。Fragment 类的代码看起来和一个 Activity 很相似。它包含了和一个活动类似的回馈方法，如 onCreate()、onStart()、onPause()和 onStop()。事实上，如果要把一个已有的 Android 程序改为通过片段来实现，只需简单地把代码中的活动的回馈方法改为相应的片段的回馈方法。

Fragment 的生命周期如图 15-3 所示。

通常，至少需要实现以下的生命周期方法。

onCreate()：系统在创建片段时将调用这个方法。在其实现中，应当初始化那些希望在该片段暂停或停止时被保留的必要组件以供之后继续使用。

onCreateView()：系统在片段第一次绘制其用户界面时将调用这个方法。要绘制片段的 UI，就必须从这个方法返回一个片

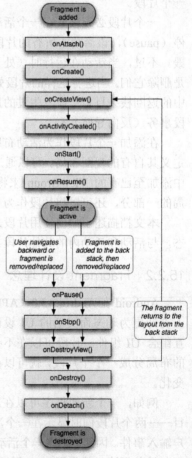

▲图 15-3　一个片段的生命周期（当其所属的活动处于运行状态时）

段布局的根 View。如果片段不提供 UI，可以只返回一个 null。

onPause()：系统将调用该方法作为用户将要离开该片段的第一个标志（尽管这不意味着片段一定就会被销毁）。通常应当在这里保存当前用户进行的操作（因为用户之后或许不会返回该片段了）。

大部分的程序应当为每一个片段至少实现以上三个方法，不过还有一些其他的回调方法可以用来处理片段生命周期的不同阶段。

除了 Fragment 基类之外，系统还提供一些可供继承的子类。

DialogFragment：显示一个浮动对话框。可以用该类来创建对话框而不是用 Acitivity 类中的对话框辅助方法来创建，这样就可以将一个片段对话框加入由活动所管理的片段的返回栈，令用户返回到一个已被舍弃的片段。

ListFragment：显示一个由某一适配器（如 SimpleCursorAdapter）管理的项目列表，类似于 ListActivity。它提供了好几种管理列表视图的方法，例如 onListItemClick()回馈方法以处理单击事件。

PreferenceFragment（偏好设置片段）：以列表方式显示一个 Preference 对象的层级，类似于 PreferenceActivity，当为程序创建"设置"活动时很有用。

15.2.4 添加用户界面

一个片段通常被用于一个活动的用户界面，其自有的布局将成为该活动的一部分。为了给一个片段提供布局，就必须实现 onCreateView()回调方法，Android 系统将在该片段绘制其布局时调用它。该方法的实现必须返回一个片段布局的根 View。如果你的片段是 ListFragment 的子类，它的默认实现是 onCreateView()返回一个 ListView，所以不必再实现 onCreateView()回调方法。要从 onCreateView()返回一个布局,可以从一个定义于 XML 中的布局资源中生成它。为此，onCreateView()提供了一个 LayoutInflater 对象。例如：

```
public View onCreateView(LayoutInflater inflater, ViewGroup container,
                Bundle savedInstanceState) {
    // Inflate the layout for this fragment
    return inflater.inflate(R.layout.example_fragment, container, false);
}
```

被传递给 onCreateView()的 container 参数是上一级的 ViewGroup，片段的布局将被插入其中。savedInstanceState 参数是在返回片段时提供之前片段实例数据的一个 Bundle。

inflate()方法需要三个参数。

（1）希望生成的布局的资源 ID。

（2）要生成的布局的父 ViewGroup，为了使系统将布局参数传递给生成的布局的根视图，就需要传递该 container，这将由当前正在运行的父视图来决定。

（3）一个表明了生成的布局在生成过程中是否应该和 ViewGroup（即第二个参数）相关联的布尔值。（在这个例子里，因为系统已经将生成的布局插入 container 内，所以值为 false，如果是 true 则会在最终的布局中产生一个多余的 ViewGroup。

到此为止，已经了解了如何创建一个提供布局的片段。接下来，将会描述如何将该片段添加到活动中。

15.2.5 向活动中添加一个片段

通常，片段作为宿主活动的 UI 的一部分嵌于该活动整体视图层级之中。有两种方式可以将一个片段添加到活动的布局。

（1）在活动的布局文件里声明该片段。

这种情况下，如果片段是一个视图，可以为其指定布局属性。其定义方法和一般控件一样，代码如下。

```xml
<fragment android:name="com.eoe.control.fragment.TestFragment"
    android:id="@+id/second"
    android:layout_weight="1"
    android:layout_width="0dp"
    android:layout_height="match_parent" />
```

<fragment>中的 android:name 属性指定了用来实例化布局的 Fragment 类。当系统创建该活动布局时，将实例化在布局中指定的每一个片段并为其调用 onCreateView()方法来检索每一个片段的布局。系统将在<fragment>元素处直接插入由该片段返回的视图。

（2）在程序中将片段添加至已有的 ViewGroup 中。

在活动正在运行中的任意时刻，都可以将片段添加至活动的布局，只需要指定这一需要放置片段的 ViewGroup 即可。在活动中进行片段事务（如添加、移除或替换一个片段），必须使用 FragmentTransaction 所提供的 API。例如，像这样在 Activity 中获取一个 FragmentTransaction 的实例：

```
FragmentManager fragmentManager = getFragmentManager();
FragmentTransaction fragmentTransaction = fragmentManager.beginTransaction();
```

之后可以用 add()方法添加一个片段，指定要添加的片段以及要插入该片段的视图。例如：

```
ExampleFragment fragment = new ExampleFragment();
fragmentTransaction.add(R.id.fragment_container, fragment);
fragmentTransaction.commit();
```

传递给 add()的第一个参数是该片段应当被放置的 ViewGroup，通过资源 ID 来指定，第二个参数则是要添加的片段。一旦通过 FragmentTransaction 进行了变更，调用 commit()来使变更生效。

15.2.6 添加没有 UI 的片段

上面的范例演示了如何添加提供了 UI 的片段至活动中。不过，也可以通过使用一个片段来在活动中执行后台行为而不显示额外的 UI。要添加没有 UI 的片段，需要在活动中通过使用 add(Fragment, String)来完成（为片段提供一个唯一的"tag"字符串而非一个视图 ID）。这样就能添加该片段，但是，因为它没有和活动布局中的某个视图相关联，所以将不会收到 onCreateView()的调用。因此不需要去实现这个方法。为片段提供一个字符串标签（tag）对于无 UI 片段来说并不是很严格的要求（也能为包含 UI 的片段提供标签），但如果片段不含 UI，那么字符串标签就是唯一能识别该片段的方式了。如果希望之后能从活动中获取该片段，需要使用 findFragmentByTag()。

15.2.7 管理片段

要在活动中管理片段,需要使用 FragmentManager。可以通过在活动中调用 getFragmentManager() 来获取它。借助 FragmentManager 可以做到以下这些事。

(1)通过 findFragmentById()(适用于在活动布局中提供了 UI 的片段)或 findFragmentByTag() (对于提供了或没有提供 UI 的片段都适用)来获取已存在于活动之中的片段。

(2)通过 popBackStack() 将片段从返回栈中弹出(模拟了一次用户按下 BACK 键的指令)。

(3)通过 addOnBackStackChangedListener() 为返回栈的变化注册一个监听器。

此外还可以使用 FragmentManager 来打开一个 FragmentTransaction,以能够执行例如添加、移除片段等事务。

15.2.8 执行片段事务(Fragment Transaction)

在活动中使用片段的一大特点是可以根据用户交互对这些片段进行添加、移除、替换或是执行其他操作。对活动进行的每一组改变都被称为是一次事务(transaction),可以通过 FragmentTransaction 提供的 API 执行事务,还可以把每一个事务都保存至活动所管理的返回栈,使得用户可以撤销片段的改变(和返回上一个活动类似)。可以像这样从 FragmentManager 获取一个 FragmentTransaction 的实例。

```
FragmentManager fragmentManager = getFragmentManager();
FragmentTransaction fragmentTransaction = fragmentManager.beginTransaction();
```

每一个事务都是一组能同时执行的变更。可以通过对给定操作使用如 add()、remove() 和 replace() 等方法在设置所有希望执行的变更。之后,必须对活动调用 commit() 来应用该事务。不过,在调用 commit() 之前,需要调用 addToBackStack(),以将该事务加入片段事务的返回栈中。该返回栈由活动所管理,允许用户通过按下返回键来返回到之前的片段状态。例如,下面展示了如何替换一个片段,并将之前的状态保存于返回栈中。

```
// 创建新的片段和事务
Fragment newFragment = new ExampleFragment();
FragmentTransaction transaction = getFragmentManager().beginTransaction();
// 用该片段替换 fragment_container 视图中所含有的任意片段
// 并将该事务添加至返回栈
transaction.replace(R.id.fragment_container, newFragment);
transaction.addToBackStack(null);
// 执行该事务
transaction.commit();
```

在这个例子中,newFragment 替换了当前定义的布局容器中的由 R.id.fragment_container 标识的片段,通过调用 addToBackStack(),替换事务被保存到返回栈中,因此用户可以回退事务,并通过按下 BACK 按键带回前一个片段。如果添加多个变更到事务中(例如 add() 或 remove())并调用 addToBackStack(),然后在你调用 commit() 之前的所有应用的变化会被作为一个单个事务添加到后台堆栈,BACK 按键会将它们一起回退。

向 FragmentTransaction 中添加变更的顺序不会影响片段。但是要注意两点：第一，必须在最后调用 commit()；第二，如果将多个片段加入同一个容器中，那么添加的顺序将决定它们在视图层级中的顺序。

如果在执行移除片段的事务时没有调用 addToBackStack()，那么该片段将在事务被执行（commit）后被销毁，用户无法再次返回它。反之，如果在移除片段时调用了 addToBackStack()，那么该片段将被中止（stop），并在用户返回时被继续（resume）。调用 commit() 并不会立即执行事务。它只是作了在活动的 UI 线程准备好之时运行该事务的调度。不过，如果有必要，可以在 UI 线程中调用 executePendingTransactions() 立即执行由 commit() 提交的事务。只有在该事务是其他线程工作的组成部分时才有必要这么做。

15.2.9 和活动进行通信

尽管一个片段被作为一个独立于 Activity 的对象使用，且可以被用于多个活动之中，一个给定的片段实例可以与包含它的活动直接关联。特别要注意的是，片段可以以 getActivity() 来获取 Activity 的实例，并能在活动的布局中很容易地进行寻找视图之类的任务，比如：

```
View listView = getActivity().findViewById(R.id.list);
```

类似地，活动可以通过 findFragmentById() 或 findFragmentByTag() 从 FragmentManager 获取一个 Fragment 的引用来调用片段内的方法。例如：

```
ExampleFragment fragment = (ExampleFragment) getFragmentManager().
    findFragmentById(R.id.example_fragment);
```

15.2.10 小结

片段是在 Android 3.0 引入的，所以在 Android 3.0 之前使用该功能时需要引入额外的 jar 包（android-support-v4.jar）。在 Android 3.0 之前实现的 Activity 必须是继承：FragmentActivity，而在 Android 3.0 及其后续版本，已经将 getFragmentManager() 方法加入 Activity 中，所以可以直接继承 Activity 类。本节的例子是通过引入 android-support-v4.jar 包的方式来实现的。实现了一个模仿 Tab 界面，在 Tab 之间可以滑动或者选择切换。具体的代码参考本节的示例代码，实现比较简单，这里不再过多讲解。

15.3 画布和画笔

15.3.1 画布简介

Canvas 即画布，可以将其看做是一种处理过程，使用各种方法来管理 Bitmap、OpenGL 或者 Path 路径，同时也可以配合 Matrix 矩阵类给图像做旋转、缩放等操作，该类还提供了裁减、选取等操作。Canvas 类提供了下列常用的方法。

（1）Canvas()：创建一个空的画布，可以使用 setBitmap() 方法来设置绘制的具体画布。

（2）Canvas(Bitmap bitmap)：以 bitmap 对象创建一个画布，则将内容都绘制在 bitmap 上，bitmap

不得为 null。

（3）Canvas(GL gl)：在绘制 3D 效果时使用，与 OpenGL 有关。

（4）drawColor：设置画布的背景色。

（5）setBitmap：设置具体的画布。

（6）clipRect：设置显示区域，即设置裁剪区。

（7）isOpaque：检测是否支持透明。

（8）rotate：旋转画布。

（9）setViewport：设置画布中显示窗口。

（10）skew：设置偏移量。

（11）canvas.drawRect(RectF,Paint)方法用于画矩形，第一个参数为图形显示区域，第二个参数为画笔，设置好图形显示区域 Rect 和画笔 Paint 后，即可画图。

（12）canvas.drawRoundRect(RectF, float, float, Paint) 方法用于画圆角矩形，第一个参数为图形显示区域，第二个参数和第三个参数分别是水平圆角半径和垂直圆角半径。

（13）canvas.drawLine(startX, startY, stopX, stopY, paint)：前四个参数的类型均为 float，最后一个参数类型为 Paint。表示用画笔 paint 从点（startX,startY）到点（stopX,stopY）画一条直线。

（14）canvas.drawArc(oval, startAngle, sweepAngle, useCenter, paint)：第一个参数 oval 为 RectF 类型，即圆弧显示区域，startAngle 和 sweepAngle 均为 float 类型，分别表示圆弧起始角度和圆弧度数，3 点钟方向为 0 度，useCenter 设置是否显示圆心，boolean 类型，paint 为画笔。

（15）canvas.drawCircle(float,float, float, Paint)方法用于画圆，前两个参数代表圆心坐标，第三个参数为圆半径，第四个参数是画笔。

15.3.2 画笔简介

Paint 即是画笔，Paint 类包含样式和颜色有关如何绘制几何图形、文本和位图信息，Canvas 是一块画布，具体的文本和图形如何显示就是 Paint 类中定义的。Paint 类提供了下列常用方法。

（1）reset()：重置。

（2）setARGB(int a, int r, int g, int b)和 setColor(int color)：均为设置 Paint 对象颜色。

（3）setAlpha(int a)：设置 alpha 透明度，范围为 0～255。

（4）setAntiAlias(boolean aa)：是否抗锯齿。

（5）setFakeBoldText(boolean fakeBoldText)：是否设置伪粗体文本。

（6）setLinearText(boolean linearText)：是否设置线性文本。

（7）setPathEffect(PathEffect effect)：设置路径效果。

（8）setRasterizer(Rasterizer rasterizer)：设置光栅化。

（9）setShader(Shader shader)：设置阴影，Shader 类是一个矩阵对象，如果为 NULL，将清除阴影。

（10）setTextAlign(Paint.Align align)：设置文本对齐方式。

（11）setTextScaleX(float scaleX)：设置文本缩放倍数，1.0f 为原始。

（12）setTextSize(float textSize)：设置字体大小。

（13）setTypeface(Typeface typeface)：设置字体，Typeface 包含了字体的类型、粗细，还有倾斜、颜色等。

（14）setUnderlineText(boolean underlineText)：是否设置下划线。

（15）setStyle(Paint.Style style)：设置样式，一般为 Fill 填充，或者 STROKE 凹陷效果。

15.3.3 例子

要求绘制一个裁减过的矩形，绘制一个梯形，绘制一个矩形，绘制一个变色的圆形，具体代码如下。

```
canvas.drawColor(Color.BLACK);                              // 设置画布的颜色
mPaint.setAntiAlias(true);                                  // 设置取消锯齿效果
canvas.clipRect(10, 10, 280, 260);                          // 设置裁剪区域
canvas.save();                                              // 锁定画布
canvas.rotate(45.0f);                                       // 旋转画布
mPaint.setColor(Color.RED);                                 // 设置颜色
canvas.drawRect(new Rect(20, 20, 160, 80), mPaint);         // 绘制矩形
canvas.restore();                                           // 解除画布的锁定
// 画梯形
mPaint.setAntiAlias(true);                                  // 去掉边缘锯齿
mPaint.setColor(Color.BLUE);
mPaint.setStyle(Paint.Style.FILL);                          // 设置实心
Path path1 = new Path();
path1.moveTo(130, 20);
path1.lineTo(190, 20);
path1.lineTo(225, 60);
path1.lineTo(100, 60);
path1.close();
canvas.drawPath(path1, mPaint);
// 画渐变色圆形
Shader mShader = new LinearGradient(0, 0, 100, 100, new int[] {
        Color.RED, Color.GREEN, Color.BLUE, Color.YELLOW }, null,
        Shader.TileMode.REPEAT);                            // 使用着色器
mPaint.setShader(mShader);
canvas.drawCircle(180, 180, 40, mPaint);
canvas.restore();
mPaint.reset();                                             //重置画笔
mPaint.setColor(Color.GREEN);                               //设置颜色
canvas.drawRect(new Rect(160, 80, 280, 125), mPaint);       // 绘制另一个矩形
```

15.4 本章小结

本节简单地介绍了关于 2D 绘制中的画布和画笔及其使用方法，并通过一个例子来描述如何使用画布和画笔。Android 2D 绘制部分主要在 Graphics 类中定义和说明。具体的使用方法可以参考 API。

第16章 万变不离其宗——多设备适配

从本章你可以学到：

熟练掌握如何进行多屏幕适配
熟练掌握如何进行多语言处理
熟练掌握如何进行多版本程序开发

随着 Android 的不断发展，市场份额在不断攀升，越来越多的终端厂商都加入了 Android 阵营，用户们在拥有了更多终端选择的同时，却很少有人会知道开发 APP 的程序员们为此付出的心酸——Android 的发展带来了严重的碎片化，每一次开发程序员们都要绞尽脑汁地考虑如何让自己的应用能正常运行在更多的终端设备上。本章主要从 3 个方面介绍如何让开发者开发的应用支持更多的设备终端。

16.1 多屏幕适配

16.1.1 屏幕适配概述

在设计之初，Android 系统就被设计为一个可以在多种不同分辨率的设备上运行的操作系统。对于应用程序来说，系统平台向它们提供的是一个稳定的、跨平台的运行环境，而关于如何将程序以正确的方式显示到它运行的平台上所需要的大部分技术细节，都由系统本身进行了处理，无需程序的干预。对应用程序而言，Android 系统提供一致的跨设备的开发环境并且处理适配不同显示屏幕的大部分工作。同时，系统提供 API，允许针对不同的屏幕尺寸和密度来控制的应用程序 UI，从而为不同的屏幕配置来优化 UI 设计。尽管系统会进行缩放和调整，以使应用程序在不同的屏幕上运行，仍然应该尽量为不同的屏幕尺寸和密度来优化应用。最大限度地为所有设备优化用户体验，这样用户才会认为应用程序是真正为他们的设备设计的，而不是简单地拉伸或缩放来适应他们的设备。所以在这个时候，让你的应用程序完美地适配各种不同规格和尺寸的屏幕就显得很重要了，在介绍如何适配屏幕前先了解一些基本概念和术语。

（1）屏幕尺寸（screen size）：实际的物理尺寸，以屏幕的对角线来衡量（如 3.5 寸，4.0 寸）。为简单起见，将所有的实际尺寸分为四个广义的尺寸：small（小）、normal（正常）、large（大）、extra large（特大）。

（2）屏幕密度（Screen Density）：屏幕的物理面积内的像素数量，通常指的 dpi（每英寸点数）。例如，"低"的密度屏幕比"正常"或"高"密度屏幕在一个给定的物理面积内具有较少的像素。为简单起见，将所有的实际密度分为 4 个广义的密度：low（低）、medium（中等）、high（高）、extra high（超高）。

（3）方向（orientation）：从用户的角度来看，屏幕的方向。有横向（landscape）和纵向（portrait）之分，也就是说，屏幕的比例是高或者宽。需要注意的是，不仅要在不同的屏幕方向做不同的操作，还要考虑到用户在运行时通过转动设备切换屏幕方向的情况。

（4）分辨率（Resolution）：分辨率就是屏幕上的物理像素总数。在支持多个屏幕时，应用程序不直接与分辨率相关；应用程序应该只与屏幕大小和密度相关。

（5）密度无关的像素（Density-independent pixel,dp 或 dip）：在定义 UI 布局时应该使用的虚拟像素单元，它用一种密度无关的方式来表达布局尺寸或位置。在 160 dpi 的屏幕上的一个物理像素，是"中等"的密度屏幕系统所承担的基准密度。系统在运行时透明地处理任何 dp 单位，必要时根据实际使用的屏幕密度缩放。dp 单位转换为屏幕像素是简单的：px = dp * (dpi / 160)。例如，在 240 dpi 屏幕，1 dp 等于 1.5 物理像素。定义应用程序的用户界面时，应该总是使用 dp 单位，以确保不同密度的屏幕上正确显示 UI。

16.1.2 屏幕的分类

从 Android 1.6（API Level 4）开始，Android 提供了对多个屏幕尺寸和密度的支持，以反映出设备可能有的不同的屏幕配置。可以使用 Android 系统的功能，为每个屏幕配置优化应用程序的用户界面，从而确保应用程序为每个屏幕提供正常并且尽可能最佳的用户体验。

为了简化为多种屏幕设计用户界面，Android 划分了实际的屏幕尺寸和密度范围。

（1）按照尺寸的大小来定义屏幕，分为四种：small（小）、normal（正常）、large（大）和 xlarge（超大），如图 16-1 所示。

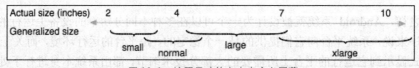

▲图 16-1　按照尺寸的大小来定义屏幕

每一个分类都有其最小分辨率，如下，可根据分辨率划分种类：xlarge 屏幕至少 960dp×720dp；large 屏幕至少 640dp×480dp；normal 屏幕至少 470dp×320dp；small 屏幕至少 426dp×320dp。从 Android 3.2（API Level 13）开始，这种尺寸集合被废弃，取而代之的是一种基于可用屏幕宽度来管理屏幕尺寸的新技术。

（2）以屏幕密度来定义屏幕，分为四种：ldpi（低），mdpi（中），hdpi（高）和 xhdpi（超高）。如图 16-2 所示。

为不同屏幕尺寸和密度优化应用程序的用户界面，可以提供任意屏幕大小和密度的选择性资源。通常情况下，应该为不同的屏幕尺寸提供选择性资源，并且为不同的屏幕密度提供选择性资源。在运行时，系统基于当前设备的屏幕尺寸或密度为应用程序采用适当的资源。不需要为每一个屏幕大小和密度的组合提供选择性资源。在该部分，系统提供了强大的兼容特性，可以处理在任何设备的屏幕上的适配工作。

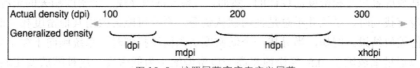

▲图 16-2　按照屏幕密度来定义屏幕

16.1.3　如何支持多屏幕

通过管理应用程序的 layout 和 drawable，Android 可以为当前屏幕上的应用程序设置最佳的显示效果，这种能力是 Android 支持多屏幕的基础。在系统处理该部分工作的时候需要注意以下几点。

（1）在清单文件中明确声明应用程序支持的所有屏幕尺寸。

通过声明应用程序支持的屏幕尺寸，可以保证只有那些屏幕尺寸被应用程序支持的设备才可以下载该应用程序。声明对不同屏幕尺寸的支持，也可以影响系统如何在更大的屏幕展现应用程序，如果不支持，是否在兼容模式下运行。声明应用程序支持的屏幕尺寸，应该在 manifest 文件中包括 <supports-screens> 元素。

（2）为不同的屏幕尺寸提供不同的布局。

默认情况下，Android 重新调整应用程序的布局，以适应当前的设备屏幕。在大多数情况下，这工作得很好。在其他情况下，用户界面可能看起来不太好，可能需要为不同屏幕尺寸作调整。例如，在大屏幕上，可能要调整某些元素的位置和大小，充分利用额外的屏幕空间，或在一个较小的屏幕上，可能也需要调整大小，让所有元素都可以在屏幕上显示。可以使用限定符来提供尺寸相关的资源，这些限定符包括 small、normal、large 和 xlarge。例如，一个超大屏幕的布局，应该在 layout-xlarge/。

从 Android 3.2（API Level 13）开始，上述尺寸组已被弃用，应该使用 sw<N>dp 限定符定义布局资源所需的最小可用宽度。例如，如果一个平板布局至少需要 600dp 屏幕的宽度，应该放置在 layout-sw600dp/下。

（3）为不同的屏幕尺寸提供不同的 drawable。

默认情况下，Android 缩放 drawables（.png, .jpg）和 Nine-Patch drawables（.9.png 文件），使它们在每台设备上呈现合适的物理尺寸。例如，如果应用程序只为基准的屏幕密度（中型屏幕密度 mdip）的屏幕提供了 drawable，那么系统将会在高密度屏幕上放大它们，而在低密度屏幕上缩小它们。这种缩放可能会让位图产生失真。为了让位图最好地展示，应该为不同屏幕密度提供不同分辨率的位图。可以使用限定符来提供密度相关的资源，这些限定符包括 ldpi（low）、mdpi（medium）、hdpi（high）和 xhdpi（extra high）。例如，为高密度屏幕提供的位图应该放在 drawable-hdpi/下。

系统在选择资源的时候是遵循下面的方案，以当前屏幕的大小和密度为基础，系统使用应用程序提供的任意尺寸和密度相关资源。例如，设备有一个高密度的屏幕并且应用程序请求一个图像资源，系统会寻找一个最匹配设备配置的图象资源目录。与其他可选资源相比，以 hdpi 为限定符的资源目录（如 drawable-hdpi/）会最佳匹配，所以系统使用该目录下的图像资源。如果没有匹配的资源是可用的，系统将使用默认的图象资源并且对其进行缩放来适应当前的屏幕尺寸和密度。"默认"的资源是那些没有配置限定符的资源。例如，在 drawable/ 下的就是默认的资源。系统假定默认资源是为基线屏幕尺寸和密度而设计的。然而，当系统试图寻找一个密度相关的资源但在密度相关的目录下没有找到时，系统并不总是使用默认资源。系统可能会改用其他密度相关的资源之一，以提供更好的缩放结果。例如，当寻找一个低密度资源而没找到时，系统倾向于缩小高密度资源，因为系统可以通过缩放因子 0.5 轻松地将高密度资源缩小为低密度，这种缩放要比通过缩放因子 0.75 将中密度资源缩小为低密度更不易失真。

16.1.4 从项目中怎么适配多屏幕

本节将介绍如何构建一个适配多屏幕的项目。

（1）在 manifest 里定义应用程序所支持的屏幕类型，在 \<manifest\>中添加子元素，相应代码如下。

```
<supports-screens android:resizeable=["true"| "false"]
android:smallScreens=["true" | "false"]      //是否支持小屏
android:normalScreens=["true" | "false"]     //是否支持中屏
android:largeScreens=["true" | "false"]      //是否支持大屏
android:xlargeScreens=["true" | "false"]     //是否支持超大屏
android:anyDensity=["true" | "false"]        //是否支持多种不同密度的屏幕
android:requiresSmallestWidthDp="integer"
android:compatibleWidthLimitDp="integer"
android:largestWidthLimitDp="integer"/>
```

> **注意**　android:anyDensity=["true" | "false"]，这一句在设置屏幕适配的时候非常重要，当其值为 true 时，如果程序支持 hdpi、mdpi、ldpi、xhdpi，当安装程序安装在不同密度的手机上的时候，程序会分别加载 hdpi、mdpi、ldpi、xhdpi 文件夹中的资源。相反，如果其值为 false，在这种情况下，即使在 hdpi、mdpi、ldpi、xhdpi 文件夹下拥有同一种资源，那么在不同密度的手机上也不会自动地去相应的文件夹下寻找资源。

（2）对不同大小的屏幕提供不同的布局，相应代码实现如下。

```
res/layout/my_layout.xml                  //标准屏幕布局
res/layout-small/my_layout.xml            // 小屏幕布局
res/layout-large/my_layout.xml            // 大屏幕布局
res/layout-xlarge/my_layout.xml           // 超大屏幕布局
res/layout-xlarge-land/my_layout.xml      // 超大屏幕横屏布局
```

比如，如果需要对大小为 large 的屏幕提供支持，需要在 res 目录下新建一个文件夹 layout-large/ 并提供相应的布局文件。当然，也可以在 res 目录下建立 layout-port 和 layout-land 两个目录，里面分别放置竖屏和横屏两种布局文件，以适应对横屏竖屏的自动切换。

（3）对不同密度的屏幕提供不同的图片，相应实现代码如下。

```
res/drawable-mdpi/my_icon.png             //标准密度下资源
```

```
res/drawable-hdpi/my_icon.png          // 高密度资源
res/drawable-xhdpi/my_icon.png         // 超高密度资源
```

应尽量使用点 Nine-Patch 位图文件，如需对密度为 low 的屏幕提供合适的图片，需新建文件夹 drawable-ldpi/，并放入合适大小的图片。相应的，medium 对应 drawable-mdpi /，high 对应 drawable-hdpi/，extra high 对应 drawable-xhdpi/。关于图片大小的说明，如图 16-3 所示，一般来说，low:medium:high:extra high 比例为 3:4:6:8。举例来说，对于中等密度（medium）的屏幕你的图片像素大小为 48×48，那么低密度（low）屏幕的图片大小应为 36×36，高（high）的为 72×72，extra high 为 96×96。

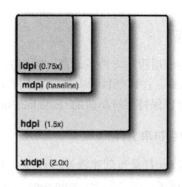

▲图 16-3　支持各密度的位图的相对大小

（4）在代码中动态地获取一些位置，因为这些位置的坐标会和手机密度密切相关，所以在求位置的坐标的时候首先需要考虑手机密度，通过下列代码可以得到手机密度。

```
DisplayMetrics metric = new DisplayMetrics();
getWindowManager().getDefaultDisplay().getMetrics(metric);
int densityDpi = metric.densityDpi;    // 屏幕密度 DPI（120 / 160 / 240）
```

然后就可以根据手机密度来分别得到其位置坐标。

（5）多屏幕适配性的小技巧。

使用"wrap_content"和"match_parent"，要确保布局的灵活性并适应各种尺寸的屏幕，应使用"wrap_content"和"match_parent"控制某些视图组件的宽度和高度。如您使用"wrap_content"，系统就会将视图的宽度或高度设置成所需的最小尺寸以适应视图中的内容，而"match_parent"（在低于 API 级别 8 的级别中称为"fill_parent"）则会展开组件以匹配其父视图的尺寸。如果使用"wrap_content"和"match_parent"尺寸值而不是硬编码的尺寸，你的视图就会相应地仅使用自身所需的空间或展开以填满可用空间。

使用相对布局，不使用绝对布局，绝对布局强制使用固定的位置去摆放其子视图，这很容易导致在同一个应用程序在不同的手机上的显示效果不一样。正因为如此，AbsoluteLayout 在 Android 1.5（API 等级 3）被废弃。应该使用相对布局，它使用相对定位来摆放其子视图。例如，可以指定一个按钮部件让它显示在文本部件的右侧。

16.2 多语言处理

16.2.1 多语言处理概述

所谓支持多语言，指的就是开发出来的应用可以在安装到手机等终端后，在特定的语言环境下显示特定的语言，比如在中文环境下，软件里面所有的文字为中文，在英文环境下，软件中所有的文字都为英文。对于 Android 操作系统来说，其国际化的处理相对比较简单也比较单一，主要是对资源的处理。其设计理念是资源和程序的分离，程序会根据语言环境去不同的资源里面提取相应的信息。

16.2.2 多语言在程序中的实现

下面讲解如何使得开发出来的应用程序支持多语言。当我们新建一个工程，那么在工程项目文件的最上一级目录会有一个 res/目录。在这个目录中包含了不同类型资源的子目录。在 res/目录中也包含了少量的默认文件，比如可以保持字符串值的 res/values/strings.xml 文件。

1. 创建本地语言环境目录和字符串文件

为了支持更多的语言，需要在 res/目录里创建额外的 values 目录。这些 values 目录的名称需要以连字符"—"和国家的 ISO 码结尾。举个例子，values-es/目录中包含了语言代码和语言环境为"es"简单资源。Android 在运行时会根据设备的语言环境设置来装载适当的资源。例如：中文（中国）为 values-zh-rCN，中文（台湾）为 values-zh-rTW，中文（香港）为 values-zh-rHK，英语（美国）为 values-en-rUS，英语（英国）为 values-en-rGB 等。例如，我们分别在项目的 res/目录下新建 values-es/和 values-fr/目录，在里面分别建立 strings.xml 文件，然后，向各自的文件中添加相应语言环境的字符串值。在运行的时候，Android 系统会根据用户设备的当前语言环境提取相应的字符串资源。比如：

英语（默认的语言环境），/values/strings.xml 的内容如下：

```
<?xml version="1.0" encoding="utf-8"?>
<resources>
    <string name="title">My Application</string>
    <string name="hello_world">Hello World!</string>
</resources>
```

法语 /values-fr/strings.xml:

```
<?xml version="1.0" encoding="utf-8"?>
<resources>
    <string name="title">Mon Application</string>
    <string name="hello_world">Bonjour le monde !</string>
</resources>
```

2. 使用字符串资源

在源代码和 XML 文件中通过资源名称引用字符串资源。资源名称由<string>元素的 name 属性定义。在源代码中，可以使用语法 R.string.<string_name>引用字符串资源。在这种方式中，怎么接受字符串资源有多种的方法实现。

在其他的 XML 文件中，只要 XML 的属性能够接受字符串，就可以使用 @string/<string_name> 的语法引用字符串。示例如下。

```
<TextView
    android:layout_width="wrap_content"
    android:layout_height="wrap_content"
    android:text="@string/hello_world" />
```

在程序中实现对字符串的引用，例子如下。

```
String hello = getResources().getString(R.string.hello_world);
TextView textView = new TextView(this);
textView.setText(R.string.hello_world);
```

3. 图片等其他资源类型的多语言处理

比如，对不同的国家需要单独的图片，这样的话可以对不同的国家单独建立一个文件夹。对于法国，可以在 res/ 目录下新建 drawable-fr 文件夹，然后制作相应的图片资源放入其中。这样当语言环境设置为法国的时候，就在该目录下寻找相应的资源。

16.3 多版本处理

从 Android 第一个 SDK 08 年发布，到现在为止已经发布了数十个版本，面对如此众多的版本，如何保持版本之间的通用性，是开发者需要面临的问题。

16.3.1 支持不同的版本

虽然最新版本的 Android 通常会为你的应用提供丰富的 API 支持，但是，在更多的设备得到系统升级之前，你还是应该让你的应用程序继续支持旧的系统。

AndroidManifest 文件中描述了有关应用程序的详细信息，同时确定了应用程序所支持的 Android 版本。具体来说，<uses-sdk/>标签里面的 minSdkVersion 是指应用程序所能兼容的最低版本的 API，而 targetSdkVersion 是指应用程序是基于哪一个版本的 API 设计的。代码示例如下。

```
<manifest xmlns:android="http://schemas.android.com/apk/res/android" ... >
    <uses-sdk android:minSdkVersion="4" android:targetSdkVersion="15" />
    ...
</manifest>
```

新版本的 Android 系统中，一些系统风格和用户习惯可能会改变。为了使所开发的应用程序充分利用这些变化，并确保所开发的应用程序适应各种设备的风格，应该使应用程序中 targetSdkVersion 的值匹配最新版本的 Android 系统。

16.3.2 设备运行时检查系统的版本

Andorid 系统在 Build 常量类中给每个平台都提供了一个独特的代码。它用于检测当前系统版本是否为最新版本或者更高,如果是的话,就可以使用新系统提供的 API,否则就会无法使用。代码示例如下。

```
private void setUpActionBar() {
    if (Build.VERSION.SDK_INT >= Build.VERSION_CODES.HONEYCOMB) {
        ActionBar actionBar = getActionBar();
        actionBar.setDisplayHomeAsUpEnabled(true);
    }
}
```

解析 xml 资源时,Android 会忽略掉当前设备不支持的 xml 的属性。也就是说,在应用程序中,可以放心地加入那些只有新系统才会支持的 xml 属性,而不用担心旧系统遇到这些代码时会出现错误。举个例子来说,如果将应用程序中的 targetSdkVersion 的值设为 11,它会在 Android 3.0 或者更高版本系统中包含 ActionBar 这个属性。为了将菜单选项添加到 ActionBar 中,就需要在菜单的 xml 中设定 android:showAsAction="ifRoom"。在跨版本的 xml 文件中,这样的做法是安全的,原因是老版本的 Android 会忽略 showAsAction 属性。

第 17 章　开发好应用——省电、布局、快速响应、NFC、Android bean 等好玩的应用

从本章你可以学到：

如何开发省电的应用

NFC 的应用

17.1　开发省电的应用

17.1.1　数据传输时避免浪费电量

本节将讲述如何在数据传输时对电量造成的影响，其中包括如何处理下载、网络连接和无线电波，并说明了在执行下载过程的时候如何使用缓存、轮询、预取等技术来优化下载流程。

1．有效的网络访问优化下载

使用无线电波（wireless radio）进行数据传输可能是应用程序最耗电的操作之一。为了降低网络连接的电量消耗，清楚地理解连接模型（connectivity model）如何影响底层的无线通讯硬件设备，显得尤为重要。首先需要了解应用程序的连接模型是如何与无线电波状态机进行交互的，在此基础上会提出一些建议和方法去优化数据连接，使用预取策略、捆绑传输等方案，最终达到降低数据传输的电量消耗。

一个完全活动的无线电会消耗非常大的电量，因此在程序中需要让它在不同的状态之间切换，这样就能避免电量的消耗。一个典型的 3G 无线电网络状态机包含 3 种能量状态。

（1）全功耗状态（Full power）：当无线连接被激活时，允许设备以最大的传输速率进行数据传输。

（2）低功耗状态（Low power）：一种中间状态，相当于全功耗状态 50%左右的能量功耗。

（3）空闲状态（Standby）：最低功耗状态，通常表示网络连接未激活或者无需网络连接的情况。

在低功耗或者空闲状态时，电量消耗相对来说是较少的。顺便介绍一下网络请求的延迟机制。从 low status 切换到 full status 大约需要 1.5 秒，从 idle status 切换到 full status 需要 2 秒。为了最小化延迟，状态机使用了一种延后过渡到更低能量状态的机制。图 17-1 所示是一个应用典型 3G 无线电波状态机的定时器，出自 AT&T 公司。

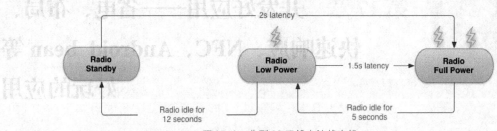

▲图 17-1　典型 3G 无线电波状态机

在每一台设备上的无线状态机，特别是相关联的延迟时间和建立延迟的过程，都会根据无线电波的制式（2G、3G、LTE 等）而改变，并且由设备本身所使用的网络进行定义与配置。现在描述的是一种典型的 3G 无线电波状态机，来源于 AT&T 公司。这些原理具有通用性，适用于所有无线电波。使用这种方法在网络浏览时特别有效，在浏览网页时可以避免烦人的网络延迟。相对较低的后期处理时间同时保证了一旦一个会话结束，无线电波就可以切换到一个较低的能量状态。不幸的是，这种方法在 Android 系统上的效率比较低下，因为 Android 系统上的应用程序不仅可以运行在前台也可以在后台运行。

当新创建一个网络连接，无线电波就切换到全功耗状态。在典型的 3G 无线电波状态机下，无线电波会在传输数据时保持在全功耗状态，结束之后会有一个附加的 5 秒时间切换到低功耗状态，再之后经过 12 秒会进入到空闲状态。因此对于典型的 3G 设备，每一次数据传输的会话都会引起无线电波持续消耗大概 20 秒的能量。实际上，这意味着一个应用传递 1 秒钟的非绑定数据会使得无线电波持续活动 18 秒（18=1 秒的传输数据+5 秒切换到低功耗状态的时间+12 秒切换到空闲状态的时间）。因此每一分钟，状态机有 18 秒处于全功耗状态，42 秒处于低功耗状态。比较而言，同样的应用每分钟持续传输 3 秒绑定数据时，在全功耗状态仅需 8 秒，在低功耗状态仅需 12 秒。可以看出使用绑定数据的传输方式每分钟节省了 40 秒的时间，大大降低了电量消耗。因此，对数据进行绑定操作并且创建一个序列来存放这些绑定好的数据就显得非常重要。操作正确的话，可以使得大量的数据集中发送，这样使得无线电波的激活时间尽可能的少，同时减少大部分电量的花费。这样做的潜在好处是在每次传输数据的会话中尽可能多地传输数据并减少了会话的连接次数。

预取数据是一种减少独立数据传输会话数量的有效方法。预取技术允许通过一次连接，最大限度地获得一定时间内操作所需的所有数据。通过预先加载传输，可以减少下载数据所需激活无线电连接的次数，不仅维持了电量，而且改善了延迟，降低了带宽占用，减少了下载次数。预取技术降低了在操作行为和浏览数据之前因等待数据下载完成而带来的延迟，从而很好地提升了用户体验。然而，预取技术使用过度，不仅仅会导致电量消耗和带宽占用快速增长，还有可能预取到一些并不需要的数据。同样，确保应用程序不会因为等待预取数据而延迟启动是非常重要的。在实际操作中，可以逐步处理数据，或者按照一定的优先级来进行数据传输，比如优先下载应用启动所需要的数据。如何适度使用预取技术，取决于将要下载的数据的大小以及其将来被使用的可能性。大概的策略就是，如果此数据在当前的用户会话中有 50% 的机率被使用到，那么可以预取 6 秒左右的数据量（大约 1~2MB），保持这样规模的数据量，可以满足潜在需要使用的数据量。

使用典型 3G 无线网络制式的时候，每一次初始化一个连接（与需要传输的数据量无关），都有可能导致无线电波持续花费大约 20 秒的电量。一个应用程序，若是每 20 秒进行一次连接服务器的操作，假设这个应用程序正在运行且对用户可见，在无线电波不确定什么时候被开启的情况下，最终可能导致没有传输任何数据，却消耗了很大的电量。

重用已经存在的网络连接比起重新建立一个新的连接通常来说更有效率。重用网络连接同样可以使得在拥挤不堪的网络环境中进行更加智能的互动。当可以捆绑所有请求在一个 GET 里面的时候不要同时创建多个网络连接或者把多个 GET 请求进行串联。例如，可以一起请求所有文章的情况下，不要根据多个栏目进行多次请求。无线电波会在等待接受返回信息或者超时信息之前保持激活状态，所以如果不需要的连接请立即关闭而不是等待它们超时间。如果关闭一个连接过早，会导致后面再次请求时重新建立一个连接，同时要尽量避免建立重复的连接，那么一个有效的折中办法是不要立即关闭，而是在超时之前关闭。

2. 优化常规的更新次数

应用程序常规更新的最佳频率将取决于设备的状态、网络连接、用户的行为和明确的用户喜好。每次应用程序向服务器询问是否有更新操作的时候会激活无线电，这样造成了不必要的能量消耗（在 3G 情况下，会差不多消耗 20 秒的能量）。

C2DM（Android Cloud to Device Messaging）是一个用来从服务器端到特定应用程序传输数据的轻量级的机制。使用 C2DM，服务器会在应用程序有新数据的时候通知该应用程序。与应用程序主动向服务器发起请求相比，C2DM 这种有事件驱动的模式会在仅仅有数据更新的时候通知应用程序去创建网络连接来获取数据。其结果是减少不必要的网络连接，优化了带宽，同时也减少了电量损耗。

如果需要使用轮询机制，在不影响用户体验的前提下，可以设置默认更新频率是越低越好。一个简单的方法是给用户提供更新频率的选择，让用户自己选择数据的及时性和电量的损耗。当设置好更新操作后，可以使用不确定重复提醒的方式来允许系统把当前这个操作进行处理（如推迟一段时间）。

另一个方法在应用程序在上一次更新操作之后还未被使用的情况下，使用指数退避算法或者类似的算法来减少更新频率。这些算法可以减少失败连接和下载错误所造成的影响，比如可以用来处理减少重复尝试的次数，这样能够避免浪费电量。

3. 避免重复下载

减少下载的最基本方法是仅仅下载那些你需要的，同样也可以使用传递参数来精确定位到需要下载的数据。另外对于需要下载的数据，一种比较好的做法是在服务器端进行处理，比如对于图片，客户端把需要的图片的参数传递给服务器，服务器进行处理后，把一个精确的图片返回给客户端，而不是在客户端本地进行处理。

可以通过使用缓存来实现避免重复下载数据。通常缓存静态资源，比如图片资源。对于这些下载的资源应该单独存储，可以通过定期清理无用的缓存的方式来保证缓存不至于过大。确保缓存不会导致应用程序显示旧的数据,一定要使用最近更新的请求内容,而且 HTTP 报头信息失效的时候,程序可以决定是否刷新相应的内容。比如下面代码所示。

```
long currentTime = System.currentTimeMillis());
HttpURLConnection conn = (HttpURLConnection) url.openConnection();
long expires = conn.getHeaderFieldDate("Expires", currentTime);
long lastModified = conn.getHeaderFieldDate("Last-Modified", currentTime);
setDataExpirationDate(expires);
if (lastModified < lastUpdateTime) {
  // 跳过更新
} else {
  // 刷新数据
}
```

通过这段代码,可以有效地缓存动态内容,同时确保应用程序不会显示旧的数据。

在 Android 4.0 里面为 HttpURLConnection 添加了一个响应缓存(response cache),可以通过反射机制使用 HTTP response caching,前提就是设备必须支持 Android 4.0,代码如下所示。

```
private void enableHttpResponseCache() {
  try {
    long httpCacheSize = 10 * 1024 * 1024; // 10 M
    File httpCacheDir = new File(getCacheDir(), "http");
    Class.forName("android.net.http.HttpResponseCache")
        .getMethod("install", File.class, long.class)
        .invoke(null, httpCacheDir, httpCacheSize);
  } catch (Exception httpResponseCacheNotAvailable) {
    Log.d(TAG, "HTTP response cache is unavailable.");
  }
}
```

这段代码在 Android 4.0 包含以上版本的设备上运行时,将会打开响应缓存,同时不影响较早的版本。当缓存开启后,所有缓存的 HTTP 请求都可以直接从本地存储中响应,而无需打开一个网络连接。

4. 不同的网络连接模式使用不同的下载模式

并不是所有的网络类型(Wi-Fi、3G、2G 等)对电量的消耗是相同的。不仅仅是 Wi-Fi 模式比无线电模式消耗的电量要少很多,而且不同的无线电模式(3G、2G 等)对电量的消耗也是不相同的。在大多数情况下使用用 Wi-Fi 模式进行数据传输会获得更大的带宽同时消耗更低的电量。因此,应该尽可能在 Wi-Fi 模式下进行数据传输,不管是上传还是下载。因此在应用中可以使用一个广播接收器来监听网络连接类型的变化,当切换到 Wi-Fi 模式的时候,可以进行下载、定时更新,甚至是增加定期更新的频率。

当网络连接为无线模式的时候,更高的带宽带来的是更大的电量消耗,这意味着 LTE("准 4G"技术)通常会比 3G 消耗更多的电量,跟 2G 相比消耗的电量更多。通常来说,在网络状态机之间的切换,带宽越高,其不同状态机之前的切换的时间会越长。同时,更高的带宽意味着在同一时间可以得到更好的预览效果、下载更多的数据。但是由于状态机之前的切换时间是无法控制的,而其下载时间相对是可控的,所以在每次数据传输的时候尽可能保持当前连接模式不改变,更不要频繁切换模式,这样比减少更新频率更有效。当然也可以使用 **ConnectivityManager** 来判断当前激活的无线模式,然后在应用中根据其无线模式进行处理。

17.1.2 电池续航时间优化

为了开发一个优秀的应用,应该设法降低应用对电池使用时间的影响。可以让构建的应用根据所在设备的状态来监控和调整自身的功能和行为。要确保在不影响用户体验的情况下最大程度地降低应用对电池使用时间的影响。比如可以采取一些措施,例如在网络连接断开时停用后台服务更新,或在电池电量较低时降低更新的频率等。

1. 监控电池电量和充电状态

如果需要更改后台数据更新频率,从而减少更新对电池使用时间的影响,需要先查看当前的电池电量和充电状态。从应用的角度来看,进行更新会影响电池使用时间。如果终端设备正在充电,更新应用的影响就可以忽略不计。因此,在大多数情况下,只要设备连接了充电器,就可以最大程度地提高刷新频率。相反,如果设备在消耗电池电量,那么降低更新频率就可以延长电池使用时间。同样,也可以查看电池电量,如果电量即将耗尽,就可以降低更新频率,甚至停止更新。

如何获取当前的一个充电状态可以使用通过下面的方法实现。

```
IntentFilter ifilter = new IntentFilter(Intent.ACTION_BATTERY_CHANGED);
Intent batteryStatus = this.registerReceiver(null, ifilter);
int status = batteryStatus.getIntExtra(BatteryManager.EXTRA_STATUS, -1);
boolean isCharging = status == BatteryManager.BATTERY_STATUS_CHARGING ||status ==
BatteryManager.BATTERY_STATUS_FULL; //是否为充电状态,为 ture 表示充电
boolean usbCharge = status == BatteryManager.BATTERY_PLUGGED_USB;
//如果为 ture 则表示 USB 充电
boolean acCharge = status == BatteryManager.BATTERY_PLUGGED_AC;
//如果为 true 则表示交流电充电
```

如果要在程序中动态监听充电状态的改变,这需要注册一个广播接收器,通过广播接收器可以得到充电状态的变化,接收器的实现方法代码如下。

```
public class PowerConnectionReceiver extends BroadcastReceiver {
    @Override
    public void onReceive(Context context, Intent intent) {
        int status = intent.getIntExtra(BatteryManager.EXTRA_STATUS, -1);
        boolean isCharging = status == BatteryManager.BATTERY_STATUS_CHARGING ||
                             status == BatteryManager.BATTERY_STATUS_FULL;
        int chargePlug = intent.getIntExtra(BatteryManager.EXTRA_PLUGGED, -1);
        boolean usbCharge = chargePlug == BATTERY_PLUGGED_USB;
        boolean acCharge = chargePlug == BATTERY_PLUGGED_AC;
    }
}
```

在有些情况下,需要获得当前的电量大小。如果电池电量低于一定水平,可以减少后台数据更新频率。可以从 **Intent** 中得到当前电池电量以及电池容量,具体如下所示。

```
int level = batteryStatus.getIntExtra(BatteryManager.EXTRA_LEVEL, -1);
```

```
int scale = batteryStatus.getIntExtra(BatteryManager.EXTRA_SCALE, -1);
float batteryPct = level / (float)scale;
```

2. 网络连接状态的监控

有些应用需要连接网络，例如更新后台服务，刷新数据等，最通常的做法是定期联网，直接使用网上资源、缓存数据或执行一个下载任务来更新数据。但是如果终端设备没有连接网络，或者网速较慢，就没必要执行这些任务。可以使用 ConnectivityManager 检查是否联网以及当前是何种类型的网络。具体的代码如下。

```
ConnectivityManager cm =
    (ConnectivityManager)context.getSystemService(Context.CONNECTIVITY_SERVICE);
NetworkInfo activeNetwork = cm.getActiveNetworkInfo();
boolean isConnected = activeNetwork.isConnectedOrConnecting();   //是否连接网络
boolean isWiFi = activeNetwork.getType() == ConnectivityManager.TYPE_WIFI;
```

移动网络比 Wi-Fi 消耗的电量更多，所以在多数情况下，应用应该在有移动网络时减少刷新数据的频率，而在 WiFi 状态时去下载大文件。在网络重新连接，如果发现现在的状态是 WiFi 状态，那么就可以重新启动之前停止的下载操作或者刷新操作。网络连接状态的切换可以通过注册一个广播接受器来完成对网络状态的监听。

```
<action android:name="android.net.conn.CONNECTIVITY_CHANGE"/>
```

在程序中，都是在追求最大化效率与最小化电量的消耗。在这个方面需要考虑的问题比较多，也比较杂，因此，通常的做法就是在这两者中选择一个折中，根据应用程序的需求，那些对我们应用程序的效率影响是最大的，从这个角度出发做出最优化的选择。

17.2 近距离无线通信——NFC

17.2.1 近距离无线通信——NFC 概述

NFC（Near Field Communication，NFC）叫近场通信，又称近距离无线通信，是一种短距离的高频无线通信技术，允许电子设备之间进行非接触式点对点数据传输（在 10cm 内）交换数据。这个技术由免接触式射频识别（RFID）演变而来，并向下兼容 RFID，是由飞利浦公司和索尼公司共同开发的一种非接触式识别和互联技术，可以在移动设备、消费类电子产品、PC 和智能设备间进行近距离无线通信。NFC 提供了一种简单的、非触控式的解决方案，可以让消费者简单直观地交换信息、访问内容与服务。NFC 整合了非接触式读卡器、非接触式智能卡和点对点（Peer-to-Peer）通信功能，为消费者开创了全新的便捷生活方式。手机和 NFC 技术的结合，将会给消费者提供极大的生活便利，例如移动支付、位置服务信息、身份识别、公共交通卡等应用，在医疗保健、优惠券、智能海报等许多领域也有巨大的应用潜力。

17.2.2 近距离无线通信——NFC 基础

NFC 发源于无线射频识别（Radio-frequency identification，RFID）技术，但和 RFID 有区别。

NFC采用双向识别和连接，通信双方不存在固定的主从关系，通信可以由任意一个NFC设备发起。NFC是在RFID和互联技术的基础上融合演变而来的一种新技术，是一种短距离无线通信技术标准。它可以在单一芯片上集成非接触式读卡器、非接触式智能卡和点对点的通信功能，运行在13.56 MHz的频率范围内，能在大约10 cm范围内建立设备之间的连接，传输速率可为106 kbit/s，212 kbit/s，424 kbit/s，甚至可提高到848 kbit/s以上。NFC终端有以下3种工作模式。

主动模式，NFC终端作为一个读卡器，主动发出自己的射频场去识别和读/写别的NFC设备。

被动模式，NFC终端可以模拟成一个智能卡被读/写，它只在其他设备发出的射频场中被动响应。

双向模式，双方都主动发出射频场来建立点对点的通信。

NFC技术符合国际标准化组织的ISO18092和ISO21481标准，兼容无线智能卡ISO14443标准，符合欧洲计算机协会的ECMA-340/356/373标准。NFC论坛（NFC Forum）是由诺基亚、飞利浦和索尼于2004年成立的非赢利性行业协会，是致力于推动NFC技术的专业组织。NFC论坛的技术架构及协议规范旨在发展近场通信技术规范，确保设备和服务的相互协调，普及市场对NFC技术的了解和认可。目前论坛现有成员已经超过150名。NFC论坛推出了一系列的技术规范，以确保设备与设备阅读器之间的通信，规范包括数据交换格式（Data Exchange Format，NDEF）、记录类型定义（Record Type Definition，RTD）、伴随技术规范（NFC Text RTD Technical Specification）和有关互联网资源的基本技术规范（NFC URI RTD Technical Specification）以及各种标签（Tag）的操作规范。在近距离传输技术方面，飞利浦的MIFARE技术和索尼的FeliCa技术与NFC标准兼容，并且均得到广泛的应用，实际已经成为了标准的一部分。因此NFC技术充分具备低功率、低价格、广泛的兼容性等特点，而使NFC成为未来近距离无线通信领域一种极有竞争力的技术。

17.2.3 Android对NFC的支持

从Android 2.3开始，提供了对NFC的支持，为了支持NFC功能，Android允许应用程序读取标签中的数据，并以NDEF（NFC Data Exchange Format）消息格式进行交互。标签还可以是另外一个设备，即NFC设备工作在卡模拟模式。

在Android NFC的软件架构中，定义了以下几种数据结构。

NFC管理器（NFC Manager），是提供给应用程序的编程接口，是Android应用程序访问NFC功能的入口，主要为获取一个NFC适配器的实例。

NFC适配器（NFC Adapter），一个NFC适配器代表一个NFC设备，提供一切NFC的操作，包括NFC设备开关、标签读写、NDEF数据交互、NFC安全访问、点对点通信等。

NDEF消息（NDEF Message），是设备和标签间传递的数据的标准封装格式，由一个或多个NDEF数据记录组成。在应用程序中通过接收ACTION_TAG_DISCOVERED Intent来读取NDEF消息。

NDEF记录（NDEF Record），是NFC论坛中定义的NDEF数据包的基本组成单元。一个NDEF数据包可以有一个或多个NDEF记录。

在NFC的Android架构实现中，遵循Android通用Service和Manager基本结构模型。NFC Manager给应用程序提供编程接口，通过Binder和Service通信。Android中基于Binder的IPC的基本模型是基于会话的客户/服务器（Client/Server）架构的。Android 使用了一个内核模块 Binder 来中转各个进程之间的会话数据，它是一个字符驱动程序，主要通过 IOCTL 与用户空间的进程交换数据。一次会话总是发生在一个代理 Binder 对象和服务 Binder 对象之间，这两个对象可以在同一个进程中，也可以在不同的进程中。会话是一个同步操作，由代理 Binder 对象发起请求，一直要等到服务 Binder 对象将回复传递给代理 Binder 对象才算完成。

Android 对 NFC 的支持主要在 android.nfc 和 android.nfc.tech 两个包中。

android.nfc 包中主要类如下。

NfcManage：一个 NFC adapter 的管理器，用来管理 android 设备中所有的 NFC adapter。由于大部分的 Android 设备只有一个 NFC adapter，所以在大部分情况下可以直接用静态方法 getDefaultAdapter(context)来获取系统支持的 Adapter。

NfcAdapter：表示本设备的 NFC adapter 对象，可以定义一个 Intent，使系统在检测到 NFC tag 时通知 Activity，并提供方法去注册前台 Tag 提醒发布和前台 NDEF 推送。前台 NDEF 推送是当前 Android 版本唯一支持的 p2p NFC 通信方式。

NdefMessage 和 NdefRecord NDEF：NDEF 是 NFC 论坛定义的数据结构，用来有效地存数据到 NFC tags，比如文本、URL 和其他 MIME 类型。一个 NdefMessage 扮演一个容器，这个容器存那些发送和读到的数据。一个 NdefMessage 对象包含 0 或多个 NdefRecord，每个 NDEF record 有一个类型，比如文本、URL、智慧型海报/广告或其他 MIME 数据。在 NDEFMessage 里的第一个 NfcRecord 的类型用来发送 Tag 到一个 Android 设备上的 Activity。

Tag：表示一个被动的 NFC 目标，可以代表一个标签、卡片，甚至是一个电话模拟的 NFC 卡。当一个 Tag 被检测到时，一个 Tag 对象将被创建并且封装到一个 Intent 里，然后 NFC 发布系统将这个 Intent 用 startActivity 发送到注册了接收这类 Intent 的 Activity 里，并且可以用 getTechList()的方法来得到这个 Tag 支持的技术细节和创建一个由 android.nfc.tech 提供的相应的 TagTechnology 对象。

android.nfc.tech 则定义了可以对 Tag 进行的读写操作的类，这些类分别标示一个 Tag 支持的不同的 NFC 技术标准。

TagTechnology：这个接口是所有 Tag technology 类必须实现的。

NfcA：支持 ISO 14443-3A 标准的操作。Provides access to NFC-A (ISO 14443-3A) properties and I/O operations。

```
NfcB: Provides access to NFC-B (ISO 14443-3B) properties and I/O operations。
NfcF: Provides access to NFC-F (JIS 6319-4) properties and I/O operations。
NfcV: Provides access to NFC-V (ISO 15693) properties and I/O operations。
IsoDep: Provides access to ISO-DEP (ISO 14443-4) properties and I/O operations。
```

Ndef：提供对那些被格式化为 NDEF 的 Tag 的数据的访问和其他操作。

NdefFormatable：对那些可以被格式化成 NDEF 格式的 Tag 提供一个格式化的操作。

MifareClassic：如果 Android 设备支持 MIFARE，提供对 MIFARE Classic 目标的属性和 I/O 操作。

MifareUltralight：如果 Android 设备支持 MIFARE，提供对 MIFARE Ultralight 目标的属性和 I/O 操作。

17.2.4 Android 应用中实现 NFC

在 Android manifest 文件中申明和 NFC 相关的权限和功能选项。

权限申明：<uses-permission android:name="android.permission.NFC" />

最低版本要求，NFC 是指 Android2.3（Level 10）才开始支持的，因此最低版本要求必须指定为 10。

```
<uses-sdk android:minSdkVersion="10"/>
```

如果需要在 Google Play 上发布，需要指定手机支持 NFC 功能。

```
<uses-feature android:name="android.hardware.nfc" android:required="true" />
```

为 Activity 声明其所支持的 NFC Tag，比如一个 Activity 在 Manifest 的申明如下。

```
<activity android:name=".NFCDemoActivity" android:label="@string/app_name" android:launchMode="singleTop">
<intent-filter>
<action android:name="android.intent.action.MAIN" />
<category android:name="android.intent.category.LAUNCHER" />
</intent-filter>
<intent-filter>
<action android:name="android.nfc.action.NDEF_DISCOVERED"/>
<data android:mimeType="text/plain" />
</intent-filter> <intent-filter>
<action android:name="android.nfc.action.TAG_DISCOVERED" >
</action>
<category android:name="android.intent.category.DEFAULT" > </category>
</intent-filter>
<!- Add a technology filter ->
<intent-filter>
<action android:name="android.nfc.action.TECH_DISCOVERED" />
</intent-filter>
<meta-data android:name="android.nfc.action.TECH_DISCOVERED" android:resource="@xml/filter_nfc" />
</activity>
```

三种 Activity NDEF_DISCOVERED、TECH_DISCOVERED、TAG_DISCOVERED 指明的先后顺序非常重要，当 Android 设备检测到有 NFC Tag 靠近时，会根据 Action 申明的顺序给对应的 Activity 发送含 NFC 消息的 Intent。

当 Android 设备扫描到一个 NFC Tag，理想的结果是自动找最合适的 Activity 来处理检测到的 Tag，而不需要用户来选择由哪个 Activity 来处理。因为设备扫描 NFC Tags 是在很短的范围（一般小于 4 米）和时间内，如果让用户选择的话，就有可能需要移动设备，这样将会断开和 Tag 的通信。因此只需要选择适合的 Intent filter 仅仅处理想进行操作的 Tag，以防止让用户自己选择使用哪个 Activity 来处理。

Android 提供两个系统来让应用程序正确识别一个 NFC Tag 是否是 Activity 想要处理的：Intent 发送机制和前台 Activity 消息发送机制。

Intent 发送机制：检查 manifest 中所有 Activities 的 Intent Filters，找出那些定义了可以处理此 Tag 的 Activity，如果有多个 Activity 都配置了处理同一个 Tag Intent，那么将使用 Activity 选择器来让用户选择使用哪个 Activity。用户选择之后，将使用选择的 Activity 来处理此 Intent。

Activity 消息发送机制：允许一个在前台运行的 Activity 在读写 NFC Tag 具有优先权，此时如果 Android 检测到有 NFC Tag，如果前台允许的 Activity 可以处理该类型的 Tag 则该 Activity 具有优先权，而不出现 Activity 选择窗口，如果不支持该类型的 Tag，则转到 Intent 发送机制处理。

17.3 本章小结

NFC 是用于在近距离范围内的各种智能设备之间快速建立无线通信的关键技术。NFC 不仅可以用于身份鉴别，还可以在两个无线智能设备之间进行双向数据交互。除了信息交互之外，NFC 还为移动联网设备提供了一种安全机制，让用户不受时间空间的限制，便捷地进行身份识别和传输各种数据信息。只要 NFC 设备处于有效的距离范围之内，智能设备双方便会自动进行安全验证和网络通信，用户无需依赖特定应用程序和设置。这种经过 NFC 快速身份认证后再通过蓝牙、WiFi 等高速、长距离传输的无线设备进行数据传输的方式，使得设备间能快速、安全地建立远距离、高速率的数据通信，从而实现广告等服务信息、位置信息数据获取、非接触式移动支付以及身份识别等功能。本节的代码参考系统提供的 **NFCDemo**。

第 18 章 没有规矩不成方圆
——Android UI 设计规范

18.1 UI 设计概述

18.1.1 Android UI 设计概述

Android 系统是目前智能移动设备中增长速度最快的平台，加上 Android 统一开放平台的特性，催生了相关产品百变的 UI 界面和设计风格，诸如 Miui、Snese、Timescape、Blur 等定制界面百花齐放，再加上很多 APP 直接移植或借鉴了 iOS 的应用风格，虽然使得整个 Android 系统大圈子内应用显得多姿多彩，但也一定程度上使得很多用户眼花缭乱。

在 2011 年 10 月 9 日，Android 4.0 冰淇淋三明治（Ice Cream Sandwich，简称 ICS）发布，这个版本是 Android 在设计上的一个里程碑。它将 Honeycomb 提供给平板的新的设计方法扩展到了所有类型的移动设备，同时发布了 Android 4.0 的界面规范，在风格、样式、控件上都做了非常个性化的革新。为了呼吁各位 Android 开发者尽快投入原生 Android 设计，谷歌还推出了名为 Android Design 的相关站点来引导开发者们做出更加符合 Android 原生风味的 APP 应用。

Google 移动用户体验设计大师 Matias Duarte 也曾在 2012 年 1 月的国际消费电子产品展（Consumer Electronics Show，简称 CES）称，虽然百花齐放的 UI 设计风格会让 Android 应用显得与众不同，但就 Google 本身来说还是希望开发者能够遵循统一的标准去设计应用。当然，目前 Google 不会采取强制措施，但着眼未来，还是希望看到 Android 平台的统一，至少在 UI 设计风格和应用开发上阻止尺寸的分化。而整个 Android 4.0 拥有一套统一的界面设计风格，这套风格可以作为第三方设计师设计应用 UI 时的标准参考。

于此同时，Google 官方的应用积极响应，遵循这个标准，如图 18-1 和图 18-2 所示。

▲图 18-1 Google 官方应用

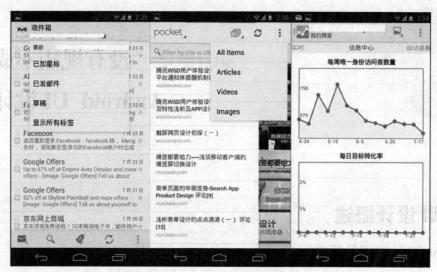

▲图 18-2　Google 应用遵循设计规范

18.1.2　自成体系的风格设计

在这份规范中指出，许多开发者会在多个平台上开发和发布应用。如果你打算为 Android 开发应用，请记住在不同的平台需要遵守不同的要求和惯例。在某个平台上看起来不错的设计，也许在另一个平台上并不合适。"一次设计，到处运行"的想法可能在一开始能节省一些时间，但是和平台不一致的体验最终可能会让用户觉得迷茫。所以考虑按照下面的指导进行设计自成体系的风格，避免常见的错误和缺陷。

1．不要模仿其他平台的 UI 元素

不同的平台都会提供别具一格的、精心设计的、主题化的 UI 元素，如图 18-3 所示。

▲图 18-3　不要模仿其他平台的 UI 元素

在一些平台上鼓励使用圆角按钮，另一些则鼓励使用渐变标题栏。许多情况下，虽然元素的功能是一样的，但是设计方法截然不同。当你为 Android 设计应用时，不要使用其他平台的 UI 元素，也不要模仿其他平台元素的行为。参考官方设计规范中"Building Blocks"一章了解 Android 主要的 UI 元素。同时，观察 Android 系统应用，了解这些元素是如何使用的。如果你要自定义 UI 元素，请按照你品牌的统一设计，不要照搬其他平台的设计。

2. 不要使用专为其他平台设计的图标

不同的平台都会提供常用功能的图标集，例如分享、新建和删除，如图 18-4 所示。如果你正在将应用移植到 Android 平台，请不要使用专为其他平台设计的图标。你可以在 Android SDK 中找到各种用途的图标。

▲图 18-4　不要使用专为其他平台设计的图标

3. 不要使用底部的标签栏

其他平台使用底部标签栏在应用中切换视图。Android 标签应当放在顶部的操作栏中，如图 18-5 所示。不过你可以在底部放置副操作栏。你应当按照该指导设计应用，提供统一的平台应用体验，区分操作栏和视图切换。

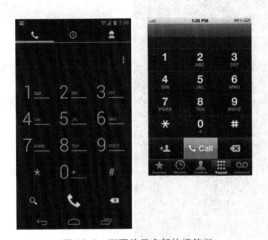

▲图 18-5　不要使用底部的标签栏

4. 不要在操作栏中使用带有标题的返回按钮

其他平台使用带有标题的返回按钮，使用户可以返回应用的上一层。Android 则使用操作栏的应用图标返回上一层，同时使用导航栏的返回按钮返回前一个屏幕，如图 18-6 所示。

5. 不要在列表中使用向右箭头

在其他平台上通常在列表中使用向右箭头提示用户触摸后有更多的内容。

在 Android 中请不要使用向右的箭头，不要让用户猜测它的用处，如图 18-7 所示。

▲图 18-6　不要在操作栏中使用带有标题的返回按钮

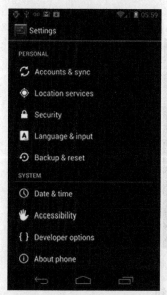

▲图 18-7　不要在列表中使用向右箭头

18.2　UI 设计原则（Design Principles）

接下来我们来介绍下 Android UI 的设计原则，这些设计准则由 Android User Experience 团队提出，遵守这些准则可以保证良好的用户体验。所以除非应用有特殊的用途，否则应当考虑将这些准则应用在自己的创意和设计思想中。

> **注意** 下面的内容部分出于对 Android 官方设计规范理解，为了让大家有更直观的理解，我保留了部分英文。

18.2.1 让我着迷——Enchant Me

应用的魅力不仅仅是表面的。Android 应用在多个层次上都是光鲜且具有美感的，切换简单且快速，布局和字体清晰且有简洁明了，应用的图标由专业的艺术家们设计等。就像一个精致的工具，你的应用应当努力结合美感、简洁以及魔幻般易用和强大的使用体验。

惊喜 - Delight me in surprising ways（见图 18-8）

漂亮的交互界面，仔细安排的动画或者合适的声音效果是一种愉快的体验。这些系统的细节对于提高易用性来说至关重要。

▲图 18-8　惊喜

实物比菜单和按钮更有趣 - Real objects are more fun than buttons and menus（见图 18-9）

让人们直接触摸和操控应用中的对象。这样可以使得工作更加直观，使得操作更加人性化。

▲图 18-9　实物比菜单和按钮更有趣

展现我的个性 - Let me make it mine（见图 18-10）

人们喜欢个性化，因为这样可以使他们感到自在和掌控力。提供一个合理而漂亮的默认样式，同时考虑有趣的自定义能力，但不要超过主要的功能。

了解我 - Get to know me（见图 18-11）

有能力逐渐识别用户的偏好，而不是询问并让他们一遍又一遍地作出相同的选择。将用户之前的选择放在明显的地方。

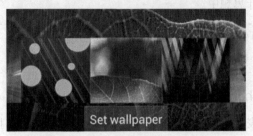

▲图 18-10　展现我的个性

▲图 18-11　了解我

18.2.2　简化我的生活—Simplify My Life

　　Android 应用容易理解且能使生活变得简单。当人们第一次使用你的应用时，他们应当能直观地认识到最重要的功能。不过设计不应局限于为了首次使用。Android 应用不需要处理一些琐事，例如文件管理和同步。简单的任务不需要复杂的步骤，复杂的任务也应当符合用户的使用习惯，使各个年龄段和各种文化背景的人都能很快上手，并且不会被太多的选择和无关的闪烁所淹没。

　　保持简洁 - Keep it brief（见图 18-12）

　　使用简单的短语。如果句子很长，人们总是会忽略它们。

▲图 18-12　保持简洁

　　图片比文字更好 - Pictures are faster than words（见图 18-13）

　　尽量使用图片去解释想法。图片可以吸引人们的注意并且更容易理解。

　　帮我做决定，但让我来拍板 - Decide for me but let me have the final say（见图 18-14）

　　首先尝试猜测用户的选择并直接切入正题，而不是询问用户。太多的选择和决定使人们感到不爽。但是万一猜错了，允许"撤销"操作。

▲图 18-13　图片比文字更好

▲图 18-14　帮我做决定，但让我来拍板

只展示我所需要的　- Only show what I need when I need it（见图 18-15）

人们在同时看到许多选择时就会手足无措。分解任务和信息，使它们更容易理解。将当前不重要的选项隐藏起来，并让人们慢慢学习。

让我知道现在在哪儿　- I should always know where I am（见图 18-16）

让人们很容易了解现在的位置。使应用中的页面看起来都不太一样，同时使用一些切换动画体现页面之间的关系。进行中的任务，要提供一些反馈信息（比如进度条）。

▲图 18-15　只展示我所需要的

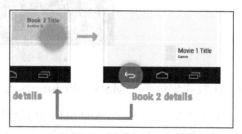

▲图 18-16　让我知道现在在哪儿

不要弄丢我的东西　- Never lose my stuff（见图 18-17）

将人们花时间做出来的东西保存起来，并且可以随时随地获取。记住设置和用户习惯，在手机、平板和各个电脑间同步。使升级变成地球上最容易的事情。

▲图 18-17　不要弄丢我的东西

看起来一样的话，行为也要一样 - If it looks the same, it should act the same（见图18-18）

通过设计的不同，帮助人们认识到在功能上的不同。不要使看起来相同的页面在相同的输入下却得到不同的结果。

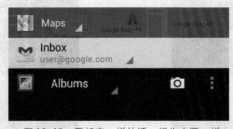

▲图18-18　看起来一样的话，行为也要一样

没事儿别打断我 - Only interrupt me if it's important（见图18-19）

好的应用就像一个好的个人助理，帮助人们摆脱各种琐事。用户不喜欢被骚扰，只在紧急情况下才打断他们。

▲图18-19　没事儿别打断我

18.2.3　让我感到惊奇—Make Me Amazing

仅仅让应用易用是不够的。Android应用使得人们可以去尝试新鲜的事情，发挥自己的创造力。Android的多任务、提醒和应用间的信息共享，使人们将应用融入生活中的方方面面。同时，你的应用应当体现个性，使人们可以清楚而优雅地掌控高科技。

支持通用的小技巧 - Give me tricks that work everywhere（见图18-20）

当用户自己发现了一个手势，他会有一种成就感。通过使用其他Android应用已有的图示和通用的小技巧，让你的应用更容易学习。例如，滑动手势就是一种很好的页面导航方式。

▲图18-20　支持通用的小技巧

错不在用户 - It's not my fault（见图 18-21）

当提示人们做出改正时，要保持和蔼和耐心。当使用你的应用时，他们希望觉得自己很聪明。如果哪里错了，提示清晰的恢复方法，但不要让他们去处理技术上的细节。如果你能悄悄地搞定问题，那最好不过了。

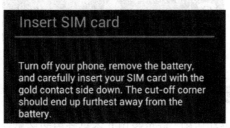

▲图 18-21　错不在用户

给予鼓励 - Sprinkle encouragement（见图 18-22）

将复杂的任务分割成简单的步骤，这样更容易完成。对操作要给予反馈，哪怕仅仅是个微小的闪烁。

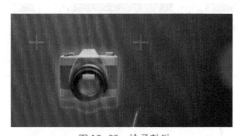

▲图 18-22　给予鼓励

帮我做复杂的事情 - Do the heavy lifting for me（见图 18-23）

通过完成本来自己无法完成的任务，让新手觉得自己像个专家一样。例如，通过几个简单步骤，加入几种照片特效，就能使得摄影新手的照片也很出色。

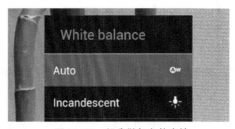

▲图 18-23　帮我做复杂的事情

分清主次 - Make important things fast（见图 18-24）

不是所有的操作都一样重要。事先决定好你的应用中什么是最重要的，并且使这个功能容易找到和使用，例如相机的快门和音乐播放器的暂停按钮。

▲图 18-24 分清主次

18.3 UI 设计规范

前面介绍了 Android UI 设计原则,这里将用几个最常用的场景来讲解下 Android UI 设计规范。

18.3.1 应用结构规范

首先来看下典型的 Android 应用结构,如图 18-25 所示。

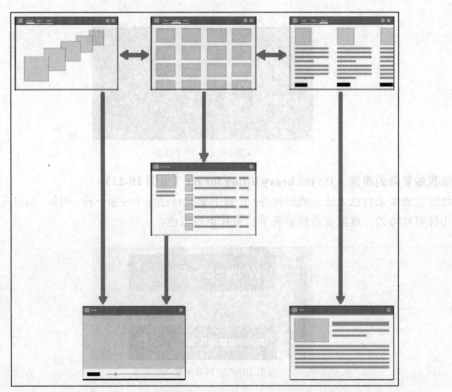

▲图 18-25 应用结构

在图 18-25 中可以看到典型的 Android 应用分成 3 个层级,分别如下。

- 顶层视图:也就是应用中几个操作栏标签的顶层视图,这些视图可以是对于相同数据的不同展示方式，也可以代表应用中的不同功能。应用的主页设计需要仔细推敲，它是人们每次启动应用时都会看到的界面，所以应当考虑到新用户和老用户。考虑一下："我的用户最想看到的是什么？"，根据这个来设计你的主页。

- 分类目录视图：分类目录用来进一步显示数据，由数据驱动的应用都是先在整理好的分类目录中浏览，之后再进入详细信息进行查看和管理。可以通过扁平化应用的深度，降低导航的难度。虽然从顶层到详细信息视图的垂直步骤是根据你的应用的内容而定的，但是仍然有几种方式可以简化认知的难度。
- 详细信息/编辑视图：在详细信息/编辑视图中，用户将看到全部数据或者进行编辑。详细信息视图让你显示和处理数据。详细信息视图的布局根据需要显示的数据不同而不同。

18.3.2 导航规范

前面讲了 Android 应用的典型结构，下面来看 Android 应用中的导航设计规范，我们将分成三个部分来讲。

首先来看最常见的"**向上 vs. 返回**"规范，如图 18-26 所示。

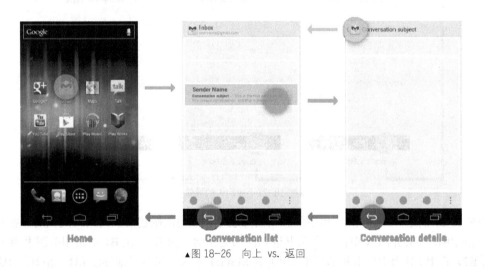

▲图 18-26　向上 vs. 返回

"向上"按钮用来在应用内，根据程序的逻辑层级进行导航。举例来说，屏幕 A 显示了一个项目列表，单击其中一项到达屏幕 B（显示该项目的详细信息），那么屏幕 B 应当提供一个"向上"按钮，让用户可以回到屏幕 A；如果某个屏幕已经是该应用的顶层了（例如，应用的主页），那就不需要"向上"按钮。

系统的"返回"键则用于按照屏幕切换历史返回到上一屏幕。如果之前的屏幕就是逻辑层次的上一层，那么"返回"和"向上"的行为是一样的。不过和"向上"不同的是，"返回"可能回到"主屏幕"或者其他的应用，"向上"回到的屏幕总是在你的应用中。

紧接着，我们来看看"**应用内的导航**"的设计规范，如图 18-27 所示。

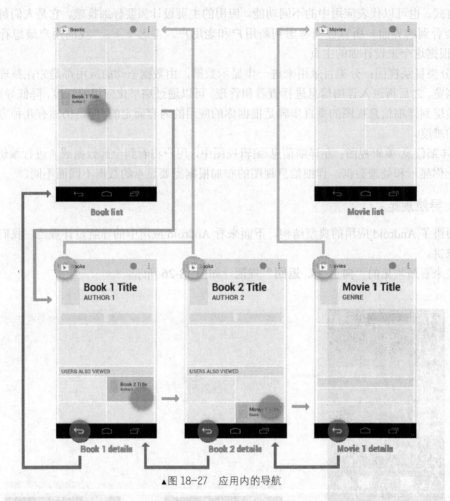

▲图 18-27 应用内的导航

如图 18-27 所示，Android 应用中的应用内导航是按照前面阐述的应用结构规范的，在这个例子中，在应用的分类界面 A 单击一个图书进入图书的详细界面 B1，在 B1 单击相关图书 Book2 进入界面 B2，在 B2 界面中单击和 B2 图书相关的 Movie1 进入电影的详细界面 M1。在 B1，B2 界面单击最上方的图书图标导航回到图书分类界面 A，而在电影详细界面 M1 上单击最上方的电影图标导航将进入电影列表界面。按照刚刚的操作步骤到达 M1 界面，单击"返回"则回到其前一个界面 B2，在 B2 界面继续按"返回"则回到 B1 界面，在 B1 界面继续按"返回"则回到图书列表界面 A。

看完应用内的导航，我们紧接着了解下"**应用间导航**"，如图 18-28 所示。

如图 18-28 所示，在主界面打开 Google Play 展示 Google Play 主界面 A，单击查看一本书，到了书的详细界面 B，界面 B 选择通过邮件分享给好友，会打开 Gmail 的发送邮件的界面 C，在界面 C 中单击"返回"会回到上一个图书详细信息界面 B，在界面 B 上继续单击"返回"则回到 Google Play 的主界面 A，在 A 界面继续按"返回"则回到系统主页。而如果在发送邮件的界面 C 上单击最上方的图标向上导航，则会回到邮件列表界面 D，在界面 D 按"返回"则回到系统界面。

第 18 章　没有规矩不成方圆——Android UI 设计规范

在这个例子中我们讲解了如何在一个应用中打开另外一个应用,以及在两个应用中的导航规范,希望大家都能理解其中的逻辑和规范。

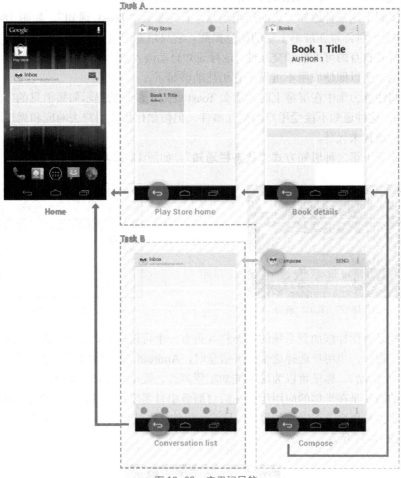

▲图 18-28　应用间导航

18.3.3　通知规范

说完导航规范,我们再来看一个实际的业务通知规范。在某些情况下,可能需要你去通知用户发生在你应用中的事件,其中一些事件需要用户响应,有的则不需要,例如:

- 当一个事件完成时(如保存一个文件),需要显示一个简短的消息来确认保存成功。
- 假如应用正在后台运行且需要用户注意,那么该应用需要创建一个通知以方便用户做出响应。
- 假如应用正在执行某个动作(比如正在载入一个文件)且需要用户等待,那么该应用需要显示一个旋转的进度条来表示这个过程。

以上这些通知任务,每一个都可以用以下 3 种不同的技术来实现。

- Toast 通知，是从后台启用一个简短的消息。
- 状态栏通知，是来自后台的持续提醒且需要用户响应。
- 对话框通知，是一种与 Activity（活动）相关的通知。

我们分别了解下这三种通知方式的适用场景，首先来看"Toast 通知"，如图 18-29 所示。

Toast 通知是一种浮现在屏幕上层的消息提醒，它只填充消息所需要的空间，而当前正在运行的活动仍然保持其自身的可见性和交互性。这种通知自动淡入淡出且不接受交互事件，因为它是由后台服务创建的，所以即使应用不可见了它仍然能够显示。

当你完全将注意力集中在屏幕上时，那么 Toast 通知是最好的提示简短消息的方式（例如文件保存成功提醒）。这种通知不接受用户的交互事件，但假如你想让用户去响应和做出动作，你可以考虑使用状态栏通知来代替。

接着我们来看下第二种通知方式"**状态栏通知**"，如图 18-30 所示。

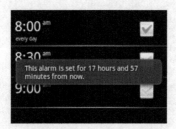 

▲图 18-29　Toast 通知　　　　　　　　▲图 18-30　状态栏通知

状态栏通知是将图标添加到系统的状态栏（带有一个可选的滚动文本消息），同时将扩展信息添加到"通知"窗口。当用户选择这个扩展信息时，Android 设备将触发一个由通知定义的 Intent（通常是载入一个活动）。你还可以为这个通知配置声音、震动以及闪光灯来提醒用户。

这种模式的通知是在当你的应用运行在后台服务中且需要用户注意到这个事件时使用的。

假如你需要提醒用户正在发生的事件，且这个事件正在持续进行时，你可以考虑使用对话框通知来代替，如图 18-31 所示。

▲图 18-31　对话框通知

对话框通常是一种显示在当前活动之上的小窗口，这时候下层的活动将失去焦点，且对话框可以接受任何形式的用户交互方式。一般来说，对话框是用于通知或者用于直接关系到应用进程的短期活动。

当你需要显示一个进度条或者一个需要用户确认的短消息（例如带有"确定"和"取消"按钮的提醒）时，你可以利用对话框来实现。你还可以把它当做应用的用户界面和除了通知以外其他目的的交互元件。

18.4 本章小结

本章首先介绍了 Android UI 设计规范的缘起和历史，进而告诉大家 Android 中应该努力遵守的 UI 设计原则，最后通过 3 个典型例子介绍了 Android 中的 UI 设计规范。限于篇幅，其他诸多规范就不一一讲解了。需要大家记住的是，设计规范并不只是设计师的事，程序员也需要对其有一定的了解。如果你需要更多关于 Android 设计规范相关的资料，请参考 EoeAndroid 社区的 Android UI 设计规范（http://design.eoeandroid.com/）。

第 19 章　综合案例——图书信息查询

从本章你可以学到：

- 了解豆瓣图书 API
- 了解如何与第三方应用交互
- 掌握 Activity 之间的通信方式
- 掌握网络访问流程
- 掌握 RelativeLayout 布局

19.1　项目介绍

该项目通过扫描图书条形码查询得到图书的介绍，其中包括书名、封面图、作者、出版社、出版时间、内容介绍等。大致流程如下。

（1）启动第三方应用"Zxing"对图书条形码进行扫描，进而得到条形码。
（2）调用豆瓣图书 API 来下载图书介绍包。
（3）解析下载文件，得到图书介绍信息。
（4）显示图书介绍信息。

通过该项目的动手实践能将前面章节的众多知识点串联起来，进而更深层次地对知识点进行消化，将能达到更好的学习效果。下面将该项目所需用到的知识点进行罗列。

- 界面相对布局（RelativeLayout）。
- 通过 style 对字体样式进行统一管理。
- 通过 Intent 启动第三方应用。
- 线程的使用。
- 网络协议。
- JSON 数据的解析。
- Handler 的使用。

接下来的篇章中将会对上面提及的知识逐一介绍。

19.2 ZXing

19.2.1 ZXing 介绍

ZXing 是一个开源 Java 类库，支持多种格式的 1D/2D 条形码图像的处理。它关注的重点是在不与服务器通信的情况下，使用移动设备内置的摄像头对条形码进行扫描和解码。同时，也可用于台式机和服务器上对条形码的编码和解码。当前支持十多种格式，例如，QR Code、Data Matrix、UPC-A and UPC-E 等。该项目的官方网站为：http://code.google.com/p/zxing。

19.2.2 ZXing 调用流程

1. 安装应用

在该项目官网上很轻易地就能找到 APK 对应的 Google Play 地址，请移步官网。

2. 从官网下载两个 Java 接口文件（IntentIntegrator.java 和 IntentResult.java）

链接如下：http://code.google.com/p/zxing/wiki/ScanningViaIntent

3. 在你当前的 Activity 中使用如下方法发送 Intent，启动 ZXing

```
IntentIntegrator integrator = new IntentIntegrator(yourActivity);
integrator.initiateScan();
```

4. 在第 3 步中同一 Activity 中重写 onActivityResult()获取返回结果

```
public void onActivityResult(int requestCode, int resultCode, Intent intent) {
    IntentResult scanResult = IntentIntegrator.parseActivityResult(
                                        requestCode, resultCode, intent);
    if (scanResult != null) {
    // 捕获扫描结果
    }
    ...
}
```

19.3 豆瓣图书 API

19.3.1 豆瓣图书 API 介绍

豆瓣图书 API 提供多种方式获取得到图书信息，例如，通过书名搜索、通过 ISBN 查询、通过标签查询等。在该项目中用到的是"通过 ISBN 查询"来获取。

19.3.2 豆瓣图书 API 调用流程

1. 拼接出图书对应的 URL

前面已经提及，通过 ZXing 扫描就能得到图书的 ISBN，例如，本书第一版的 ISBN 为

9787115209306,然后根据豆瓣图书 API 提供的拼接方法得出该书对应的 URL:https://api.douban.com/v2/book/isbn/9787115209306。

2. 图书信息下载

通过 Http 中的 GET 请求进行数据下载,如果响应状态码为 200,就意味着请求成功,下载所得数据为图书信息文件。如果响应状态码为其他,就意味着请求失败,下载所得数据为错误信息文件。文件格式都为 JSON。

3. 解析下载所得的 JSON 文件

如果上一步下载所得的为图书信息文件,那么按 API 标准解析即可得到图书信息;反之,解析得到错误详情。这两种信息都将用于界面展示。

接下来说说下载所得的 JSON 文件。在此之前,先拿 1 中的 URL 为例,所得数据如下(为节省篇章,只列举我们后续需要使用的部分,如想查看完整信息,请在浏览器中访问该 URL 即可)。

```
{
    "title":"Google Android 开发入门与实战",
    "image":"http:\/\/img3.douban.com\/mpic\/s3817805.jpg",
    "author":["姚尚朗","靳岩"],
    "publisher":"人民邮电出版社",
    "pubdate":"2009 年 6 月",
    "isbn13":"9787115209306",
    "summary":"本书内容上覆盖了用 Android 开发的大部分场景,从 Android 基础介绍、环境搭建、SDK 介绍、Market 使用,到应用剖析、组件介绍、实例演示等方面……"
}
```

我们只需将各个标签的值解析出来,就能得到图书信息,并用于界面展示。但有一点需要注意,请留意标签"image",它的值为另一 URL,而并非图片本身。也就是说,如果我们想得到真正的图片,还得再次进行文件下载。上面展示的是正常下载所得数据,接下来展示一段异常下载所得数据,代码如下。

```
{
    "msg":"book_not_found",
    "code":6000,
    "request":"GET \/v2\/book\/isbn\/9787115209306dfdf"
}
```

针对异常情况,我们需要做的是解析出错误原因,例如,例子中的"book_not_found",然后翻译成比较友善的提示信息,例如"图书不存在",并用于界面展示提示用户。至于具体如何解析,在后续代码剖析部分再详细阐述。

19.4 项目效果图

1. 欢迎界面

应用启动时,首先展示的是欢迎界面,如图 19-1 所示。

2. 扫描界面

当用户按下"扫描 ISBN"按钮，呼出第三方应用 ZXing 进行图书条形码扫描；如图 19-2 所示。

▲图 19-1　欢迎界面

▲图 19-2　扫描界面

3. 通信界面

扫描完成之后，退回到欢迎界面进行数据下载，并提示"通信中…"。如图 19-3 所示。

4. 信息显示界面

数据下载完成之后，迁移到信息显示界面，显示图书的介绍信息，如图 19-4 所示。在此界面按下"回退"键返回到欢迎界面，进而可以再次扫描。

▲图 19-3　通信界面

▲图 19-4　信息显示界面

19.5 项目编码

首先，让我们看下该工程的目录结构，如图 19-5 所示。一共有两个 Activity：其一，MainActivity 为欢迎界面，效果如图 19-1 所示；其二，BookInfoDetailActivity 为信息显示界面，效果如图 19-2 所示。Utils 为工具类，提供文件下载、JSON 解析。JSON 解析既包括正常响应解析，进而得到图书信息，又包括异常响应解析，进而得到错误原因信息。BookAPI 为豆瓣图书 API 类，记录 URL、JSON 标签和错误码等。BookInfo 为图书实体类，用于存放 Utils 解析所得的图书信息。NetResponse 为服务器响应实体类，将信息从 Utils 传给 MainActivity。如果响应正常，用于存放 BookInfo 实体；如果响应异常，用于存放 String 类型的错误原因信息。

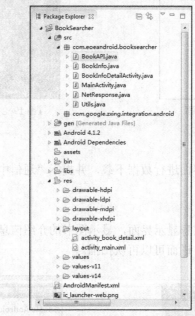

▲图 19-5　工程目录结构

接下来，让我们看下"AndroidManifest.xml"文件，从宏观上搞清楚这个工程的构建，代码如下。

```xml
<manifest xmlns:android="http://schemas.android.com/apk/res/android"
    package="com.eoeandroid.booksearcher"
    android:versionCode="1"
    android:versionName="1.0" >

    <uses-sdk
        android:minSdkVersion="8"
        android:targetSdkVersion="15" />

    <application
        android:icon="@drawable/ic_launcher"
```

```xml
            android:label="@string/app_name"
            android:theme="@style/AppTheme" >
        <activity
            android:name=".MainActivity"
            android:label="@string/app_name"
            android:screenOrientation="portrait" >
            <intent-filter>
                <action android:name="android.intent.action.MAIN" />
                <category android:name="android.intent.category.LAUNCHER" />
            </intent-filter>
        </activity>
        <activity
            android:name=".BookInfoDetailActivity"
            android:screenOrientation="portrait" >
        </activity>
    </application>

    <uses-permission android:name="android.permission.INTERNET"/>

</manifest>
```

代码解释

- 由于需要通过网络进行下载，所以必须添加网络访问权限。

```
<uses-permission android:name="android.permission.INTERNET"/>
```

- 为了减少工作量，有意将 **Activity** 只纵屏显示。

```
android:screenOrientation="portrait"
```

最后，让我们进入各个模块的详细实现部分。

19.5.1 实体类

1. 图书实体类：BookInfo

由于需要通过 Intent 传递图书实体对象，所以它需实现 **Parcelable** 或 **Serializable** 接口，而前者更高效，因此，图书实体类 BookInfo 如下所示。

```java
package com.eoeandroid.booksearcher;

import android.graphics.Bitmap;
import android.os.Parcel;
import android.os.Parcelable;

public class BookInfo implements Parcelable {

    private String mTitle = "";              // 书名
    private Bitmap mCover;                    // 封面
    private String mAuthor = "";             // 作者
    private String mPublisher = "";          // 出版社
    private String mPublishDate = "";        // 出版时间
```

```java
        private String mISBN = "";           // ISBN
        private String mSummary = "";         // 内容介绍

        public static final Parcelable.Creator<BookInfo> CREATOR = new Creator<BookInfo>() {

            public BookInfo createFromParcel(Parcel source) {
                BookInfo bookInfo = new BookInfo();
                bookInfo.mTitle = source.readString();
                bookInfo.mCover = source.readParcelable(Bitmap.class.getClassLoader());
                bookInfo.mAuthor = source.readString();
                bookInfo.mPublisher = source.readString();
                bookInfo.mPublishDate = source.readString();
                bookInfo.mISBN = source.readString();
                bookInfo.mSummary = source.readString();
                return bookInfo;
            }

            public BookInfo[] newArray(int size) {
                return new BookInfo[size];
            }

        };

        public int describeContents() {
            return 0;
        }

        public void writeToParcel(Parcel dest, int flags) {
            dest.writeString(mTitle);
            dest.writeParcelable(mCover, flags);
            dest.writeString(mAuthor);
            dest.writeString(mPublisher);
            dest.writeString(mPublishDate);
            dest.writeString(mISBN);
            dest.writeString(mSummary);
        }

        public String getTitle() {
            return mTitle;
        }

        public void setTitle(String title) {
            mTitle = title;
        }

        public Bitmap getCover() {
            return mCover;
        }

        public void setCover(Bitmap cover) {
            mCover = cover;
        }

        public String getAuthor() {
            return mAuthor;
```

```
    }

    public void setAuthor(String author) {
        mAuthor = author;
    }

    public String getPublisher() {
        return mPublisher;
    }

    public void setPublisher(String publisher) {
        mPublisher = publisher;
    }

    public String getPublishDate() {
        return mPublishDate;
    }

    public void setPublishDate(String publishDate) {
        mPublishDate = publishDate;
    }

    public String getISBN() {
        return mISBN;
    }

    public void setISBN(String isbn) {
        mISBN = "ISBN: " + isbn;
    }

    public String getSummary() {
        return mSummary;
    }

    public void setSummary(String summary) {
        mSummary = summary;
    }

}
```

2. 响应实体类：NetResponse

```
package com.eoeandroid.booksearcher;

public class NetResponse {

    private int mCode;              // 响应码
    private Object mMessage;        // 响应详情

    public NetResponse(int code, Object message) {
        mCode = code;
        mMessage = message;
    }

    public int getCode() {
```

```
        return mCode;
    }

    public void setCode(int code) {
        mCode = code;
    }

    public Object getMessage() {
        return mMessage;
    }

    public void setMessage(Object message) {
        mMessage = message;
    }
}
```

📢 代码解释

- 将 mMessage 属性声明成 Object，为了方便同时存放 BookInfo 和 String 对象。

19.5.2 欢迎界面

这部分模块对应的 Java 类为 MainActivity。首先，让我们从布局开始说起，该界面上有 2 个 TextView，分别用于显示"使用说明"的标题和内容；紧接着是一个 Button，用于启动第三方应用 ZXing。

接下来，让我们看看布局文件的写法，具体代码如下：

```xml
<RelativeLayout xmlns:android="http://schemas.android.com/apk/res/android"
    xmlns:tools="http://schemas.android.com/tools"
    android:layout_width="match_parent"
    android:layout_height="match_parent" >

    <TextView
        android:id="@+id/main_manual_title"
        android:layout_width="match_parent"
        android:layout_height="wrap_content"
        android:layout_marginTop="20dp"
        android:layout_marginBottom="20dp"
        android:gravity="center_horizontal"
        android:text="@string/main_manual_title"
        style="@style/HeadlineFontStyle"
        />
    <TextView
        android:layout_width="match_parent"
        android:layout_height="wrap_content"
        android:layout_below="@id/main_manual_title"
        android:layout_marginLeft="36dp"
        android:layout_marginRight="36dp"
        android:text="@string/main_manual_content"
        style="@style/DefaultFontStyle"
        />
    <Button
        android:id="@+id/main_start_scan"
        android:layout_width="match_parent"
```

```xml
            android:layout_height="40dp"
            android:layout_alignParentBottom="true"
            android:layout_marginBottom="80dp"
            android:layout_marginLeft="60dp"
            android:layout_marginRight="60dp"
            android:text="@string/main_scan"
            style="@style/DefaultFontStyle"
            />

</RelativeLayout>
```

代码解释

- 采用相对布局，减少层级，这样更利于加载。
- 文字通过 style 来统一管理，具体如下。

```xml
<resources
    xmlns:android="http://schemas.android.com/apk/res/android">

    <style name="DefaultFontStyle">
        <item name="android:textSize">16dp</item>
    </style>

    <style name="HeadlineFontStyle">
        <item name="android:textSize">20dp</item>
        <item name="android:textStyle">bold</item>
    </style>

</resources>
```

紧接着就轮到业务逻辑，一共涉及如下数个，具体如下。

1. Button 的监听事件(startScanner())

```java
/**
 * 通过 Intent 启动第三方应用"ZXing"进行图书条形码扫描
 */
private void startScanner() {
    IntentIntegrator integrator = new IntentIntegrator(MainActivity.this);
    integrator.initiateScan();
}
```

代码解释

- ZXing 官方提供的接口调用方法，我们照做就行。

2. 重写 onActivityResult()，获取 ISBN，并启动下载线程进行文件下载

```java
@Override
protected void onActivityResult(int requestCode, int resultCode, Intent data) {
        IntentResult   result  =  IntentIntegrator.parseActivityResult(requestCode, resultCode, data);

        if ((result == null) || (result.getContents() == null)) {
            Log.v(Utils.TAG, "User cancel scan by pressing back hardkey.");
            return;
```

```
        }

        // 因为下载需耗时，为了更好的用户体验，显示进度条进行提示。
        mProgressDialog = new ProgressDialog(this);
        mProgressDialog.setMessage(getString(R.string.communicating));
        mProgressDialog.show();

        // 启动下载线程
        DownloadThread thread
                    = new DownloadThread(BookAPI.URL_ISBN_BASE
                                            + result.getContents());
        thread.start();
    }
```

代码解释

- 文件下载为耗时操作，如果在 UI 主线程中进行，可能导致阻塞，出现 ANR（Application Not Responding），所以必须新开子线程进行下载操作。

3. DownloadThread 的实现

```
private class DownloadThread extends Thread {

    private String mURL;

    public DownloadThread(String url) {
        super();
        mURL = url;
    }

    @Override
    public void run() {
        Message msg = Message.obtain();
        msg.obj = Utils.download(mURL);
        mHandler.sendMessage(msg);
    }
}
```

代码解释

- 将下载所得数据，即 Utils.download（mURL）返回值通过 sendMessage()传递给 UI 主线程。
- 更新界面的操作只能在 UI 主线程中进行。

4. 在 UI 主线程中捕获消息，即 DownloadHandler 的实现

```
private static class DownloadHandler extends Handler {

    private MainActivity mActivity;

    public DownloadHandler(MainActivity activity) {
        super();
        mActivity = activity;
    }
```

```java
    @Override
    public void handleMessage(Message msg) {
        if ((msg.obj == null) || (mActivity.mProgressDialog == null)
                || (!mActivity.mProgressDialog.isShowing())) {
            return;
        }

        mActivity.mProgressDialog.dismiss();

        NetResponse response = (NetResponse) msg.obj;

        if (response.getCode() != BookAPI.RESPONSE_CODE_SUCCEED) {
            // 通信异常处理
            Toast.makeText(mActivity, "[" + response.getCode() + "]: "
                    +mActivity.getString((Integer)
response.getMessage())), Toast. LENGTH_LONG).show();
        } else {
            // 通信正常时，迁移到图书显示界面
            mActivity.startBookInfoDetailActivity((BookInfo) response.getMessage());
        }
    }
}
```

> **代码解释**
> - 为了避免内存泄漏，该类需声明成 static。
> - 由于该类是 static，所以无法调用 MainActivity 类的非 static 属性 mProgressDialog。为解决该问题，新增构造函数 public DownloadHandler(MainActivity activity)。

5. 迁移到信息显示界面

```java
/**
 * 迁移到图书信息显示界面
 */
private void startBookInfoDetailActivity(BookInfo bookInfo) {
    if (bookInfo == null) {
        return;
    }

    Intent intent = new Intent(this, BookInfoDetailActivity.class);
    intent.putExtra(BookInfo.class.getName(), bookInfo);
    startActivity(intent);
}
```

> **代码解释**
> - 通过 Intent 传递对象，该对象得实现 Parcelable 或 Serializable 接口。

19.5.3 数据下载

1. 图书信息整体下载

上面提及 Utils.download()，该方法用于文件下载，并得到服务器响应数据，代码如下。

```java
/**
 * 从豆瓣下载数据,并得到图书详情
 */
public static NetResponse download(String url) {
    Log.v(TAG, "download from: " + url);

    NetResponse ret = downloadFromDouban(url);

    JSONObject message = null;
    try {
        message = new JSONObject(String.valueOf(ret.getMessage()));
    } catch (JSONException e) {
        e.printStackTrace();
    }

    switch (ret.getCode()) {
    case BookAPI.RESPONSE_CODE_SUCCEED:
        // 正常数据,返回 BookInfo 对象
        ret.setMessage(parseBookInfo(message));
        break;

    default:
        // 异常数据,返回错误原因
        int errorCode = parseErrorCode(message);
        ret.setCode(errorCode);
        ret.setMessage(getErrorMessage(errorCode));
        break;
    }

    return ret;
}
```

※ 代码解释

- 通过 downloadFromDouban() 方法返回 NetResponse 实体,其中 mCode 字段记录响应码。如果为 200,mMessage 字段记录正常响应字符串;否则,mMessage 记录异常响应字符串。
- parseBookInfo() 和 parseErrorCode() 分别解析正常响应和异常响应,后面将详细说明。

2. **封面单独下载:downloadBitmap()**

```java
/**
 * 通过 URL 下载封面图片
 */
private static Bitmap downloadBitmap(String url) {
    HttpURLConnection conn = null;
    InputStream is = null;
    BufferedInputStream bis = null;
    Bitmap bm = null;

    try {
        conn = (HttpURLConnection) (new URL(url)).openConnection();
        is = conn.getInputStream();
        bis = new BufferedInputStream(is);
```

```
            bm = BitmapFactory.decodeStream(bis);
        } catch (IOException e) {
            e.printStackTrace();
        } finally {
            try {
                if (bis != null) {
                    bis.close();
                }

                if (is != null) {
                    is.close();
                }
            } catch (IOException e) {
                e.printStackTrace();
            }
        }

        return bm;
    }
```

代码解释

- 使用完流之后，一定要记得 close()。

19.5.4 数据解析

1. 解析正常响应：parseBookInfo()

```
/**
 * 将从豆瓣下载所得的书籍 JSON 文件解析成图书对象
 */
private static BookInfo parseBookInfo(JSONObject json) {
    if (json == null) {
        return null;
    }

    BookInfo bookInfo = null;

    try {
        bookInfo = new BookInfo();

        bookInfo.setTitle(json.getString(BookAPI.TAG_TITLE));
        bookInfo.setCover(downloadBitmap((json.getString(BookAPI.TAG_COVER))));
        bookInfo.setAuthor(parseJSONArray2String(json.getJSONArray(BookAPI.TAG_AUTH
OR), " "));
        bookInfo.setPublisher(json.getString(BookAPI.TAG_PUBLISHER));
        bookInfo.setPublishDate(json.getString(BookAPI.TAG_PUBLISH_DATE));
        bookInfo.setISBN(json.getString(BookAPI.TAG_ISBN));
        bookInfo.setSummary(json.getString(BookAPI.TAG_SUMMARY).replace("\n",
"\n\n"));
    } catch (JSONException e) {
        e.printStackTrace();
    }

    return bookInfo;
}
```

代码解释
- 由于"作者"字段为 JSONArray,所以需做特殊处理,即 parseJSONArray2String()。
- 请注意,"封面"字段为图片 URL,所以得再次下载,即 downloadBitmap()。

2. JSONArray 解析成 String:parseJSONArray2String()

```java
/**
 * 将 JSONArray 对象解析成特定格式的字符串,例如:
 *     ["string0", "string1"] -> "string0 string1"
 */
private static String parseJSONArray2String(JSONArray json, String split) {
    if ((json == null) || (json.length() < 1)) {
        return null;
    }

    StringBuffer sb = new StringBuffer();

    for (int i = 0; i < json.length(); i++) {
        try {
            sb = sb.append(json.getString(i));
        } catch (JSONException e) {
            e.printStackTrace();
        }

        sb = sb.append(split);
    }

    sb.deleteCharAt(sb.length() - 1);

    Log.v(TAG, "parseJSONArray2String(" + json.toString() + "): " + sb.toString());
    return sb.toString();
}
```

代码解释
- sb.deleteCharAt(sb.length() - 1)为删除最后一个多余的分隔符。

3. 解析异常响应:parseErrorCode()

```java
/**
 * 从豆瓣返回的错误消息中解析出错误码
 */
private static int parseErrorCode(JSONObject json) {
    int ret = BookAPI.RESPONSE_CODE_ERROR_NET_EXCEPTION;

    if (json == null) {
        return ret;
    }

    try {
        ret = json.getInt(BookAPI.TAG_ERROR_CODE);
    } catch (JSONException e) {
```

```
            e.printStackTrace();
        }
        
        return ret;
    }
```

4. 通过错误码找到对应字符串编号：getErrorMessage()

```
/**
 * 根据错误码找到对应错误详情字符串的编号
 */
private static int getErrorMessage(int errorCode) {
    int ret = R.string.error_message_default;
    
    switch (errorCode) {
    case BookAPI.RESPONSE_CODE_ERROR_NET_EXCEPTION:
        ret = R.string.error_message_net_exception;
        break;
        
    case BookAPI.RESPONSE_CODE_ERROR_BOOK_NOT_FOUND:
        ret = R.string.error_message_book_not_found;
        break;
        
    default:
        break;
    }
    
    return ret;
}
```

19.5.5 信息显示界面

该界面信息相对比较单一，仅仅显示上一界面传递过来的数据而已，我们还是先看看布局文件。

```
<?xml version="1.0" encoding="utf-8"?>
<ScrollView xmlns:android="http://schemas.android.com/apk/res/android"
    android:layout_width="match_parent"
    android:layout_height="match_parent" >
    
    <RelativeLayout
        android:layout_width="match_parent"
        android:layout_height="wrap_content" >
        
        <TextView
            android:id="@+id/book_detail_title"
            android:layout_width="match_parent"
            android:layout_height="wrap_content"
            android:layout_marginTop="12dp"
            android:layout_marginBottom="10dp"
            android:layout_marginLeft="6dp"
            style="@style/HeadlineFontStyle"
            />
        <ImageView
            android:id="@+id/book_detail_cover"
            android:layout_width="wrap_content"
```

```xml
            android:layout_height="wrap_content"
            android:layout_below="@id/book_detail_title"
            android:layout_marginLeft="16dp"
            android:layout_marginRight="16dp"
            />
        <TextView
            android:id="@+id/book_detail_author"
            android:layout_width="wrap_content"
            android:layout_height="wrap_content"
            android:layout_below="@id/book_detail_title"
            android:layout_toRightOf="@id/book_detail_cover"
            android:layout_marginBottom="2dp"
            style="@style/DefaultFontStyle"
            />
        <TextView
            android:id="@+id/book_detail_publisher"
            android:layout_width="wrap_content"
            android:layout_height="wrap_content"
            android:layout_below="@id/book_detail_author"
            android:layout_alignLeft="@id/book_detail_author"
            android:layout_marginBottom="2dp"
            style="@style/DefaultFontStyle"
            />
        <TextView
            android:id="@+id/book_detail_pubdate"
            android:layout_width="wrap_content"
            android:layout_height="wrap_content"
            android:layout_below="@id/book_detail_publisher"
            android:layout_alignLeft="@id/book_detail_author"
            android:layout_marginBottom="2dp"
            style="@style/DefaultFontStyle"
            />
        <TextView
            android:id="@+id/book_detail_isbn"
            android:layout_width="wrap_content"
            android:layout_height="wrap_content"
            android:layout_below="@id/book_detail_pubdate"
            android:layout_alignLeft="@id/book_detail_author"
            android:layout_marginBottom="2dp"
            style="@style/DefaultFontStyle"
            />
        <TextView
            android:id="@+id/book_detail_summary_title"
            android:layout_width="match_parent"
            android:layout_height="wrap_content"
            android:layout_below="@id/book_detail_isbn"
            android:layout_marginTop="16dp"
            android:layout_marginBottom="16dp"
            android:gravity="center"
            android:text="@string/book_detail_summary_title"
            style="@style/HeadlineFontStyle"
            />
        <TextView
            android:id="@+id/book_detail_summary"
            android:layout_width="match_parent"
```

```xml
                android:layout_height="wrap_content"
                android:layout_below="@id/book_detail_summary_title"
                style="@style/DefaultFontStyle"
                />

    </RelativeLayout>

</ScrollView>
```

🖋 代码解释

- "内容介绍"字段文字可能较多,导致一屏显示不完全,所以需使用 **ScrollView** 进行布局。
- RelativeLayout 需十分留意当前控件的参照控件。

接下来就是该界面的代码实现部分。

```java
package com.eoeandroid.booksearcher;

import android.app.Activity;
import android.os.Bundle;
import android.os.Parcelable;
import android.widget.ImageView;
import android.widget.TextView;

public class BookInfoDetailActivity extends Activity {

    private TextView mTitle;
    private ImageView mCover;
    private TextView mAuthor;
    private TextView mPublisher;
    private TextView mPublishDate;
    private TextView mISBN;
    private TextView mSummary;

    @Override
    protected void onCreate(Bundle savedInstanceState) {
        super.onCreate(savedInstanceState);
        setContentView(R.layout.activity_book_detail);

        initViews();
        initData(getIntent().getParcelableExtra(BookInfo.class.getName()));
    }

    private void initViews() {
        mTitle = (TextView) findViewById(R.id.book_detail_title);
        mCover = (ImageView) findViewById(R.id.book_detail_cover);
        mAuthor = (TextView) findViewById(R.id.book_detail_author);
        mPublisher = (TextView) findViewById(R.id.book_detail_publisher);
        mPublishDate = (TextView) findViewById(R.id.book_detail_pubdate);
        mISBN = (TextView) findViewById(R.id.book_detail_isbn);
        mSummary = (TextView) findViewById(R.id.book_detail_summary);
    }

    private void initData(Parcelable data) {
        if (data == null) {
            return;
```

```
        }
        BookInfo bookInfo = (BookInfo) data;

        mTitle.setText(bookInfo.getTitle());
        mCover.setImageBitmap(bookInfo.getCover());
        mAuthor.setText(bookInfo.getAuthor());
        mPublisher.setText(bookInfo.getPublisher());
        mPublishDate.setText(bookInfo.getPublishDate());
        mISBN.setText(bookInfo.getISBN());
        mSummary.setText(bookInfo.getSummary());
    }
}
```

代码解释
- 要养成良好的代码书写习惯，更利于保持条理清晰，例如，**initViews()**和**initData()**。
- 通过 getIntent().getParcelableExtra()可以获取到上一界面传递过来的对象。

19.6 本章小结

通过本章的学习，可以了解到 RelativeLayout 的布局细节，如何通过 Intent 启动第三方应用，如何通过 Intent 传递对象，如何从网络下载数据，如何使用豆瓣图书 API，如何解析 JSON 等。

第 20 章 综合案例二
——eoe Wiki 客户端

从本章你可以学到：

- eoe Wiki 客户端的背景与简介
- 开发一个项目的主要步骤
- 学习滑块特效
- 学习如何进行网络的交互
- 学习 JSON 的解析
- 学习到一般缓存的做法

20.1 背景与简介

20.1.1 eoe Wiki 网站

在知识全球化成熟发展阶段，知识大爆炸在互联网上产生了混乱和无序，出现知识孤岛现象。人们正在探索一些新的方式来建设知识大陆，从而解决知识孤岛的问题。当前，构建知识大陆的主要代表是 Wiki 型百科网站。

eoe 社区在为 Android 开发者提供从技术学习、就业到产品运营的成长体系服务的同时，也建立了一个关于 Android 相关资料的共享平台，它就是 eoe Wiki 网站（http://wiki.eoeandroid.com/）。任何 Android 爱好者都能在该平台共同编辑，自由分享。目前该平台主要资源来源于广大 eoe 社区网友对 Android 官网的原文翻译。

20.1.2 eoe Wiki 客户端

随着移动互联的发展，越来越多的人已经不满足于单纯地在电脑上学习与获取各种知识。eoe 社区在广大社区网友的建议下，成立了 EoeAppLabs 开发小组，并结合当前正进行的热火朝天的 Android 官方开发文档的 Wiki 翻译，组织了 eoe Wiki 客户端的开发。

eoe Wiki 客户端是一款移动开发知识百科软件，依靠 eoe 开发者社区，将高质量移动开发内容用百科的形势进行组织和展示，以方便大家能更快更好地学习移动开发的相关知识，尽快成长。程序运行效果如图 20-1 所示。

▲图 20-1 eoe Wiki 客户端运行效果图

20.2 项目设计

往往我们开发一个项目，并不是直接就开始编码了，我们会经历从前期的需求调研、概要设计、详细设计、编码和后期的维护。

在本章的学习过程中，虽然 eoe Wiki 客户端只是作为一个简单的实例来学习，但是在整个讲解的过程，我会用一个完整项目的基本流程来为大家讲解。这样大家通过本实例除了得到一些有用的代码外，更多的是了解一个完整的项目是如何开始、设计、编码到最后交互给客户的。

需求的调研是整个项目的开始阶段，也是奠定我们项目将以何种方式呈现的最关键时期。所以这一阶段，一般是由产品经理或者是研发经理与客户研究讨论确定。只有通过多次深入的、细致的交流，才能正确无误地掌握客户或者老板想要什么，才能在后面的设计与编码中掌握好方向。它像一个灯塔，为我们指明了项目前进的方向与目的地。需求的调研表现形式一般为用户视图、数据词典和用户操作手册。很多人都认为用户操作手册是在编码完成后再写的，这种想法是错误的。

在本实例中，需求比较简单明确，所以就不再花费较多的时间去探究。我们接下来从概要设计开始。

20.2.1 原型图设计

在概要设计阶段，我们需要将项目进行一个初步的划分，并给出合理的研发流程和资源要求。在这一阶段中我们需要做的一些事情就是原型图的设计。如果有一些新的领域，就需要开始着手研究技术难点与新技术。特别是技术主管，一定要在这一阶段对整个项目的技术点与结构有一定的构思，这样才能在接下来的详细设计中更加准确地给出设计步骤与项目进度的预估。

eoe Wiki 客户端大致是 CS（客户端与服务器）形式。在客户端这边主要是获取数据并显示数据，整个技术点体现于滑块的特效与 Wiki 详细内容的展示中，项目的原型图如图 20-2 所示。

▲图 20-2　eoe Wiki 设计原型

从原型图我们可看出，在程序启动的时候，我们需要一个启动界面，用于展示 eoeAppLabs 的宣传图等。

在侧边栏中，我们需要展示 eoe Wiki 的所有大类的资料，并可以通过相应的功能按钮进入最近更新、关于我们、意见反馈等功能页面。

在文章列表页面中，主要是展示一些二级文章列表。

在文章详细页面中，除了需要显示 Wiki 详细内容外，底部也有全屏、收藏、转发和查看 Wiki 属性等功能按钮。

20.2.2　流程图设计

经过上面的概要设计，程序大体已经在我们心中有数了。接下来就是项目的详细设计，这是考验技术专家设计思维的重要关卡。详细设计说明书应当把具体的模块以最"干净"的方式（黑箱结构）提供给编码者，使系统整体模块化达到最大。实际上，严格地讲，详细设计说明书应当把每个函数的每个参数的定义都精精细细地提供出来,从需求分析到概要设计到完成详细设计说明书,一个软件项目就应当说完成了一半了。换而言之,一个大型软件系统在完成了一半的时候,其实还没有开始一行代码工作。那些把程序员简单地理解为写代码的技术人员,就从根本上犯了错误。

在 eoe Wiki 客户端的详细设计阶段,我们并没有认真地按照大型软件系统的流程来规规矩矩地写一大本的详细说明书,而是简化地用流程图来代替了。如果大家在开发的过程中,有充足的时间、人力与精力,一定要尝试着写一下,图 20-3 为 eoe Wiki 客户端的流程图。

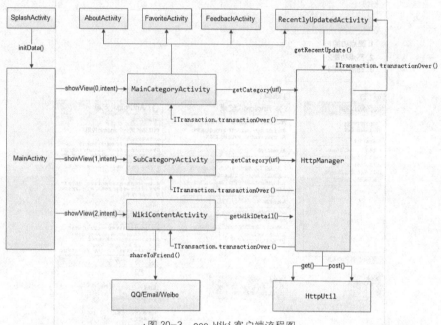

▲图 20-3　eoe Wiki 客户端流程图

20.3　功能模块

有了详细设计后,就可以进入编码阶段了。在规范化的流程中,编码工作占用的时间一般保持在整个项目周期的 1/3 左右。所谓"磨刀不误砍柴功",良好的设计过程会极大地提高编码的效率,尤其是多个模块之间的进度协调与协作。如果前期设计不够详细或者不全面,可能导致其他模块停下来等待。

在编码过程中的相互沟通与应急的手段也是相当重要的,再详细的设计也不可能消除所有的 Bug,我们程序员应该积极地面对这个问题。

在我们的 eoe Wiki 客户端中,涉及的功能模块主要有:滑块的特效、网络的交互、JSON 数据解析和数据库与缓存等。我们将在接下来的小节里面详细地给大家介绍。在具体讲解每个功能模块之前,我们得先一起来了解一下整个应用在完成后的框架结构,以便让大家先对整个项目的目录结构心中有数。

20.3.1 项目目录结构

项目目录结构如图 20-4 所示。

▲图 20-4　Eoe Wiki 项目目录结构

在整个项目中，如 gen、bin、libs、res 等目录结构在这里就不作详细解释了，相信大家从本书开头看到现在，已经算是半个达人了。我们主要是为大家讲解一下每个包的作用。

|　cn.eoe.wiki:

主要是用于存放有关整个项目的一些静态变量或者是配置文件等。

|　cn.eoe.wiki.activity:

主要是用于存放 Activity 类。在项目中，为了更方便地管理所有页面的一些共同属性，我们自定义了一个继承自 Activity 的基础类 BaseActivity，并且规定，项目中所有 Activity 的子类（不包括 TabActivity、ActivityGroup 等非 Activity 子类）都必需优先继承 BaseActivity。

|　cn.eoe.wiki.activity.adapter:

主要是用于存放 activity 中的数据适配器。

|　cn.eoe.wiki.db:

主要用于存放数据库相关的类，例如，SQLiteOpenHelper、ContentProvider 及数据库表。所有数据库的表都必须继承自 DatabaseColumn 类以便更好地管理表实体。

|　cn.eoe.wiki.db.dao:

主要用于存放数据库的表逻辑类（可以称为 Dao 层）。所有 Dao 类都必需继承自 GeneralDao 类。因为在 GeneralDao 类中提供了一些可供所有 Dao 使用的共同方法。

| cn.eoe.wiki.db.entity:

主要用于存放数据库表实体类。往往一个数据库表实体对象代表一条表中的数据。注意与数据库表的区别。数据库表是用于定义表结构，而实体类是用于表示表中的数据。

| cn.eoe.wiki.http:

主要用于存放网络相关的类。

| cn.eoe.wiki.json:

主要用于存放 Json 数据实体类。

| cn.eoe.wiki.listener:

主要用于存放我们的监听类。

| cn.eoe.wiki.utils :

主要用于存放在项目中的工具类。例如，时间类（DateUtil.java）、文件类（FileUtil.java）、日志类（L.java）、数据库类（SqliteWrapper.java）等。

| cn.eoe.wiki.view:

主要用于存放我们自定义的一些 view。例如，WikiWebView.java、SliderLayer.java、AboutDialog.java 等。

另外，在 libs 下的三个 jar 包作用如下。

| android-support-v4.jar:

Google 提供的向下兼容不同 Android 版本的支持库。

| jackson-all-1.9.2.jar:

Json 的数据解析库。这个我们会在第 4 小节中为大家介绍里面重要的类与方法。

| umeng_sdk.jar:

友盟提供给第三方应用的数据分析库。可以用于追踪应用运行中的事件、检查更新及反馈界面等功能。

20.3.2 滑块特效

eoe Wiki 客户端里面的滑块特效可以说是整个 UI 里面的一大亮点，从整体看像一本厚厚的 wiki 百科全书，任由我们在里面翻阅与翱翔。整体的滑块设计思路来源于当前流行的侧滑模式，但是页面效果明显优于当前的 Facebook、人人网等侧面单页滑动的应用。因为我们实现了多个滑块的滑动，并且对页面边缘做了形象化处理，看起来更像是在翻阅一本真实的书。

我们在实现滑块特效的时候，首先是通过自定义一个 SliderLayer（继承自 ViewGroup）视图组来管理多个滑块的位置与动画，而 SliderLayer 里面包含的控件我们则作为滑块中的内容来显示。这样就可以更好地做到控制与视图的分离，使得程序在逻辑上更清楚，也更具有扩展性，减小了模块与模块之间的耦合。

> **小知识**
>
> 耦合度是指对象之间的依赖性。耦合也是影响软件复杂程度和设计质量的一个重要因素，在设计上我们应采用以下原则：如果模块间必须存在耦合，就尽量使用数据耦合，少用控制耦合，限制公共耦合的范围，尽量避免使用内容耦合。
>
> APK 是 Android Package 的缩写，即 Android 安装包。APK 类似于 Symbian Sis 或 Sisx

在实现 SliderLayer 之前，我们先需要实现一个实体对象来保存每个滑块的信息，代码如下。

```java
public class SliderEntity {
    protected ViewGroup view;
    protected int width;
    protected int closeX;
    protected int openX;
    protected int y;

    public SliderEntity(ViewGroup view,int openX,int closeX,int y) {
        if(view==null)
            throw new NullPointerException("invalid view");
        this.view = view;
        this.closeX = closeX;
        this.openX = openX;
        this.y = y;
    }

    public ViewGroup getView() {
        return view;
    }
    public void setView(ViewGroup view) {
        if(view==null)
            throw new NullPointerException("invalid view");
        this.view = view;
    }
    public int getWidth() {
        if(width<=0) {
            width = view.getMeasuredWidth();
        }
        return width;
    }
    public int getCloseX() {
        return closeX;
    }
    public int getOpenX() {
        return openX;
    }
```

```
    public int getY() {
        return y;
    }
}
```

🔖 **代码解释**

上述代码中主要定义了几个滑块的信息变量。

▎view：

用于保存当前滑块内容的布局控件，当我们滑块里面的内容需要修改时，就会先移除掉以前的 Views，再添加新的 Views 到滑块的 ViewGroup 里面，从而完成页面内容的修改。

▎width：

用于保存当前滑块的宽度。

▎closeX：

用于保存当前滑块在 close 状态下 x 的坐标。屏幕左上角的坐标为(0,0)。

▎openX：

用于保存当前滑块在 open 状态下 x 的坐标。通过 openX-closeX 的值可以得到滑块在滑动过程中的偏移量。closeX 与 openX 的值可以在屏幕以外。

▎y：

用于保存当前滑块的 y 坐标。滑块在运行的时候，由于没有在 y 坐标上产生偏移，所以起始 y 坐标与终止 y 坐标是一样的。

在 SliderLayer 类中我们需要完成一些滑块的管理与动画的效果。在 onLayout()方法中，我们需要设置子视图（在本项目中为滑块的内容）显示的位置。

```java
@Override
public void onLayout(boolean changed, int l, int t, int r, int b) {
    int count = mListLayers.size();
    for (int i = 0; i < count; i++) {
        SliderEntity layer = mListLayers.get(i);
        if (i <= mOpenLayerIndex) {
            layer.view.layout(layer.openX, layer.y, r, b);
        } else {
            layer.view.layout(layer.closeX, layer.y, r + layer.closeX, b);
        }
    }
}
```

🔖 **代码解释**

上述代码主要是判断三个滑块是打开还是关闭状态，并根据它们的状态来设置滑块的位置。此方法会在初始化视图和滑块滑动结束后调用。

滑块的打开与关闭是在界面中触发的，所以在 SliderLayer 类中我们需要提供方法来打开与关闭滑块。

```java
public void openSidebar(int index) {
    if (index <= mOpenLayerIndex) {
        L.e("index must greater than the opening layer index");
        return;
    }
    if (index > mListLayers.size()) {
        L.e("index must less than the max layer index:" + mListLayers.size());
        return;
    }
    SliderEntity layer = mListLayers.get(index);
    if (layer.view.getAnimation() != null) {
        return;
    }
    // View belowLayer = getBelowLayerView(index);
    L.d("try to open:" + index);
    mAnimation = new TranslateAnimation(0, -(layer.closeX - layer.openX), 0, 0);
    mAnimation.setAnimationListener(new OpenListener(layer.view));

    mAnimation.setDuration(DURATION);
    mAnimation.setFillAfter(true);
    mAnimation.setFillEnabled(true);

    mOpenLayerIndex = index;
    layer.view.startAnimation(mAnimation);
}

public void closeSidebar(int index) {
    if (index != mOpenLayerIndex) {
        L.e("Can't close the layer which is not opening");
        return;
    }
    SliderEntity layer = mListLayers.get(index);
    if (layer.view.getAnimation() != null) {
        return;
    }
    mAnimation = new TranslateAnimation(0, (layer.closeX - layer.openX), 0, 0);
    mAnimation.setAnimationListener(new CloseListener(layer.view));

    mAnimation.setDuration(DURATION);
    mAnimation.setFillAfter(true);
    mAnimation.setFillEnabled(true);

    mOpenLayerIndex--;
    layer.view.startAnimation(mAnimation);
}

class OpenListener implements Animation.AnimationListener {
    View iContent;

    OpenListener( View content) {
        iContent = content;
    }

    public void onAnimationRepeat(Animation animation) {
    }
```

```java
        public void onAnimationStart(Animation animation) {
            isAnimationing = true;
        }

        public void onAnimationEnd(Animation animation) {
            iContent.clearAnimation();
            requestLayout();
            List<SliderListener> result = set2List(mListeners);
            for(SliderListener l:result) {
                l.slidebarOpened();
            }
            isAnimationing = false;
        }
    }

    class CloseListener implements Animation.AnimationListener {
        View iContent;

        CloseListener(View content) {
            iContent = content;
        }

        public void onAnimationRepeat(Animation animation) {
        }
        public void onAnimationStart(Animation animation) {
            isAnimationing = true;
        }

        public void onAnimationEnd(Animation animation) {
            iContent.clearAnimation();
            requestLayout();
            List<SliderListener> result = set2List(mListeners);
            for(SliderListener l:result) {
                l.slidebarClosed();
            }
            isAnimationing = false;
        }
    }
```

代码解释

打开与关闭方法流程上是一样的。首先判断当前的滑块是否存在动画效果，如果有，则证明滑块正在滑动过程中，我们不会再次触发打开与关闭的动作。

然后创建一个动画效果并执行。

当动画效果完成后，会通过 requestLayout() 方法来请求重新绘制视图，并通过 SliderListener 接口通知界面滑块已经打开或者关闭。

> **注意**：在 onAnimationEnd() 方法中，我们通过 set2List() 方法将滑块页面注册的监听复制到新的数组里面再去通知页面，这是因为如果用户在 SliderListener 接口的实现方法中就移除我们的监听，会抛出 ConcurrentModificationException 异常。

接下来我们定义我们的主界面的布局，里面会用到我们自定义的 **SliderLayer** 类。

```xml
mail.xml
<?xml version="1.0" encoding="utf-8"?>
<cn.eoe.wiki.view.SliderLayer
    xmlns:android="http://schemas.android.com/apk/res/android"
    android:id="@+id/animation_layout"
    android:layout_width="match_parent"
    android:layout_height="match_parent"
    android:background="@color/deep_grey">
    <LinearLayout
        android:id="@+id/animation_layout_one"
        android:layout_width="match_parent"
        android:layout_height="match_parent"
        android:orientation="vertical"
        android:background="@drawable/page1">
    </LinearLayout>

    <!-- To make LinearLayout clickable to trigger onContentTouchedWhenOpening() -->
    <LinearLayout
        android:id="@+id/animation_layout_two"
        android:layout_width="match_parent"
        android:layout_height="match_parent"
        android:orientation="vertical"
        android:background="@drawable/page2">
    </LinearLayout>

    <!-- To make LinearLayout clickable to trigger onContentTouchedWhenOpening() -->
    <LinearLayout
        android:id="@+id/animation_layout_three"
        android:layout_width="match_parent"
        android:layout_height="match_parent"
        android:orientation="vertical"
        android:background="@drawable/page3">
    </LinearLayout>
</cn.eoe.wiki.view.SliderLayer>
```

代码解释

上述布局文件中，最外层即为我们自定义的 **SliderLayer** 视图，里面包括了三个滑块的布局。

滑块及滑块内容的管理我们是用 **MainActivity**（继承自 **ActivityGroup**）来管理的。虽然在 Android 3.0 以后提供了 **Fragment** 来代替，但是鉴于现在主流的版本还是 2.x 占大多数，所以我们第一版本中还是继续沿用 **ActivityGroup** 来进行管理。大家如果有兴趣可以试着用 **Fragment** 去实现一下。接下来，看看 **MainActivity** 是如何让滑块工作的。

```java
@Override
public void onCreate(Bundle savedInstanceState) {
    super.onCreate(savedInstanceState);
    ......
    int sceenWidth = WikiUtil.getSceenWidth(mMainActivity);
    ViewGroup layerOne = (ViewGroup) findViewById(R.id.animation_layout_one);
    layerOne.setPadding(0,0, WikiUtil.dip2px(mMainActivity, 20), 0);
    ViewGroup layerTwo = (ViewGroup) findViewById(R.id.animation_layout_two);
    layerTwo.setPadding(0, 0, WikiUtil.dip2px(mMainActivity, 15), 0);
```

```
        ViewGroup layerThree = (ViewGroup) findViewById(R.id.animation_layout_three);
        layerThree.setPadding(0, 0, 0, 0);
        mSliderLayers.addLayer(new SliderEntity(layerOne, 0, sceenWidth, 0));
        mSliderLayers.addLayer(new SliderEntity(layerTwo, 0, sceenWidth - WikiUtil.dip2px
(mMainActivity, 23), 0));
        mSliderLayers.addLayer(new SliderEntity(layerThree, WikiUtil.dip2px(mMainActivity,
-10), sceenWidth - WikiUtil.dip2px(mMainActivity, 20), 0));

        Intent intent = new Intent(this, MainCategoryActivity.class);
        showView(0, intent);
}
```

代码解释

上述代码主要是从布局文件中找出三个滑块的控件，通过 **SliderEntity** 实体添加到 **SliderLayer** 实例中。默认在第一个滑块中显示 **MainCategoryActivity** 界面。

WikiUtil.dip2px() 方法主要将 dip 值转化成 px 值，以适应多分辨率情况。

showView() 方法是用于打开滑块并显示内容，代码如下。

```
public void showView(final int index, Intent intent) {
    intent.putExtra(SliderActivity.KEY_SLIDER_INDEX, index);
    // 这里 id 是最关键的，不能重复。
    String id = String.valueOf(System.currentTimeMillis());
    View view = mActivityManager.startActivity(id, intent).getDecorView();
    ViewGroup currentView = mSliderLayers.getLayer(index);
    currentView.removeAllViews();
    currentView.addView(view);
    // if the index ==0 , no need to open .
    if (index == 0)
        return;
    view.post(new Runnable() {
        @Override
        public void run() {
            mSliderLayers.openSidebar(index);
        }
    });
}
```

代码解释

ActivityManager.startActivity() 时我们为每个 Activity 都分配了一个唯一的 id，因为 ActivityManager 每次在启动一个 Activity 时会先通过 id 去找有没有缓存，如果有缓存就不会重新创建一个新的 Activity 实例。而在我们的 Eoe Wiki 客户端中每次滑块的内容可能都是不相同的，所以需要为每个 Activity 分配新的 id。

如果打开的滑块不是第一层目录，则需要通知 **SliderLayer** 打开滑块。第一层目录默认就是打开的，而且也是不能关闭的。

SliderLayers.openSidebar() 需要在 Activity 实例化完成后再执行，因为 Activity 的实例化是另外的线程去延迟执行的，如果我们过早触发滑块的动画，就会造成滑块内的内容与滑块动画不一致的情况，从而使界面看来是紊乱的。

每个滑块我们都定义了一个名为 **SliderActivity** 的父类来做一些共同的事情。

SliderActivity.java
```java
public abstract class SliderActivity extends BaseActivity implements SliderListener{
    public static final        String    KEY_SLIDER_INDEX = "slider_index";
    protected MainActivity        mMainActivity;
    protected    int              mSliderIndex ;
    @Override
    protected void onCreate(Bundle savedInstanceState) {
        super.onCreate(savedInstanceState);
        mMainActivity = getWikiApplication().getMainActivity();
        if(mMainActivity==null) {
            throw new NullPointerException("You should start the MainActivity firstly");
        }
        mSliderIndex = getIntent().getIntExtra(KEY_SLIDER_INDEX, 0);
        //add the slider listener
        getmMainActivity().getSliderLayer().addSliderListener(this);
    }

    @Override
    protected void onDestroy() {
        getmMainActivity().getSliderLayer().removeSliderListener(this);
        super.onDestroy();
    }

    public MainActivity getmMainActivity() {
        return mMainActivity;
    }
    /**
     * 关闭当前的slider
     */
    public void closeSlider() {
        SliderLayer layer = getmMainActivity().getSliderLayer();
        layer.closeSidebar(layer.openingLayerIndex());
    }

    @Override
    public boolean dispatchTouchEvent(MotionEvent ev) {
       if(mSliderIndex!=getmMainActivity().getSliderLayer().openingLayerIndex()) {
            //如果已经关闭了，则不接收任何的触摸事件
            return true;
        }
        return super.dispatchTouchEvent(ev);
    }

    @Override
    public void slidebarOpened() {
        WikiUtil.hideSoftInput(getWindow().getDecorView());
        onSlidebarOpened();
        getmMainActivity().getSliderLayer().removeSliderListener(this);
    }

    @Override
    public void slidebarClosed() {
        onSlidebarClosed();
        getmMainActivity().getSliderLayer().removeSliderListener(this);
    }
```

```
    @Override
    public boolean contentTouchedWhenOpening() {
        return false;
    }

    public abstract void onSlidebarOpened();
    public abstract void onSlidebarClosed();
}
```

> **代码解释**
>
> SliderActivity 类继承于 BaseActivity 类，其中为我们提供了从 WikiApplication 获取 MainActivity 的方法，从而方便滑块中相互跳转。MainActivity 实例是在 MainActivity 的 onCreate()方法中传递给 WikiApplication 实例中保存起来的，因为 Application 的周期是整个应用的周期，比 Activity 要长。
>
> 在 SliderActivity 类中同时实现了 SliderListener 接口来处理一些共同的事件。并通过抽象方法的方式通知实现类滑块的打开与关闭状态。
>
> 最后，我们的滑块界面需要继承 SliderActivity 类，实现自己的逻辑即可。

> **注意** eoe Wiki 客户端中请求网络数据是放在滑块实现界面的 onSlidebarOpened()方法中的，这是因为如果滑块在动画过程中，网络请求完成并请求刷新界面控件，会使界面控件紊乱。与本节前面讲到的 SliderLayers.openSidebar()方法调用原因一致。

20.3.3 网络交互

随着现在移动互联的快速发展，许多的手机应用都需要与服务器进行数据的交互，从而使得项目中网络模块显得尤为重要。eoe Wiki 客户端也是如此，因为它的内容全都来源于 eoe Wiki 服务器。

由于网络请求都是比较耗时的，所以一般是采用异步方式来实现。在项目中我们利用了一个接口来实现网络请求后与界面 Activity 的交互。

```
ITransaction.java
public interface ITransaction{
    public void transactionOver(String result);
    public void transactionException(int erroCode,String result,Exception e);
}
```

> **代码解释**
>
> 上述接口中定义了两个方法。

transactionOver：

主要是用于网络请求正确时的回调函数。参数为请求结果的字符串形式。

transactionException：

主要是用于网络请求出现了异常时的回调函数。参数包括了错误代码、请求结果和异常对象。
网络请求时我们创建了一个 HttpManager 类来管理，代码如下：

```
public class HttpManager {
```

```java
    public static final int      GET      = 0;
    public static final int      POST     = 1;

    private ITransaction         mTransaction;
    private String               mUrl;
    private Map<String,String>   mRequestData;
    private int                  method;

    public HttpManager(String url,Map<String,String> requestData) {
        this( url, requestData,null);
    }
    public HttpManager(String url,Map<String,String> requestData,ITransaction transaction) {
        this(url, requestData, GET,transaction);
    }
    public HttpManager(String url,Map<String,String> requestData,int method,ITransaction transaction) {
        this.mTransaction    = transaction;
        this.mUrl            = url;
        this.mRequestData    = requestData;
        this.method          = method;
    }


    public void setmTransaction(ITransaction mTransaction) {
        this.mTransaction = mTransaction;
    }

    public void setRequestData(Map<String, String> requestData) {
        this.mRequestData = requestData;
    }

    public Map<String, String> getmRequestData() {
        return mRequestData;
    }
    public void setmRequestData(Map<String, String> mRequestData) {
        this.mRequestData = mRequestData;
    }

    public synchronized void start()
    {
        ThreadPoolUtil.execute(new RequestThread());
    }

    class RequestThread implements Runnable {
        private void request() throws IllegalStateException, HttpResponseException, IOException {
            long begin = System.currentTimeMillis();
            String response = null;
            switch (method) {
            case GET:
                response = HttpUtil.get(mUrl, mRequestData);
                break;
            case POST:
                response = HttpUtil.post(mUrl, mRequestData);
                break;
```

```
            }
            long end = System.currentTimeMillis();
            L.e("request time:"+(end- begin));
            if(mTransaction!=null) {
                mTransaction.transactionOver(response);
            }
        }

        private void dealWithExcaption(int erroCode,String result,Exception e)
        {
            if(mTransaction!=null) {
                mTransaction.transactionException(erroCode, result, e);
            }
        }
        @Override
        public void run() {
            try {
                if(mRequestData==null) {
                    mRequestData = new HashMap<String, String>();
                }
                request();
            } catch (IllegalStateException e) {
                L.e("IllegalStateException", e);
                dealWithExcaption(0, e.getMessage(), e);
            } catch (HttpResponseException e) {
                L.e("HttpResponseException", e);
                dealWithExcaption(e.getState(), e.getResult(), e);
            } catch (IOException e) {
                L.e("IOException", e);
                dealWithExcaption(0, e.getMessage(), e);
            }
        }
    }
}
```

代码解释

开始请求网络时，只需要创建一个新的 **HttpManager** 对象，并传入请求的参数，最后调用 **start()** 方法即可创建一个新的线程来请求网络资源。

请求的结果会通过 **ITransaction** 接口的回调函数返回给界面。

HttpUtil 类是一个工具类，承担着网络请求的所有重责。入口为 **get()** 与 **post()** 方法。

```
public static String get(String url, Map<String, String> data)
        throws IllegalStateException, ClientProtocolException,
        HttpResponseException, IOException {
    HttpGet request = null;
    L.d("request url:" + url);
    if (data == null || data.isEmpty()) {
        request = new HttpGet(url);
    } else {
        String paramStr = "";
        for (Map.Entry<String, String> entry : data.entrySet()) {
            paramStr += "&" + entry.getKey() + "=" + entry.getValue();
        }
```

```java
            if (url.indexOf("?") == -1) {
                url += paramStr.replaceFirst("&", "?");
            } else {
                url += paramStr;
            }
            url += "&";
            url = encodeSpecCharacters(url);
            L.e("Request URL:" + url);
            request = new HttpGet(url);
            // request.addHeader("Content-Type",
            // "application/x-www-form-urlencoded");
        }

    // support Gzip
    supportGzip(request);
    return processResponse(httpClient.execute(request));
}

public static String post(String url, Map<String, String> data)
        throws IllegalStateException, HttpResponseException, IOException {
    HttpPost request = new HttpPost(url);

    L.e("Request URL:" + url);
    // add the support of Gzip
    supportGzip(request);

    List<NameValuePair> parameters = new LinkedList<NameValuePair>();
    StringBuilder sb = new StringBuilder();
    for (Map.Entry<String, String> entry : data.entrySet()) {
        if (entry.getValue() == null)
            continue;
        sb.append(entry.getKey() + "=" + entry.getValue() + "&");
        parameters.add(new BasicNameValuePair(entry.getKey(), entry
                .getValue()));
    }
    L.e(sb.toString());
    try {
        UrlEncodedFormEntity form = new UrlEncodedFormEntity(parameters,
                HTTP.UTF_8);
        request.addHeader("Content-Type",
                "application/x-www-form-urlencoded");

        request.setEntity(form);

        return processResponse(httpClient.execute(request));
    } catch (UnsupportedEncodingException e) {
        throw new ParseException(e.getMessage());
    }
}
```

✎ 代码解释

get()方法是将请求的参数附加在 URL 后面并通过 HttpGet 来执行网络请求的。

post()方法是将请求的参数转化成 NameValuePair 对象并通过 HttpPost 来执行网络请求的。

网络返回与内容的读取是在 processResponse()方法中来完成的，代码如下。

```java
private static String processResponse(HttpResponse response)
        throws HttpResponseException, IllegalStateException, IOException {
    int statusCode = response.getStatusLine().getStatusCode();
    L.e("status--->code-->" + statusCode);
    Header[] headers = response.getAllHeaders();
    // if the return code is between 200 and 300. the request is success
    if (HttpStatus.SC_OK <= statusCode
            && statusCode < HttpStatus.SC_MULTIPLE_CHOICES) {
        return processEntity(response);
    } else {
        throw new HttpResponseException(statusCode,
                processEntity(response), headers);
    }
}

private static String processEntity(HttpResponse response)
        throws IllegalStateException, IOException {
    HttpEntity entity = response.getEntity();
    if (entity == null) {
        return null;
    }
    String result = null;
    if (isSupportGzip(response)) {
        InputStream is = null;
        GZIPInputStream gis = null;
        try {
            is = entity.getContent();
            gis = new GZIPInputStream(is);
            long contentLen = +entity.getContentLength();
            StringBuffer stringBuffer;
            if (contentLen < 0) {
                stringBuffer = new StringBuffer();
            } else {
                stringBuffer = new StringBuffer((int) contentLen);
            }
            byte[] tmp = new byte[4096];
            int l;
            while ((l = gis.read(tmp)) != -1) {
                stringBuffer.append(new String(tmp, 0, l));
            }
            result = stringBuffer.toString();
        } catch (Exception e) {
            L.e("read input stream exception", e);
        } finally {
            if (gis != null) {
                gis.close();
            }
            if (is != null) {
                is.close();
            }
        }
    } else {
        result = EntityUtils.toString(entity);
    }
```

```
        entity.consumeContent(); // consume or destroy the entity content
        return result;
}
```

> 📝 **代码解释**

处理网络返回结果时，首先判断返回的状态码是否为 HttpStatus.SC_OK 到 HttpStatus.SC_MULTIPLE_CHOICES 之间，如果不是则会抛出自定义的 HttpResponseException 异常。

processEntity()方法是将网络请求的内容转化成字符串。

在界面中，我们需要实现 ITransaction 即可。

```
public ITransaction getCategoriesTransaction = new ITransaction() {
    @Override
    public void transactionOver(String result) {
        mapperJson(result,true);
        L.d("get the category from the net");
    }

    @Override
    public void transactionException(int erroCode,String result, Exception e) {
mHandler.obtainMessage(HANDLER_LOAD_CATEGORY_ERROR).sendToTarget();
    }
};
```

> 📝 **代码解释**

上面已经讲过，transactionOver()方法是网络请求正常的情况，我们可以继续做 JSON 字符串的解析工作。我们将在下一节详细讲到。

transactionException()方法是网络请求异常时的情况，我们需要通过界面网络请求失败。

到这里网络请求就全部讲完了。许多人可能觉得网络是一个不可逾越的阻碍，一看到网络请求就发慌。其实如毛主席所说的"一切困难都是纸老虎"，平时我们多学习一下网络方面的知识，自己再多加运用，就会发现，其实网络也没有那么难。

20.3.4　JSON 数据解析

JSON（JavaScript Object Notation）是一种轻量级的数据交换格式。它是 JavaScript 的一个子集。JSON 采用完全独立于语言的文本格式，并且易于阅读和编写，同时也易于机器解析和生成。这些特性使 JSON 成为理想的数据交换语言。

JSON 建构有以下两种结构。

* "名称/值"的集合。可以理解成为哈希表（hash table）。
* 值的有序列表。可以理解为数组（array）。

jdk 本身对 JSON 是支持的，但往往我们在项目中却是使用第三方库来完成对 JSON 的解析。当前比较主流的解析库有：fastjson，jackson，json-lib 等。在 Eoe Wiki 客户端中我们采用的是各方面都比较出众的 jackson 来解析。

在解析 JSON 之前我们先来看看从服务器返回的主目录的 JSON 数据。

```
{
  "version": "20120810",
```

```
    "pageid":"001",
    "content": [
      {
        "title": "Android",
        "name": "Android - 安卓",
        "children": [
          {
            "pageid": "510",
            "title": "Android Training",
            "name": "开发实战 - Android Training",
            "desc": "本篇主要收录和Android入门相关的知识,通过本篇的学习,让您轻松入门,快速提高~",
            "uri":
"http://wiki.eoeandroid.com/index.php?action=raw&title=Api_Android_Training"
          },
          {
            "pageid": "550",
            "title": "Android_Distribute",
            "name": "软件发布 - Android Distribute",
            "desc":"本篇主要收录和Android发布和推广相关知识,通过本篇学习,让你全面了解Android发布和推广相关的知识~",
            "uri":
"http://wiki.eoeandroid.com/index.php?action=raw&title=Api_Android_Distribute"
          }
        ]
      },
      {
        "pageid": "002",
        "title": "iOS",
        "name": "iOS - 苹果",
        "children": [
          {
            "pageid": "110000",
            "title": "iOS Training",
            "name": "开发实战 - iOS Training",
            "desc": "本篇主要收录和iOS入门相关知识,诸如iOS 介绍,通过本篇的学习,让您轻松入门,快速提高~~",
            "uri":
"http://wiki.eoeandroid.com/index.php?action=raw&title=Api_iOS_Training"
          }
        ]
      }
    ]
  }
```

※ 代码解释

一般从服务器返回的 JSON 数据可能是未格式化的 JSON 字符串,可读性不会那么强。不过我们可以通过网上提供的一些工具来进行格式化以提供 JSON 字符串的可读性。

在 JSON 中,{表示为名称/值的集合,[表示的是数组。

接下来我们一起来看看上面 JSON 对应的实体代码。

```
//只匹配有的 忽略没必要的或者不存在的
@JsonIgnoreProperties(ignoreUnknown=true)
```

```java
public class CategoryJson {
    @JsonProperty("version")//key 值
    private int version;//value 值

    @JsonProperty("pageid")
    private String pageId;

    @JsonProperty("content")
    private List<CategoryChild> contents;

... ...
}
```

▶ 代码解释

JsonIgnoreProperties 注释可以用来标识哪些属性可以在解析的时候忽略掉。

JsonProperty 注释可以用来标识实体中的字段对应 JSON 字符串中的 key 的值,如果没有标识,则默认为 key 值与字段名相同。

contents 字段表示一个 CategoryChild 对象的数组,代码如下。

```java
@JsonIgnoreProperties(ignoreUnknown=true)
public class CategoryChild implements Parcelable{
    @JsonProperty("title")
    private String title;

    @JsonProperty("name")
    private String name;

    @JsonProperty("desc")
    private String description;

    @JsonProperty("uri")
    private String uri;

    @JsonProperty("pageid")
    private String pageID;

    @JsonProperty("children")
    privateList<CategoryChild> children;

    public CategoryChild(Parcel source)
    {
        title = source.readString();
        name = source.readString();
        description = source.readString();
        uri = source.readString();
        pageID = source.readString();
        children = new ArrayList<CategoryChild>();
        source.readTypedList(children, CategoryChild.CREATOR);
    }

    @Override
    public int describeContents() {
        return 0;
    }
```

```
    @Override
    public void writeToParcel(Parcel dest, int flags) {
        dest.writeString(title);
        dest.writeString(name);
        dest.writeString(description);
        dest.writeString(uri);
        dest.writeString(pageID);
        dest.writeTypedList(children);
    }
    public static final Parcelable.Creator<CategoryChild> CREATOR = new Creator<CategoryChild>() {

        @Override
        public CategoryChild createFromParcel(Parcel source) {
            return new CategoryChild(source);
        }

        @Override
        public CategoryChild[] newArray(int size) {
            return new CategoryChild[size];
        }
    };

... ...
}
```

📝 **代码解释**

上述实体为了可以在 Activity 之间传递，所以我们实现了 Parcelable 接口。

到了这里，已经完成了大半了，剩下的就是调用 JSON 库来将网络的 JSON 字符串转化成实体。代码如下。

```
try {
    CategoryJson responseObject = mObjectMapper.readValue(result, new TypeReference<CategoryJson>() { });

} catch (Exception e) {
    //提示用户转化出错
}
```

📝 **代码解释**

上述代码中，我们将网络 JSON 字符串转化成实体只用到了 ObjectMapper.readValue()方法，操作十分简单。

其实 jackson 十分强大，但是在应用的时候却是十分简单。如果我们只是使用它来解析转化 JSON，那么 ObjectMapper 类就足以满足我们的需求了。ObjectMapper 类中提供了许多的 readValues()方法来供我们将结果转化成 JSON 实体对象，比较常用的方法有以下几种。

```
readValue(File src, Class<T> valueType)

readValue(File src, TypeReference valueTypeRef)

readValue(InputStream src, Class<T> valueType)
```

```
readValue(InputStream src, TypeReference valueTypeRef)
readValue(String content, Class<T> valueType)
readValue(String content, TypeReference valueTypeRef)
readValue(URL src, Class<T> valueType)
readValue(URL src, TypeReference valueTypeRef)
```

🔖 **代码解释**

其他一些方法大家可以去看 Jackson 的开发文档。

Class<T>参数一般用于解析"名称/值"的集合数据，TypeReference 参数一般用于解析数组型数据。

同理 ObjectMapper 类也提供了许多的 write()方法来将实体对象转化成 JSON 结构，在这里就不一一列出了。

20.3.5 数据库与缓存

许多应用都会用 Sqlite 来保存数据，关于 Android 系统中的数据库我们在第 12 章中已经有了系统的讲解，在这里就不再详细讲解了，只结合我们项目中的缓存来讲讲。

先来看看我们项目中关于 Wiki 目录的缓存流程如图 20-5 所示。

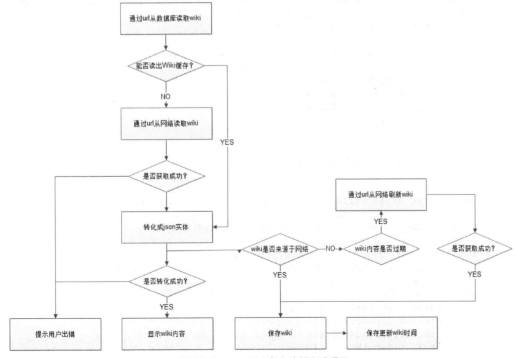

▲图 20-5　eoe Wiki 客户端缓存流程图

接下来我们看看数据库的实现吧。我们首先创建的是数据库中表的基础实体。

```java
DatabaseColumn.java
public abstract class DatabaseColumn implements BaseColumns{
    public static final String      AUTHORITY         = "cn.eoe.wiki.provider";
    public static final String      DATABASE_NAME     = "wiki.db";
    public static final int         DATABASE_VERSION  = 12;
    public static final String[]    SUBCLASSES        = new String[] {
            "cn.eoe.wiki.db.WikiColumn",
            "cn.eoe.wiki.db.FavoriteColumn",
            "cn.eoe.wiki.db.UpdateColumn"
    };

    public static final String      DATE_ADD          = "date_add";
    public static final String      DATE_MODIFY       = "date_modify";

    public String getTableCreateor() {
        return getTableCreator(getTableName(), getTableMap());
    }

    public String[] getColumns() {
        return getTableMap().keySet().toArray(new String[0]);
    }

    @SuppressWarnings("unchecked")
    public static final Class<DatabaseColumn>[] getSubClasses() {
        ArrayList<Class<DatabaseColumn>> classes = new ArrayList<Class<DatabaseColumn>>();
        Class<DatabaseColumn> subClass = null;
        for (int i = 0; i < SUBCLASSES.length; i++) {
            try {
                subClass = (Class<DatabaseColumn>) Class
                        .forName(SUBCLASSES[i]);
                classes.add(subClass);
            } catch (ClassNotFoundException e) {
                e.printStackTrace();
                continue;
            }
        }
        return classes.toArray(new Class[0]);
    }

    private static final String getTableCreator(String tableName,
            Map<String, String> map) {
        String[] keys = map.keySet().toArray(new String[0]);
        String value = null;
        StringBuilder creator = new StringBuilder();
        creator.append("CREATE TABLE ").append(tableName).append("( ");
        int length = keys.length;
        for (int i = 0; i < length; i++) {
            value = map.get(keys[i]);
            creator.append(keys[i]).append(" ");
            creator.append(value);
            if (i < length - 1) {
                creator.append(",");
```

```
            }
        }
        creator.append(")");
        return creator.toString();
    }

    abstract public String getTableName();
    abstract public Uri getTableContent();

    abstract protected Map<String, String> getTableMap();
}
```

代码解释

上述代码创建一个表的基础类实体,里面提供了表实体的基础方法。可以通过 getSubClasses() 来获取到表的实体类对象,也可以通过 getTableCreator() 来获取创建表时的 SQL 语句。

DATABASE_VERSION 字体用来标识当前数据库的版本号,每次在发布应用时如果数据库有更改都需要修改此字体的标识,从而触发系统调用 SQLiteOpenHelper 类中的 onUpgrade() 方法来完成数据库的更新。

另外也抽象了 3 个方法留给实现类去实现。

有了 DatabaseColumn 基础类,具体的数据库表的类就很好创建了,下面我们举例看看 WikiColumn 的代码。

```
WikiColumn.java
public class WikiColumn extends DatabaseColumn {

    public static final String      TABLE_NAME       = "wikis";

    public static final String      PAGEID           ="pageid";
    public static final String      DISPLAY_TITLE    ="display_title";
    public static final String      PATH             ="path";
    public static final String      VERSION          ="version";
    public static final String      URI              ="uri";

    public static final Uri         CONTENT_URI      = Uri.parse("content://" + AUTHORITY + "/" + TABLE_NAME);
    private static final Map<String, String> mColumnsMap = new HashMap<String, String>();
    static {
        mColumnsMap.put(_ID, "integer primary key autoincrement not null");
        mColumnsMap.put(PAGEID, "integer not null");
        mColumnsMap.put(VERSION, "integer not null");
        mColumnsMap.put(PATH, "text");
        mColumnsMap.put(DISPLAY_TITLE, "text");
        mColumnsMap.put(URI, "text not null");
        mColumnsMap.put(DATE_ADD, "localtime");
        mColumnsMap.put(DATE_MODIFY, "localtime");
    };

    @Override
    public String getTableName() {
        return TABLE_NAME;
    }
```

```
    @Override
    public Uri getTableContent() {
        return CONTENT_URI;
    }

    @Override
    protected Map<String, String> getTableMap() {
        return mColumnsMap;
    }
}
```

代码解释

在基础类已经做了较多的工作，在 WikiColumn 类中只需要定义表中的字段及实现父类中抽象的方法即可。

接下来就是创建我们的 SQLiteOpenHelper 类，用来完成数据库的创建与更新。

```
DatabaseHelper.java
public class DatabaseHelper extends SQLiteOpenHelper {

    public DatabaseHelper(Context context) {
        super(context, DatabaseColumn.DATABASE_NAME, null, DatabaseColumn.DATABASE_VERSION);

    }

    @Override
    public void onCreate(SQLiteDatabase db) {
        try {
            operateTable(db, "");
        } catch (Exception e) {
            return;
        }
    }

    @Override
    public void onUpgrade(SQLiteDatabase db, int oldVersion, int newVersion) {
        L.e("Database onUpgrade");
        if (oldVersion == newVersion) {
            return;
        }
        operateTable(db, "DROP TABLE IF EXISTS ");
        onCreate(db);
    }

    public void operateTable(SQLiteDatabase db, String actionString) {
        Class<DatabaseColumn>[] columnsClasses = DatabaseColumn.getSubClasses();
        DatabaseColumn columns = null;

        for (int i = 0; i < columnsClasses.length; i++) {
            try {
```

```
                columns = columnsClasses[i].newInstance();
                if ("".equals(actionString) || actionString == null) {
                    db.execSQL(columns.getTableCreateor());
                } else {
                    db.execSQL(actionString + columns.getTableName());
                }
            } catch (Exception e) {
                L.e("operate table exception.",e);
            }
        }
    }
}
```

代码解释

operateTable()方法主要是用来创建数据库中的表。如果数据库的版本需要更新，则我们可以在onUpgrade()方法中编码更新数据库的代码。在本项目中是直接把以前的表都删除，再重新创建。而一般兼容性良好的程序，会对每个版本的数据库进行具体的修改，而不是直接删除再创建。

ContentProvider 类就留给大家参考源码来实现了。该类主要是提供方法来辨识 Uri，并返回数据库中的数据。逻辑上比较简单，但是代码较多，为了节省篇幅就不再贴出来了。

在项目中，我们为了避免直接操作数据库，为数据库的操作添加了 Dao 层。在 Dao 层中我们添加了简单的业务逻辑，并对数据库库中的表进行操作。

> **小提示** 在大型的系统中，Dao 层一般只用于对具体的表进行操作，逻辑的处理还会添加一层 Manager 来处理。而在我们项目中，逻辑比较简单，所以将 Manager 层合并到了 Dao 层来实现。

在 Dao 层中我们添加了一个泛型 GeneralDao 来完成一些简单的逻辑操作。

```
GeneralDao.java
public class GeneralDao<T extends DatabaseColumn> {
    public T tableClass;
    protected Context context;
    protected Uri uri;

    public GeneralDao(T tableClass,Context context) {
        this.tableClass = tableClass;
        this.context = context;
        uri = Uri.parse("content://" + DatabaseColumn.AUTHORITY + "/" + this.tableClass.getTableName());
    }

    public Cursor queryAll() {
        return SqliteWrapper.query(context, context.getContentResolver(), uri, this.tableClass.getColumns(), null, null, null);
    }
```

```java
    public Cursor queryByPage(int page,int length) {
        if(page<=0) {
            throw new IllegalArgumentException("invalid page :"+page);
        }
        return SqliteWrapper.query(context, context.getContentResolver(), uri, this.tableClass.getColumns(), null, null, DatabaseColumn._ID+" limit "+(page-1)*length+","+length);
    }

    public Cursor queryById(long id) {
        return SqliteWrapper.query(context, context.getContentResolver(), Uri.withAppendedPath(uri, String.valueOf(id)), this.tableClass.getColumns(), null, null, null);
    }
    public Cursor queryByParameter(String name, long value) {
        return SqliteWrapper.query(context, context.getContentResolver(), uri, this.tableClass.getColumns(), name+"="+value, null, null);
    }
    public Cursor queryByParameter(String name, String value) {
        return SqliteWrapper.query(context, context.getContentResolver(), uri, this.tableClass.getColumns(), name+"='"+value+"'", null, null);
    }
    public Uri insert(ContentValues values) {
        return SqliteWrapper.insert(context, context.getContentResolver(), uri, values);
    }

    public int delete(long id) {
        return SqliteWrapper.delete(context, context.getContentResolver(), uri, BaseColumns._ID+"="+id, null);
    }
    public int delete(Uri uri) {
        return SqliteWrapper.delete(context, context.getContentResolver(), uri, null, null);
    }

    public int update(ContentValues values) {
        long id = values.getAsLong(BaseColumns._ID);
        if (id > 0) {
            return SqliteWrapper.update(context, context.getContentResolver(), uri, values, BaseColumns._ID + "=" + id, null);
        } else {
            return 0;
        }
    }
}
```

代码解释

上述代码主要是完成每个 Dao 中都会用到的泛型的方法，可以与每个具体的 Dao 中具体的逻辑代码分别开来。其他具体的 Dao 实现大家参考项目的源码。

接下来看看在主目录界面中是如何实现缓存的流程的。

```java
CategoryActivity.java
public abstract class CategoryActivity extends SliderActivity{
… …
 void getCategory(String url) {
     if(TextUtils.isEmpty(url))
         throw new IllegalArgumentException("You must give a not empty url.");

     this.mUrl = url;
     mHandler.sendEmptyMessage(HANDLER_LOAD_CATEGORY_DB);
 }

 private void mapperJson(String result,boolean fromNet)
 {
     try {
         mResponseObject = mObjectMapper.readValue(result, new TypeReference<CategoryJson>
() { });
         L.e("version:"+mResponseObject.getVersion());
         if(fromNet) {
             //if it is load from net ,save category
 saveWikiCategory(mResponseObject.getVersion(),mResponseObject.getPageId(), result);
         }
         else {
             //check the net wiki
             UpdateEntity updateEntity = mWikiUpdateDao.getWikiUpdateByUrl(mUrl);
             if(updateEntity!=null) {
                 long current = System.currentTimeMillis();
                 if((current-updateEntity.getUpdateDate())>DateUtil.DAY_MILLIS) {
                     L.d("need to refreah the cache:"+mUrl);
                     //check the new wiki every day
                     mHandler.sendEmptyMessage(HANDLER_REFRESH_CATEGORY_NET);
                 }
             }
             else {
                 //如果这次是从缓存中读取的，但是没有一个 update 的时候，则更新 update 数据库
                 mWikiUpdateDao.addOrUpdateTime(mUrl);
             }
         }
         mHandler.obtainMessage(HANDLER_DISPLAY_CATEGORY, mResponseObject).sendToTarget();
     } catch (Exception e) {
         L.e("getCategory Transaction exception", e);
         if(!fromNet) {
             L.d("category content is erro which is read from the cache dir");
             //如果不是从网络来的，错误了还得从网络去拿一次
             mHandler.sendEmptyMessage(HANDLER_LOAD_CATEGORY_NET);
         }
         else {
             //如果是从网络上面来的，错误了就错误了
             mHandler.obtainMessage(HANDLER_LOAD_CATEGORY_ERROR).sendToTarget();
         }
     }
 }
 private Handler mHandler = new Handler(){
     @Override
```

```java
        public void handleMessage(Message msg) {
            switch (msg.what) {
            case HANDLER_DISPLAY_CATEGORY:
                L.d("HANDLER_DISPLAY_CATEGORY");
                generateCategories((CategoryJson)msg.obj);
                break;
            case HANDLER_LOAD_CATEGORY_ERROR:
                getCategoriesError(getString(R.string.tip_get_category_error));
                break;
            case HANDLER_LOAD_CATEGORY_DB:
                new LoadCategoryFromDb().execute(mUrl);
                break;
            case HANDLER_LOAD_CATEGORY_NET:
                new HttpManager(mUrl,null, HttpManager.GET, getCategoriesTransaction).
start();
                break;
            case HANDLER_REFRESH_CATEGORY_NET:
                new HttpManager(mUrl,null, HttpManager.GET, refreshCategoriesTransaction).
start();
                break;
            case HANDLER_DISPLAY_RECENT_UPDATED:
                //
                break;
            default:
                break;
            }
        }
    };

    public ITransaction getCategoriesTransaction = new ITransaction() {
        @Override
        public void transactionOver(String result) {
            mapperJson(result,true);
            L.d("get the category from the net");
        }
        @Override
        public void transactionException(int erroCode,String result, Exception e) {
            mHandler.obtainMessage(HANDLER_LOAD_CATEGORY_ERROR).sendToTarget();
        }
    };

    public ITransaction refreshCategoriesTransaction = new ITransaction() {
        @Override
        public void transactionOver(String result) {
            L.d("refresh the category from the net");
            try {
                CategoryJson    responseObject  =   mObjectMapper.readValue(result,   new
TypeReference<CategoryJson>() { });
                //save category
saveWikiCategory(responseObject.getVersion(),responseObject.getPageId(), result);
            }catch (Exception e) {
                L.e("refresh category error[mapper json]");
            }
        }
```

```java
        @Override
        public void transactionException(int erroCode,String result, Exception e) {
            L.e("Refresh the category exception:"+erroCode);
        }
    };
    class LoadCategoryFromDb extends AsyncTask<String, Integer, Boolean>
    {
        @Override
        protected Boolean doInBackground(String... params) {
            String url = params[0];
            WikiEntity wiki = mWikiDao.getWikiByUrl(url);
            if(wiki!=null) {
                String content = wiki.getWikiFileContent();
                mapperJson(content,false);
                L.d("get the category from the cache");
            }
            else {
                L.d("can not get the content from the db");
                mHandler.sendEmptyMessage(HANDLER_LOAD_CATEGORY_NET);
            }
            return null;
        }
    }
}
```

代码解释

整个缓存流程如下，也可参照图 20-5 所示。

（1）在 getCategory()方法中我们通过 Handler 发送了一条 HANDLER_LOAD_CATEGORY_DB 消息。

（2）在 Handler 中，处理 HANDLER_LOAD_CATEGORY_DB 消息，并启动 LoadCategoryFromDb 后台任务来开始从数据库中加载 Wiki 缓存内容。

（3）如果能获取到缓存，跳到 6 步解析 wiki 内容。如果不能获取到缓存，则通过 Handler 发送一条 HANDLER_LOAD_CATEGORY_NET 消息。

（4）在 Handler 中，处理 HANDLER_LOAD_CATEGORY_NET 消息，启动 HttpManager 开始从网络获取 Wiki 内容。

（5）如果从网络没有获取到 Wiki 内容，则提示用户出错。如果获取到了 Wiki 内容则会进入 JSON 解析。

（6）mapperJson()方法用于将 JSON 字符串解析成实体。再判断是否需要更新本地数据库中 Wiki 的信息。

（7）解析出错会通过 Handler 发送 HANDLER_LOAD_CATEGORY_ERROR 来提示用户出错信息，否则发送 HANDLER_DISPLAY_CATEGORY 消息来显示 Wiki 目录内容。

20.4 最终演示

到这里我们整个项目的流程已经完成了。当然项目中还有许多细节的地方由于篇幅有限而没有深入讨论，如果在学习本书过程中，你有任何的疑问都可以联系我们。

接下来我们来看看最终软件的运行效果，如图 20-6～图 20-10 所示。

▲图 20-6　eoe Wiki 客户端欢迎页面

▲图 20-7　eoe Wiki 客户端主目录界面

▲图 20-8　eoe Wiki 客户端第二级目录页面

▲图 20-9　eoe Wiki 客户端 wiki 详细页面

第 20 章　综合案例二——eoe Wiki 客户端

▲图 20-10　eoe Wiki 客户端关于我们页面

20.5　本章小结

本章以 eoe Wiki 客户端应用为例，以整个软件开发流程为线索，为大家讲述了软件开发各个阶段我们需要做的事情及注意事项，并且重点分析了 eoe Wiki 客户端中的功能模块：滑块特效、网络交互、JSON 解析、数据与缓存等。通过本章的学习，我们应该对整个软件开发的流程及每个阶段有一个清楚的了解，并且对网络社交应用有一定的经验积累，可以顺利地进行其他类似社交应用的开发。

第 21 章 综合案例三——广告查查看看

21.1 产品开发背景

众所周知，目前 Android 手机及应用得到了空前的发展，而对于绝大多数应用开发商来说，最低限度地保证开发团队的运作，必须产生一些盈利模式。就 Android 方面，通用的模式如下几种。

第一种，外部广告类。这里还可以细分一下，第一种，叫做"应用免费，靠纯广告单击盈利"。具体来说，就是开发商通过代理广告商，嵌入第三方 SDK 广告代码，在游戏或应用运行中，向玩家展示广告，如果产生单击，则按照单击付费获取利润，这种模式目前比较普遍，而多数代理商经过两年左右的发展，也日渐成熟。第二种，叫做"应用免费，向企业广告收费"。这种模式，跟第一种基本相同，区别在于，应用开发商合作的对象，不再是代理广告商，而是直接的企业广告委托专业机构甚至是企业本身。

第二种，应用内收费类。这种模式比较适用于 Android 游戏，特别是网游。也可以细分出两类，第一类是"应用本身免费，靠虚拟货币或者内部功能盈利"，第二类是"基本功能免费，升级或者高级功能（如道具升级）收费"。

第三种，综合或者是移动电商类。移动电商也不仅仅出现在 Android 上，在之前的 Symbian 和 Java 上早就有手机购物类的站点。

而综合以上 3 种，从互联网发展的这 30 多年的时间来看，主要的盈利方式，也就是广告。针对于广告，自从全球最大的移动广告平台 Admob 被 Google 以 7.5 亿美金收购以来，国内一大批的移动广告平台就如雨后春笋般地出现了。随着 Android 和 iPhone 等平台的兴起，国内最早做移动广告平台的万普世纪、亿动广告和架势无线等公司均相继宣布全面进军智能应用市场。据不完全统计，国内仅针对 Android 应用的移动广告相关平台已超过 30 家，包括哇棒、有米、万普、架势、微云、亿动、Adtouch、AdChina、Mobus、airAd、Adview、gCenter、domob、vpon、mobiSage、Lsense、飞拓、麦地、手使客、西麦、掌盟、纵云、3GU、Adpalm、天幕、紫博蓝、果合、三人、木瓜、扎堆等。

但越来越多的应用加入的广告，让使用者（特别是像我这样有强迫症的人）会感觉很厌恶，是否有一种想撕碎它的冲动呢？

21.2 产品功能简介

其实,作为一种针对性的应用,个人觉得功能越简单越好,本人一直反对那种大而无用的功能。故功能点很简单(当然其他功能点还是需要的,如网络上面的广告拦截等):(1)广告的查找;(2)由客户自主选择的卸载功能;(3)简单的白名单设置功能。

1. 产品规划

(1) UI 设计(如图 21-1~图 21-3 所示)。

▲图 21-1　产品主界面　　　▲图 21-2　含广告应用清单　　　▲图 21-3　广告检测

(2)产品基本结构分析。

因为本产品实现的功能很简单,即根据相应的广告库,查找符合条件的广告应用,故产品结构如下:① 应用的查找;② 广告应用的分析;③ 广告应用的卸载;④ 白名单设置。

(3)产品功能分析。

- 广告的查找

首先查出手机里面的所有应用,然后根据不同的广告特征在手机应用的 AndroidManifest.xml 里面查找相应的特征值。

- 广告应用的卸载

当查找出相应的含广告的应用后,可以让客户单击"卸载"功能,卸载相应应用。

- 白名单设置

本功能主要是为了方便使用者将信任的应用加入到白名单,不用每次都对此应用进行查找。

2. 产品实现

- 应用的查找实现代码如下。

```java
public static List<ApplicationInfo> getApplications(Context ctx) {

        List<ApplicationInfo> mApplications = null;
        PackageManager manager = ctx.getPackageManager();// 通过上下文获取 PackageManager。
        Intent mainIntent = new Intent(Intent.ACTION_MAIN, null); // 取出 Intent 为
Action_ Main 的程序
        mainIntent.addCategory(Intent.CATEGORY_LAUNCHER); // 分辨出未默认 Laucher 启动的程序
        final List<ResolveInfo> apps = manager.queryIntentActivities(
                mainIntent, 0); // 利用 PackageManager 将其取出来
        Collections.sort(apps, new ResolveInfo.DisplayNameComparator(manager));

        if (apps != null) {
           final int count = apps.size();
           if (mApplications == null) {
               mApplications = new ArrayList<ApplicationInfo>(count);
           }
           mApplications.clear();
           //遍历所有应用，将需要的信息放入 ApplicationInfo 中添加到 List
           for (int i = 0; i < count; i++) {
               ApplicationInfo application = new ApplicationInfo();
               ResolveInfo info = apps.get(i);
               application.title = info.loadLabel(manager);
               application.packageName = info.activityInfo.packageName;
               application.setActivity(new ComponentName(
                       info.activityInfo.applicationInfo.packageName,
                       info.activityInfo.name), Intent.FLAG_ACTIVITY_NEW_TASK
                       | Intent.FLAG_ACTIVITY_RESET_TASK_IF_NEEDED);
               application.icon = info.activityInfo.loadIcon(manager);
               mApplications.add(application);
           }
        }

        return mApplications;
   }
```

- 广告的查找：其主要原理是解析相应应用里面的 AndroidManifest.xml，判断是否有符合相应规则的节点信息。
- 部分广告的信息如下。

有米广告:net.youmi.android.AdActivity
安沃广告:com.adwo.adsdk.AdwoAdBrowserActivity
多盟广告:cn.domob.android.ads.DomobActivity
哇棒广告:com.wooboo.adlib_android.AdActivity
哇棒广告:com.wooboo.adlib_android.FullActivity
Vpon 广告:com.vpon.adon.android.WebInApp
微云广告:com.legend.hot.free.app.share.ShareActivity

谷歌admob广告:com.google.ads.AdActivity
adchina:com.adchina.android.ads.views.AdBrowserView
万普世纪:com.waps.OffersWebView
MultiAD:com.mt.airad.MultiAD
点入广告:com.dianru.sdk.AdActivity
91点金:com.nd.dianjin.activity.OfferAppActivity
点入广告:com.dianru.sdk.NetWorkChanged
力美广告:com.lmmob.ad.sdk.LmMobAdWebView
力美全屏广告:com.lmmob.ad.sdk.LmMobFullImageActivity
adsage广告:com.mobisage.android.MobiSageActivity
adsage广告:com.mobisage.android.MobiSageApkService
有米积分墙:net.youmi.android.appoffers.YoumiOffersActivity
91点金:com.nd.dianjin.service.PackageChangedService
有米推送广告:net.youmi.toolkit.android.TKActivity
有米推送广告:net.youmi.toolkit.android.PushService
酷果推送广告:com.kuquo.pushads.PushAdsActivity
点入推送广告:com.dianru.push.NotifyActivity
点入推送广告:com.dianru.push.NetWorkChanged

- 广告查找（主要用到了ANDROID自带的XML解析）。

```
AssetManager am;
try {
    int count = appInfos.size();

    for (int i = 0; i < count; i++) {
        am = createPackageContext(appInfos.get(i).packageName, 0).getAssets();
         XmlResourceParser xml = am.openXmlResourceParser("AndroidManifest.xml");
         int eventType = xml.getEventType();
         while (eventType != XmlPullParser.END_DOCUMENT) {
             switch (eventType) {
             case XmlPullParser.START_TAG:
                         Log.i(TAG, xml.getName());
                 if (xml.getName().compareToIgnoreCase("receiver") == 0) {
                    int countAttrs = xml.getAttributeCount();
                    for (int j = 0; j < countAttrs; j++) {
                    // TODO 判断如果属性与特性里面的相同，则加到LIST中。
                     }
                 }
                 if(xml.getName().compareToIgnoreCase("activity") == 0) {
                    // TODO 判断如果属性与特性里面的相同，则加到LIST中。
                 }

             }
             eventType = xml.next();
         }
    }

} catch (NameNotFoundException e) {
    e.printStackTrace();
} catch (IOException e) {
    e.printStackTrace();
```

```
} catch (XmlPullParserException e) {
    e.printStackTrace();
}
```

3. 应用的卸载

主要是运用 Intent.ACTION_DELETE 对指定应用进行卸载。实现代码如下。

```
Uri packageURI = Uri.parse("package:" + appInfos.get(0).packageName);
Intent uninstallIntent = new Intent(Intent.ACTION_DELETE, packageURI);
startActivity(uninstallIntent);
```

21.3 本章小结

此应用只是一个最基础版本的广告查找及卸载功能,没有实现网络更新广告库、网络拦截及相关软件推荐等功能。

第 22 章 综合案例四
——手机信息小助手

从本章你可以学到：

掌握获取 CPU，内存，存储等手机硬件信息 □
掌握获取安装的应用信息 □
掌握获取运行的 Service，Task 和进程信息 □

22.1 背景与简介

22.1.1 应用背景与简介

在 Android 的实际开发中，我们往往会需要获取 Android 设备的基本信息来迎合我们的需求，比如在做某些网络客户端时，我们可能需要对用户与设备进行绑定，让一个用户在同一时间只支持同一设备等。而本实例主要就是编写一款手机系统信息查看的应用工具，它包含系统信息、硬件信息、软件信息、运行时信息以及一个简易的文件浏览器。在开始之前，我们先给这个应用起个名字为 MobileInfoAssistant，通过前面章节的学习，一些重复的步骤（如创建 Android 项目）我们就不再赘述。

22.1.2 手机信息小助手功能规划

前面就已经提到，本实例主要是查看设备的系统信息、硬件信息、安装的软件信息、已经运行的软件信息等。那么，可以先把上面说的功能分成这 4 个大类组织。每个大类中需要查看的信息个数都是不一样的。例如，在查看系统信息时，会查看系统版本、系统信息及运营商信息等；在硬件信息查看时，比较关注的是 CPU、内存、硬盘、网络信息；而在软件信息查看中，关注的是已经安装的软件应用；运行时信息中比较关注的是正在运行的后台服务、任务以及进程。按照这个功能的规划，可以大概地在纸上画出其对应的功能描述，如图 22-1 所示。

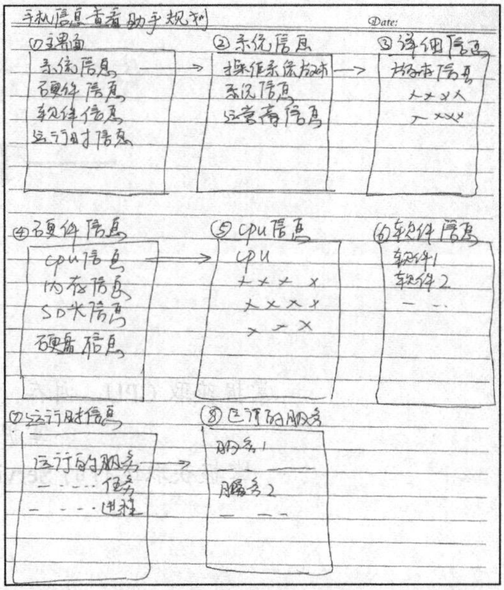

▲图 22-1 手机信息查看小助手规划

22.2 手机信息小助手编码实现

22.2.1 手机信息小助手主界面

在完成了手机信息小助手的功能规划后，先来实现我们的主界面。主界面目前主要涉及一个 main.xml 布局文件以及一个主 Activity（MobileInfoAssistantActivity.java）的代码编写。main.xml 布局代码如下：

```xml
<?xml version="1.0" encoding="utf-8"?>
<LinearLayout xmlns:android="http://schemas.android.com/apk/res/android"
    android:orientation="vertical"
    android:layout_width="fill_parent"
    android:layout_height="fill_parent">
    <ListView
        android:layout_width="fill_parent"
        android:layout_height="fill_parent"
        android:id="@+id/itemlist" />
</LinearLayout>
```

📎 代码解释

主界面主要定义了一个线性（LinearLayout）布局，并在其中放置了一个 ListView 控件。

然后看 MobileInfoAssistantActivity.java，这是整个程序的入口，它将 4 类信息查看入口以 List（列表）的形式展示出来。先看它的 onCreate 方法，实现代码如下。

```
1. private static final String TAG = "MobileInfoAssistantActivity";
2. ListView itemlist = null;
```

```
3. List<Map<String, Object>> list;

   @Override
4. public void onCreate(Bundle savedInstanceState) {
5.     super.onCreate(savedInstanceState);
6.     setContentView(R.layout.main);
7.     itemlist = (ListView) findViewById(R.id.itemlist);
8.     refreshListItems();
9. }
```

🔖 代码解释

第 1 行：我们定义了一个 TAG 常量。

第 2 行和第 3 行：分别定义了一个 ListView 和 List<Map<String,Object>>对象。

第 4 行到第 7 行：将 main.xml 设置为布局文件，并使用 findviewbyid 初始化 itemlist。

第 8 行：调用 refreshListItem 方法进行 adapter 的创建和绑定（后面代码会提到）。

接下来看 refreshListItems 方法，具体代码如下。

```
1. private void refreshListItems() {
2.   list = buildListForSimpleAdapter();
3.   SimpleAdapter notes =
4.     new SimpleAdapter(this, list, R.layout.item_row,
5.     new String[] { "name", "desc", "img" },
6.     new int[] { R.id.name, R.id.desc, R.id.img });
7.   itemlist.setAdapter(notes);
8.   itemlist.setOnItemClickListener(this);
9.   itemlist.setSelection(0);
10. }
```

🔖 代码解释

第 2 行：调用 buildLIstForSimpleAdapter 方法为 SimpleAdapter 构建一个 List 数据集（该方法后续会详细讲解）。

第 4 行到第 10 行：初始化一个 SimpleAdapter（初始化的参数这里不再详解），并为 itemlist 设置 adapter 以及 onclick 监听。值得注意的是，由于这里在设置监听时使用的是 setOnItemClickListener(this)，所以当前的 activity 必须实现 OnItemClickListener 接口。

值得注意的是，在实例化 SimpleAdapter 的时候，里面传入了一个 R.layout.item_row 参数，这个参数设置了一个单独的"模板文件"，它的布局最终会导致 ListView 中 item 各项的显示效果，具体代码如下。

```xml
<?xml version="1.0" encoding="utf-8"?>
<LinearLayout
  xmlns:android="http://schemas.android.com/apk/res/android"
  android:id="@+id/vw1"
  android:layout_width="fill_parent"
  android:layout_height="wrap_content"
  android:padding="4px"
  android:orientation="horizontal">

  <ImageView android:id="@+id/img"
    android:layout_width="32px"
```

```
            android:layout_margin="4px"
            android:layout_height="32px"/>

    <LinearLayout
        android:layout_width="wrap_content"
        android:layout_height="wrap_content"
        android:orientation="vertical">

        <TextView android:id="@+id/name"
            android:textSize="18sp"
            android:textStyle="bold"
            android:layout_width="fill_parent"
            android:layout_height="wrap_content"/>

        <TextView android:id="@+id/desc"
            android:textSize="14sp"
            android:layout_width="fill_parent"
            android:paddingLeft="20px"
            android:layout_height="wrap_content"/>

    </LinearLayout>
</LinearLayout>
```

代码解释

在线性（LinearLayout）布局中定义了一个 ImageView，用来显示"img"，并定义了另一个线性布局，该线性布局中又包含了两个 TextView，分别用来显示"name"和"desc"。具体显示效果后面会提到。

再看 buildListForSimpleAdapter 方法，具体代码如下。

```
1. private List<Map<String, Object>> buildListForSimpleAdapter() {
2.     List<Map<String, Object>> list = new
3.             ArrayList<Map<String,Object>>(3);
       // Build a map for the attributes
4.     Map<String, Object> map = new HashMap<String, Object>();
5.     map.put("name", "系统信息");
6.     map.put("desc", "查看设备系统版本,运营商及其系统信息.");
7.     map.put("img", R.drawable.system);
8.     list.add(map);

9.     map = new HashMap<String, Object>();
10.    map.put("name", "硬件信息");
11.    map.put("desc", "查看包括CPU,硬盘,内存等硬件信息.");
12.    map.put("img", R.drawable.hardware);
13.    list.add(map);

14.    map = new HashMap<String, Object>();
15.    map.put("name", "软件信息");
16.    map.put("desc", "查看已经安装的软件信息.");
17.    map.put("img", R.drawable.software);
18.    list.add(map);

19.    map = new HashMap<String, Object>();
```

第22章 综合案例四——手机信息小助手

```
20.     map.put("name", "运行时信息");
21.     map.put("desc", "查看设备运行时的信息.");
22.     map.put("img", R.drawable.running);
23.     list.add(map);

24.     map = new HashMap<String, Object>();
25.     map.put("name", "文件浏览器");
26.     map.put("desc", "浏览查看文件系统.");
27.     map.put("img", R.drawable.file_explorer);
28.     list.add(map);

29.     return list;
30. }
```

🔖 **代码解释**

这里的代码主要是为 adapter 提供数据。

第 4 行到第 8 行：定义系统信息的"显示名称"（name）、"描述"（desc）以及"图标"（img）。

第 14 行到第 30 行：分别定义了其他 3 大类的信息，格式与系统信息的格式一致，这里不再赘述。

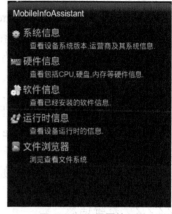

▲图 22-2 主界面效果图

在完成了上述步骤之后，我们的主界面就已经编写完毕了，运行程序能看到如图 22-2 所示的界面，之后就为大家详解如何为主界面的 4 大分类添加事件并显示相应信息。

现在主界面的显示效果已经可以看到了，接下来实现如何单击 ListView 的各项并实现跳转，这个时候我们需要实现 OnItemClickListener 的 onItemClick 方法。具体代码如下。

```
@Override
    public void onItemClick(AdapterView<?> parent, View v, int position, long id) {
1.      Intent intent = new Intent();
2.      Log.i(TAG, "item clicked! [" + position + "]");
3.      switch (position) {
4.      case 0:
5.          intent.setClass(MobileInfoAssistantActivity.this,
6.                  SystemActivity.class);
7.          startActivity(intent);
8.          break;
9.      case 1:
10.         intent.setClass(MobileInfoAssistantActivity.this,
11.                 HardwareActivity.class);
12.         startActivity(intent);
13.         break;
14.     case 2:
15.         intent.setClass(MobileInfoAssistantActivity.this,
16.                 SoftwareActivity.class);
17.         startActivity(intent);
18.         break;
19.     case 3:
20.         intent.setClass(MobileInfoAssistantActivity.this,
21.                 RuningActivity.class);
22.         startActivity(intent);
```

```
23.        break;
24.    case 4:
25.        intent.setClass(MobileInfoAssistantActivity.this,
26.                FSExplorerActivity.class);
27.        startActivity(intent);
28.        break;
29.    }
30. }
```

代码解释

第 1 行：为后面的跳转定义一个 Intent 对象。

第 4 行到第 8 行：调用 Intent 的 setClass 方法设定要跳转的 Activity，并启动。（这里要跳转到的 Activity 为 SystemActivity[系统信息]）。

第 5 行到第 30 行：分别为 Intent 设定了要跳转的"硬件信息"、"软件信息"、"运行时信息"、"文件浏览器"等对应 Activity。

> **注意**　这里在实现上述代码时，Eclipse 会报错，因为我们还没有编写其他的 Activity 类，所以 Eclipse 无法编译通过。不过没关系，大家可以先把这些代码注释，从 SystemActivity 开始编写，我们每实现一个就到这个 Activity 中解除对应的 Activity 的注释以保证能够正常运行程序。

22.2.2 系统信息

在具体讲实现"系统信息"编码之前，我们需要先知道项目的某些功能（获取安装的软件信息和运行时信息）是可以通过 API 接口来获取的，而其他（如版本信息、硬件信息等）则需要通过读取系统文件或者运行系统命令获取。依照前面章节的学习，实现 API 接口不是什么问题。那么，需要把精力集中在如何实现运行系统命令，获取其返回的结果功能实现上。如果读者熟悉 Java 编程，那么，自己应该已经积累了不少的开发经验，下面一段代码实现这个功能，可以单独新建一个名为 CMDExecute 的类。具体实现代码如下。

```
public synchronized String run(String[] cmd, String workdirectory)
        throws IOException {
    String result = "";
    try {
        ProcessBuilder builder = new ProcessBuilder(cmd);
        //设置一个路径
        if (workdirectory != null)
            builder.directory(new File(workdirectory));
        builder.redirectErrorStream(true);
        Process process = builder.start();
        InputStream in = process.getInputStream();
        byte[] re = new byte[1024];
        while (in.read(re) != -1) {
            result = result + new String(re);
        }
        in.close();
    } catch (Exception ex) {
        ex.printStackTrace();
```

```
          }
          return result;
     }
```

> **代码解释**
>
> CMDExecute.java 是个比较独立的类，可以实现运行指定命令并返回结果，其使用方法比较简单，在后面具体使用到的时候再给出相关代码及说明。

现在我们来实现"系统信息"的主界面。

首先新建一个 SystemActivity 类，由于我们后期也要对 SystemActivity 进行监听事件的处理，所以本类也需要同时实现 OnItemClickListener 类，具体代码如下。

```
    @Override
    protected void onCreate(Bundle savedInstanceState) {
        super.onCreate(savedInstanceState);
        setContentView(R.layout.infos);
        setTitle("系统信息");
        itemlist = (ListView) findViewById(R.id.itemlist);
        refreshListItems();
    }
    private void refreshListItems() {
        list = buildListForSimpleAdapter();
        SimpleAdapter notes = new SimpleAdapter(this, list, R.layout.info_row,
                new String[] { "name", "desc" }, new int[] { R.id.name,
                        R.id.desc });
        itemlist.setAdapter(notes);
        itemlist.setOnItemClickListener(this);
        itemlist.setSelection(0);
    }
    private List<Map<String, Object>> buildListForSimpleAdapter() {
        List<Map<String, Object>> list = new ArrayList<Map<String, Object>>(3);
        // 构建一个 Map
        Map<String, Object> map = new HashMap<String, Object>();
        map = new HashMap<String, Object>();
        map.put("id", PreferencesUtil.VER_INFO);
        map.put("name", "操作系统版本");
        map.put("desc", "读取/proc/version 信息");
        list.add(map);
        map = new HashMap<String, Object>();
        map.put("id", PreferencesUtil.SystemProperty);
        map.put("name", "系统信息");
        map.put("desc", "手机设备的系统信息.");
        list.add(map);
        map = new HashMap<String, Object>();
        map.put("id", PreferencesUtil.TEL_STATUS);
        map.put("name", "运营商信息");
        map.put("desc", "手机网络的运营商信息.");
        list.add(map);
        return list;
    }
```

> **代码解释**
>
> 由于这里的代码基本与 MobileInfoAssistantActivity 代码一致（除具体的数据信息，属性不一致

之外），所以这里不对其详解。唯一需要注意的是，在refreshListItems方法中，我们实例化SimpleAdapter时传入的布局文件为R.layout.info_row，这里也不再对info_row这个布局文件进行详解，具体的显示效果如图22-3所示，大家可以根据上面对主界面的item_row这个布局以及前面章节学过的布局来自己动手实现。

接下来实现"系统信息"中的"单击"事件，先实现onItemClick方法，具体代码如下。

▲图22-3 "系统信息"类主界面

```java
@Override
    public void onItemClick(AdapterView<?> parent, View v, int position, long id) {
        Intent intent = new Intent();
        Log.i(TAG, "item clicked! [" + position + "]");
        Bundle info = new Bundle();
        Map<String, Object> map = list.get(position);
        info.putInt("id", (Integer) map.get("id"));
        info.putString("name", (String) map.get("name"));
        info.putString("desc", (String) map.get("desc"));
        info.putInt("position", position);
        intent.putExtra("android.intent.extra.info", info);
        intent.setClass(SystemActivity.this, ShowInfo.class);
        startActivityForResult(intent, 0);
    }
```

代码解释

将需要查看的信息及其相关参数以Bundle的方式传递到下一个活动(ShowInfo.java)，这里传递了一个内部标识ID，需要查看的信息的名字。再看一下其显示详细信息的界面ShowInfo文件，其主要是接收传递进来的参数，获取相关的信息，进而显示内容。先看它接收参数的代码。

```java
    private void revParams() {
        Log.i(TAG, "revParams.");
        Intent startingIntent = getIntent();
        if (startingIntent != null) {
            Bundle infod = startingIntent
                .getBundleExtra("android.intent.extra.info");
            if (infod == null) {
                is_valid = false;
            } else {
                _id = infod.getInt("id");
                _name = infod.getString("name");
                _position = infod.getInt("position");
                is_valid = true;
            }
        } else {
            is_valid = false;
        }
        Log.i(TAG, "_name:" + _name + ",_id="+_id);
    }
```

代码解释

上述代码接收传递进来的参数，根据其传入的ID信息，调用各自的方法获取需要查看的数据，最后显示在界面（布局文件 showinfo.xml）上。这个界面比较简单，下面是其 XML 代码。

```xml
<?xml version="1.0" encoding="utf-8"?>
<ScrollView
xmlns:android="http://schemas.android.com/apk/res/android"
      android:layout_width="fill_parent"
      android:layout_height="wrap_content">
<LinearLayout
xmlns:android="http://schemas.android.com/apk/res/android"
   android:orientation="vertical"
   android:layout_width="fill_parent"
   android:layout_height="fill_parent"
   android:padding="20px"
   >
   <TextView android:id="@+id/title"
      android:layout_width="fill_parent"
      android:layout_height="wrap_content"
      android:textSize="20sp"
      android:paddingBottom="8dip"
      android:text="" />
   <TextView android:id="@+id/info"
      android:layout_width="fill_parent"
      android:layout_height="wrap_content"
      android:text="" />
</LinearLayout>
</ScrollView>
```

📝 代码解释

上述代码定制了一些显示样式，具体效果后面会为大家截图。

1. 操作系统版本

单击图 22-3 所示界面第一行"操作系统版本"项，会打开一个新的界面，其对应的是 ShowInfo.java 文件，然后需要显示该设备的操作系统版本信息，而这个信息在 /proc/version 中有，可以直接调用。在前面给出的 CMDExecute 类来调用系统的 cat 命令获取该文件的内容，实现代码如下。

```java
public static String fetch_version_info() {
    String result = null;
    CMDExecute cmdexe = new CMDExecute();
    try {
        String[] args = { "/system/bin/cat", "/proc/version" };
        result = cmdexe.run(args, "/system/bin/");
    } catch (IOException ex) {
        ex.printStackTrace();
    }
    return result;
}
```

📝 代码解释

上述代码使用前面说到的 **CMDExecute** 类，调用系统的 "/system/bin/cat" 工具，获取 "/proc/version" 中的内容。

其运行效果如图 22-4 所示。从图 22-4 显示的查寻结果可以看到，这个设备的系统版本是 Linux version 2.6.35.7-perf-g65ffa2a。

▲图 22-4 操作系统版本信息

2. 系统信息

继续实现"系统信息"的第二个功能，获取"系统信息"。在 Android 中获取系统信息可以调用其提供的方法 System.getProperty (propertyStr)，而系统信息诸如用户根目录（user.home）等都可以通过这个方法获取，实现代码如下。

```java
public static String getSystemProperty() {
    buffer = new StringBuffer();
    initProperty("java.vendor.url", "java.vendor.url");
    initProperty("java.class.path", "java.class.path");
    initProperty("user.home", "user.home");
    initProperty("java.class.version", "java.class.version");
    initProperty("os.version", "os.version");
    initProperty("java.vendor", "java.vendor");
    initProperty("user.dir", "user.dir");
    initProperty("user.timezone", "user.timezone");
    initProperty("path.separator", "path.separator");
    initProperty(" os.name", " os.name");
    initProperty("os.arch", "os.arch");
    initProperty("line.separator", "line.separator");
    initProperty("file.separator", "file.separator");
    initProperty("user.name", "user.name");
    initProperty("java.version", "java.version");
    initProperty("java.home", "java.home");
    return buffer.toString();
}

private static String initProperty(String description,
    String propertyStr) {
    if (buffer == null) {
        buffer = new StringBuffer();
    }
    buffer.append(description).append(":");
    buffer.append(System.getProperty(propertyStr)).append("\n");
    return buffer.toString();
}
```

📎 代码解释

上述代码主要是通过调用系统提供的 System.getProperty 方法获取指定的系统信息，并合并成字符串返回，效果如图 22-5 所示。

▲图 22-5 系统信息

3. 运营商信息

运营商信息包含 IMEI、手机号码等，在 Android 中提供了运营商管理类（TelephonyManager），可以通过 TelephonyManager 来获取运营商相关的信息，实现的关键代码如下。

```java
public static String fetch_tel_status(Context cx) {
    String result = null;
    TelephonyManager tm = (TelephonyManager) cx
            .getSystemService(Context.TELEPHONY_SERVICE);//
    String str = "";
    str += "DeviceId(IMEI) = " + tm.getDeviceId() + "\n";
    str += "DeviceSoftwareVersion = " + tm.getDeviceSoftwareVersion()
            + "\n";
    str += "Line1Number = " + tm.getLine1Number() + "\n";
    str += "NetworkCountryIso = " + tm.getNetworkCountryIso() + "\n";
    str += "NetworkOperator = " + tm.getNetworkOperator() + "\n";
    str += "NetworkOperatorName = " + tm.getNetworkOperatorName()
            + "\n";
    str += "NetworkType = " + tm.getNetworkType() + "\n";
    str += "PhoneType = " + tm.getPhoneType() + "\n";
    str += "SimCountryIso = " + tm.getSimCountryIso() + "\n";
    str += "SimOperator = " + tm.getSimOperator() + "\n";
    str += "SimOperatorName = " + tm.getSimOperatorName() + "\n";
    str += "SimSerialNumber = " + tm.getSimSerialNumber() + "\n";
    str += "SimState = " + tm.getSimState() + "\n";
    str += "SubscriberId(IMSI) = " + tm.getSubscriberId() + "\n";
    str += "VoiceMailNumber = " + tm.getVoiceMailNumber() + "\n";
    int mcc = cx.getResources().getConfiguration().mcc;
    int mnc = cx.getResources().getConfiguration().mnc;
    str += "IMSI MCC (Mobile Country Code):" + String.valueOf(mcc)
            + "\n";
    str += "IMSI MNC (Mobile Network Code):" + String.valueOf(mnc)
            + "\n";
    result = str;
    return result;
}
```

✎ 代码解释

上述代码中首先调用系统的 getSystemService (Context.TELEPHONY_SERVICE)方法获取一个 TelephonyManager 对象 tm，进而调用其方法 getDeviceId()获取 DeviceId 信息，调用 getDeviceSoftware Version()获取设备的软件版本信息等。

运行效果如图 22-6 所示。

▲图 22-6 运营商信息

22.2.3 硬件信息

前面讲解的是获取系统信息的相关方法，本节讲解如何获取手机设备的硬件信息。我们先新建一个 HardwareActivity.java 类。由于"硬件信息"的实现和"系统信息"的实现代码格式和布局都一致（只是显示的内容不同），这里将不再对 HardwareActivity

进行详解,大家可以参照之前 SystemActivity.java 类的编码以及图 22-7(硬件信息主界面)所示效果进行编码(后期的"软件信息","运行时信息"也将采用这种方式),这里将只讲解"硬件信息"中各子类的具体编码。

1. CPU 信息

首先讲解如何获取手机设备的 CPU 信息。可以在手机设备的 /proc/cpuinfo 中获取 CPU 信息,和前面获取操作系统方法类似,调用 CMDExecute 执行系统的 cat 命令,读取 /proc/cpuinfo 的内容,显示的就是其 CPU 信息,实现代码如下。

```java
public static String fetch_cpu_info() {
    String result = null;
    CMDexecute cmdexe = new CMDexecute();
    try {
        String[] args = { "/system/bin/cat", "/proc/cpuinfo" };
        result = cmdexe.run(args, "/system/bin/");
        Log.i("result", "result=" + result);
    } catch (IOException ex) {
        ex.printStackTrace();
    }
    return result;
}
```

▲图 22-7 硬件信息

▲图 22-8 CPU 信息

※ 代码解释

上述代码使用 CMDExecute,调用系统中的"/system/bin/cat"命令查看"/proc/cpuinfo"中的内容,即可得到 CPU 信息。

运行效果如图 22-8 所示。

2. 内存信息

获取内存信息,我们既可以通过读取 /proc/meminfo 信息,也可以通过 getSystemService (Context.ACTIVITY_SERVICE) 获取 ActivityManager.MemoryInfo 对象,进而获取可用内存信息。主要的代码如下。

```java
public static String getMemoryInfo(Context context) {
    StringBuffer memoryInfo = new StringBuffer();
    final ActivityManager activityManager = (ActivityManager)
            context.getSystemService(Context.ACTIVITY_SERVICE);
    ActivityManager.MemoryInfo outInfo =
            new ActivityManager.MemoryInfo();
    activityManager.getMemoryInfo(outInfo);
    memoryInfo.append("\nTotal Available Memory :").append(
            outInfo.availMem >> 10).append("k");
    memoryInfo.append("\nTotal Available Memory :").append(
            outInfo.availMem >> 20).append("M");
    memoryInfo.append("\nIn low memory situation:").append(
            outInfo.lowMemory);
```

```
    String result = null;
    CMDExecute cmdexe = new CMDExecute();
    try {
        String[] args = { "/system/bin/cat","/proc/meminfo" };
        result = cmdexe.run(args, "/system/bin/");
    } catch (IOException ex) {
        Log.i("fetch_process_info", "ex=" + ex.toString());
    }
    return memoryInfo.toString()+"\n\n"+result;
}
```

✎ 代码解释

上述代码首先通过 ActivityManager 对象获取其可用的内存,然后通过查看"/proc/meminfo"内容获取更详细的信息。

程序运行后显示效果如图 22-9 所示。

▲图 22-9 内存信息

3. 硬盘信息(见图 22-10)

手机设备的磁盘信息可以通过 df 命令获取,所以,这里获取磁盘信息的方法和前面类似,唯一不同的是,这个是直接执行命令,获取其命令的返回就可以了,实现的流程和前述一样,关键代码如下。

```
public static String fetch_disk_info() {
    String result = null;
    CMDExecute cmdexe = new CMDExecute();
    try {
        String[] args = { "/system/bin/df" };
        result = cmdexe.run(args, "/system/bin/");
```

```
        } catch (IOException ex) {
            ex.printStackTrace();
        }
        return result;
    }
```

4. 网络信息（见图 22-11）

获取手机设备的网络信息也比较简单，读取/system/bin/netcfg 中的信息就可以了，关键代码如下。

```
public static String fetch_netcfg_info() {
    Log.i("fetch_process_info", "start....");
    String result = null;
    CMDExecute cmdexe = new CMDExecute();
    try {
        String[] args = { "/system/bin/netcfg" };
        result = cmdexe.run(args, "/system/bin/");
    } catch (IOException ex) {
        Log.i("fetch_process_info", "ex=" + ex.toString());
    }
    return result;
}
```

▲图 22-10 硬盘信息

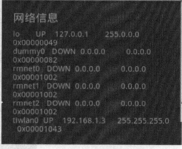

▲图 22-11 网络信息

5. 显示屏信息

除了显示手机的 CPU、内存、磁盘信息外，还有个非常重要的硬件——显示屏。下面就来讲解获取基本的显示屏信息。在 Android 中，它提供了 DisplayMetrics 类，可以通过 getApplicationContext()、getResources()、getDisplayMetrics()初始化，进而读取其屏幕宽（widthPixels）、高（heightPixels）等信息，实现的关键代码如下。

```
public static String getDisplayMetrics(Context cx) {
    String str = "";
    DisplayMetrics dm = new DisplayMetrics();
    dm = cx.getApplicationContext().
        getResources().getDisplayMetrics();
    int screenWidth = dm.widthPixels;
    int screenHeight = dm.heightPixels;
```

```
    float density = dm.density;
    float xdpi = dm.xdpi;
    float ydpi = dm.ydpi;
    str += "The absolute width:" + String.valueOf(screenWidth)
        + "pixels\n";
    str += "The absolute heightin:"
        + String.valueOf(screenHeight)+ "pixels\n";
    str += "The logical density of the display.:"
        + String.valueOf(density)+ "\n";
    str += "X dimension :" + String.valueOf(xdpi)
        + "pixels per inch\n";
    str += "Y dimension :" + String.valueOf(ydpi)
        + "pixels per inch\n";
    return str;
}
```

代码解释

我们首先初始化一个 DisplayMetrics 对象，再通过调用.getApplicationContext(). getResources(). getDisplayMetrics()获取其屏幕信息，然后读取其屏幕宽（widthPixels）、屏幕高（heightPixcls）等就得到了屏幕信息。

上述代码运行后的效果如图 22-12 所示。

22.2.4 软件信息

在 Android 上，可以在手机上随便安装自己喜欢的应用软件，下面要讲的这个功能就是收集并显示已经安装的应用软件信息。

▲图 22-12 显示屏信息

获取已经安装的应用信息

在 Android 中，它提供了 getPackageManager()、getInstalledApplications(0)方法，可以直接返回全部已经安装的应用列表。这个功能就是只需要获取列表，再显示在列表中就可以了。但是，需要注意的是，如果安装的软件比较多，那么其获取信息所花费的时间会比较多，为了更好地完善用户使用的体验，在获取列表时，需要在界面提示用户耐心等待，这就需要用到 Android 提供的另外一个功能 Runnable（Runnable 是一个抽象的接口，通过这个接口可以实现多线程）。

引入 Runnable 比较简单，只需要在定义类的时候实现 Runnable 接口就可以了，所以，这里的软件信息查看界面对应的 SoftwareActivity.java 类声明代码如下。

```
public class SoftwareActivity extends Activity implements Runnable{
    ......
}
```

然后需要在这个 Activity 启动的时候，引入进度条 ProgressDialog 来显示一个提示界面（关于 ProgressDialog 的详细介绍请查看本书第 7 章），onCreate 代码如下所示。

```
public void onCreate(Bundle icicle) {
    super.onCreate(icicle);
    setContentView(R.layout.infos);
    setTitle("软件信息");
```

```
    itemlist = (ListView) findViewById(R.id.itemlist);
    pd = ProgressDialog.show(this, "请稍候..",
            "正在收集你已经安装的软件信息...", true, false);
    Thread thread = new Thread(this);
    thread.start();
}
```

🐝 代码解释

在该方法中创建了一个 ProgressDialog，并设定其提示信息。

然后实现其线程的 run () 方法，该方法实现其真正执行的逻辑，代码如下。

```
public void run() {
    fetch_installed_apps();
    handler.sendEmptyMessage(0);
}
```

🐝 代码解释

上述代码调用自定义的 fetch_installed_apps()方法获取已经安装的应用信息。这个方法是比较消耗时间的，实现代码如下。

```
public List fetch_installed_apps(){
    List<ApplicationInfo> packages =
            getPackageManager().getInstalledApplications(0);
    list = new ArrayList<Map<String, Object>>(packages.size());
    Iterator<ApplicationInfo> l = packages.iterator();
    while (l.hasNext()) {
        Map<String, Object> map = new HashMap<String, Object>();
        ApplicationInfo app = (ApplicationInfo) l.next();
        String packageName = app.packageName;
        String label = "";
        try {
            label = getPackageManager()
                    .getApplicationLabel(app).toString();
        } catch (Exception e) {
            Log.i("Exception",e.toString());
        }
        map = new HashMap<String, Object>();
        map.put("name", label);
        map.put("desc", packageName);
        list.add(map);
    }
    return list;
}
```

🐝 代码解释

上述代码按我们前面说的，使用 getPackageManager().getInstalledApplications(0)获取已经安装的软件信息，进而构造用来显示的列表（List）对象。同时，界面通过进度条（ProgressDialog）显示提示信息，运行效果如图 22-13 所示。

当这个方法运行完成后，会调用 handler.sendEmptyMessage (0)语句给 handler 发送一个通知消息，使其执行下面的动作。下面就是这个 handler 的实现方法，具体代码如下。

```
private Handler handler = new Handler() {
    public void handleMessage(Message msg) {
        refreshListItems();
        pd.dismiss();
    }
};
```

> 代码解释

上述代码中，当其接收到 run() 线程传递的消息后，先调用 refreshListItems() 方法显示列表，最后调用进度条 ProgressDialog 的 dismiss 方法使其等待提示消失。这里有必要再看一下 refreshListItems() 方法，其实现代码如下。

```
private void refreshListItems() {
    list = fetch_installed_apps();
    SimpleAdapter notes = new SimpleAdapter(this,
        list, R.layout.info_row,new String[] { "name", "desc" },
        new int[] { R.id.name,R.id.desc });
    itemlist.setAdapter(notes);
    setTitle("软件信息,已经安装"+list.size()+"款应用.");
}
```

> 代码解释

这些代码在本书前面章节已经见过类似的了，显示已经安装的应用列表的同时，在 Title 上显示一共安装了多少款应用，从图 22-13 显示可以看出，笔者的手机一共安装了 103 款应用，列表中的每行显示一个应用的名字和其对应的包的名字。

22.2.5 运行时信息

前面分别获取了系统信息、硬件信息和软件信息，本小节将用来获取运行时的一些信息，例如，后台运行的 Service、Task 以及进程信息，其运行界面如图 22-14 所示。

▲图 22-13 软件信息列表

▲图 22-14 运行时信息

获取正在运行的 Service 信息

获取 Service 可以通过调用 context.getSystemService（Context.ACTIVITY_SERVICE）获取 ActivityManager，进而通过系统提供的方法 getRunningServices（int maxNum）获取正在运行的服务列表（RunningServiceInfo），再对其结果进一步分析，得到服务对应的进程名及其他信息。实现的关键代码如下：

```java
public static String getRunningServicesInfo(Context context) {
    StringBuffer serviceInfo = new StringBuffer();
    final ActivityManager activityManager = (ActivityManager) context
            .getSystemService(Context.ACTIVITY_SERVICE);
    List<RunningServiceInfo> services = 
            activityManager.getRunningServices(100);
    Iterator<RunningServiceInfo> l = services.iterator();
    while (l.hasNext()) {
        RunningServiceInfo si = (RunningServiceInfo) l.next();
        serviceInfo.append("pid: ").append(si.pid);
        serviceInfo.append("\nprocess: ").append(si.process);
        serviceInfo.append("\nservice: ").append(si.service);
        serviceInfo.append("\ncrashCount: ").append(si.crashCount);
        serviceInfo.append("\nclientCount: ")
                .append(si.clientCount);
        serviceInfo.append("\nactiveSince: ")
                .append(ToolHelper.formatData(si.activeSince));
        serviceInfo.append("\nlastActivityTime: ")
                .append(ToolHelper.formatData(si.lastActivityTime));
        serviceInfo.append("\n\n");
    }
    return serviceInfo.toString();
}
```

代码解释

上述代码调用 activityManager.getRunningServices(100)获取正在运行的服务，并依次遍历得到每个服务对应的 pid，进程等信息，运行效果如图 22-15 所示。

▲图 22-15 运行的 Service

获取正在运行的 Task 信息

获取正在运行的 Task 信息的方式和前面获取 Service 的实现类似，调用的是 activityManager.getRunning Tasks(int maxNum)来获取对应的正在运行的任务信息列表（RunningTaskInfo），进而分析、显示其任务信息。关键代码如下。

```java
public static String getRunningTasksInfo(Context context) {
    StringBuffer sInfo = new StringBuffer();
    final ActivityManager activityManager = (ActivityManager) context
            .getSystemService(Context.ACTIVITY_SERVICE);
    List<RunningTaskInfo> tasks =
                    activityManager.getRunningTasks(100);
    Iterator<RunningTaskInfo> l = tasks.iterator();
    while (l.hasNext()) {
        RunningTaskInfo ti = (RunningTaskInfo) l.next();
        sInfo.append("id: ").append(ti.id);
        sInfo.append("\nbaseActivity: ")
                .append(ti.baseActivity.flattenToString());
        sInfo.append("\nnumActivities: ").append(ti.numActivities);
        sInfo.append("\nnumRunning: ").append(ti.numRunning);
        sInfo.append("\ndescription: ").append(ti.description);
        sInfo.append("\n\n");
    }
    return sInfo.toString();
}
```

代码解释

上述代码调用系统提供的 activityManager.getRunningTasks(100)方法获取任务列表，依次获取其对应的 id 等信息，运行效果如图 22-16 所示。

从图 22-16 中可以看出，获取手机上正在运行的 Task 的列表和其对应的进程信息，对用户了解设备运行情况非常有用。

▲图 22-16 运行的 Task

获取正在运行的进程信息

下面讲解的是需要获取的正在运行的进程信息，通过前面的讲解，相信读者可以比较方便的实现这个功能了，具体操作不再赘述，其关键代码如下。

```java
public static String fetch_process_info() {
    Log.i("fetch_process_info", "start....");
    String result = null;
    CMDExecute cmdexe = new CMDExecute();
    try {
        String[] args = { "/system/bin/top", "-n", "1" };
        result = cmdexe.run(args, "/system/bin/");
    } catch (IOException ex) {
        Log.i("fetch_process_info", "ex=" + ex.toString());
    }
    return result;
}
```

代码解释

还是通过 CMD Executo 的方式来运行系统命令。

上述代码运行后显示的效果如图 22-17 所示。

从图 22-17 显示的界面可以看出，通过这个功能可以非常详细地了解到正在运行的进程和各个进程所消耗的资源情况。

▲图 22-17　进程信息

22.2.6　文件浏览器

最后一个功能是文件浏览器。通过这个功能，用户可以遍历浏览整个文件系统，以便更好地了解手机设备状况。在主界面单击最后一行，将执行下列代码。

```java
case 4:
```

```
            intent.setClass(MobileInfoAssistantActivity.this,
                FSExplorerActivity.class);
            startActivity(intent);
            break;
```

将会执行 FSExplorerActivity.java，其主界面模板和前面一样，就一个列表（List），代码如下。

```
<LinearLayout
xmlns:android="http://schemas.android.com/apk/res/android"
    android:orientation="vertical"
    android:layout_width="fill_parent"
    android:layout_height="fill_parent">
    <ListView
        android:layout_width="fill_parent"
        android:layout_height="fill_parent"
        android:id="@+id/itemlist" />
</LinearLayout>
```

接着看 FSExplorerActivity 的 onCreate 方法，代码如下。

```
public void onCreate(Bundle savedInstanceState) {
    super.onCreate(savedInstanceState);
    setContentView(R.layout.files);
    setTitle("文件浏览器");
    itemlist = (ListView) findViewById(R.id.itemlist);
    refreshListItems(path);
}
```

然后调用 refreshListItems()获取文件列表，代码如下。

```
private void refreshListItems(String path) {
    setTitle("文件浏览器 > "+path);
    list = buildListForSimpleAdapter(path);
    SimpleAdapter notes = new SimpleAdapter(this,
            list, R.layout.file_row,
            new String[] { "name", "path" ,"img"},
            new int[] { R.id.name,R.id.desc ,R.id.img});
    itemlist.setAdapter(notes);
    itemlist.setOnItemClickListener(this);
    itemlist.setSelection(0);
}
```

这其中首先调用 buildListForSimpleAdapter(path)获取文件列表，代码如下。

```
private List<Map<String, Object>> buildListForSimpleAdapter(String path) {
    File[] files = new File(path).listFiles();
    List<Map<String, Object>> list =
        new ArrayList<Map<String, Object>>(files.length);
    Map<String, Object> root = new HashMap<String, Object>();
    root.put("name", "/");
    root.put("img", R.drawable.file_root);
    root.put("path", "go to root directory");
    list.add(root);
```

```
        Map<String, Object> pmap = new HashMap<String, Object>();
        pmap.put("name", "..");
        pmap.put("img", R.drawable.file_paranet);
        pmap.put("path", "go to paranet Directory");
        list.add(pmap);
        for (File file : files){
            Map<String, Object> map = new HashMap<String, Object>();
            if(file.isDirectory()){
                map.put("img", R.drawable.directory);
            }else{
                map.put("img", R.drawable.file_doc);
            }
            map.put("name", file.getName());
            map.put("path", file.getPath());
            list.add(map);
        }
        return list;
    }
```

代码解释

上述代码非常清晰，使用 File(path).listFiles()方法可以获取文件和文件夹列表，最后存入 List（列表组件）显示出来就可以了。然后，需要处理一下如何进入子目录，并获取和显示其内部的文件夹和文件，也就是单击每行时响应的实现，代码如下。

```
    public void onItemClick(AdapterView<?> parent, View v, int position, long id) {
        Log.i(TAG, "item clicked! [" + position + "]");
        if (position == 0) {
            path = "/";
            refreshListItems(path);
        }else if(position == 1){
            goToParent();
        } else {
            path = (String) list.get(position).get("path");
            File file = new File(path);
            if (file.isDirectory())
                refreshListItems(path);
            else
                Toast.makeText(FSExplorerActivity.this,
                    getString(R.string.is_file),
                    Toast.LENGTH_SHORT).show();
        }
    }
```

代码解释

这段代码的逻辑就是，如果单击的是第一行（也就是"/"这行），那么，就使用 refreshListItems('/')获取根目录下的文件系统。如果单击的是第二行（也就是上一级），那么，就调用 goToParent()显示其上一级的文件系统。其他入口下就获取单击的文件，判断是文件还是目录，如果是文件就给出一个提示说没有子目录，如果是目录，则进入该目录并显示它内部的文件系统。

```
    private void goToParent() {
```

```
    File file = new File(path);
    File str_pa = file.getParentFile();
    if(str_pa == null){
        Toast.makeText(FSExplorerActivity.this,
            getString(R.string.is_root_dir),
            Toast.LENGTH_SHORT).show();
        refreshListItems(path);
    }else{
        path = str_pa.getAbsolutePath();
        refreshListItems(path);
    }
}
```

❖ 代码解释

上述代码实现跳转到上一级功能，运行效果如图 22-18、图 22-19 和图 22-20 所示。

▲图 22-18

▲图 22-19

▲图 22-20

22.3 项目细节完善

到这里差不多需要的功能都实现了，在发布之前还需要再检查一下细节方面。尤其需要注意的是，这个应用在获取运营商信息时，需要申请读取电话状态（READ_PHONE_STATE）权限，在获取 Task 信息时，需要申请获取任务（GET_TASKS）权限，所以，最后请确认在 AndroidManifest.xml 文件中添加了如下的权限需求，具体代码如下。

```
<uses-permission android:name="android.permission.READ_PHONE_STATE"/>
<uses-permission android:name="android.permission.GET_TASKS"/>
```

另外，也要记得在 AndroidManifest 文件中为定义过的 Activity 进行申明，具体代码如下。

```
<activity android:name=".SystemActivity"/>
<activity android:name=".ShowInfo"/>
<activity android:name=".HardwareActivity"/>
<activity android:name=".SoftwareActivity"/>
```

```
<activity android:name=".RuningActivity"/>
<activity android:name=".FSExplorerActivity"/>
```

上述代码包含了所有的 Activity 和需要申请的权限（uses-permission）。

22.4 手机信息小助手功能展望

到这里，完成了预设的项目功能目标，整个应用差不多已经完成了，但是，可以在这里再展望一下这个应用还可以补充和完善的地方，例如，可以在原来应用基础上加入新的功能，如电池信息、WiFi 信息等的收集和查看。至于其他的功能和方向，还是看各自的需求了。如果在此基础上开发出更多的功能，也欢迎和笔者交流和分享。

22.5 本章小结

本章以一个手机信息查看助手的应用分析为起点，讲述了如何获取和查看手机设备自身的一些信息，例如，系统信息、硬件配置信息、软件安装情况以及一些运行时的信息。通过本章的学习，相信能使读者在硬件操作方面积累一定的经验，可以顺利地进入手机硬件相关的应用开发。

第 23 章 综合案例五
——"土地浏览器"实例

从本章你可以学到：

程序启动界面的开发 ☐
浏览器输入栏的设计 ☐
网址输入栏的触屏弹出和收缩 ☐
网站标题的获取 ☐
浏览器进度条的设计 ☐
网站 icon 的获取 ☐
网页的左右滑动翻页 ☐
网页缩放 ☐
书签 ☐
历史 ☐
设置 ☐
皮肤 ☐
壁纸 ☐
主页 ☐
JavaScript 的支持 ☐
缓存 ☐
退出对话框 ☐

23.1 土地浏览器简介

23.1.1 为什么要开发土地浏览器

手机浏览器是通往移动互联网的大门，欲使用移动互联网，必须使用手机浏览器。掌握了这扇大门，也就等于掐住了移动互联网的咽喉，财富才会滚滚而来。

移动互联网与广播电视网有着许多的相似之处：首先两者都是媒体；信息的载体分别为手机和

电视机；网站的浏览必须经过浏览器，电视节目的观看必须收看相应的电视台，如图23-1所示。

▲图23-1 移动互联网和广播电视网的对应关系

23.1.2 土地浏览器的基本功能

土地浏览器的基本功能如下：

- 标题栏；
- 进度条；
- 网站图标显示；
- 网址输入栏的设计；
- 输入栏的触屏收缩和弹出；
- 左右滑动翻页；
- 网页缩放；
- 书签；
- 历史；
- 皮肤；
- 壁纸；
- 主页设置；
- JavaScript 的支持；
- 缓存。

23.2 土地浏览器的设计

土地浏览器的设计流程如图23-2所示。

第 23 章 综合案例五——"土地浏览器"实例

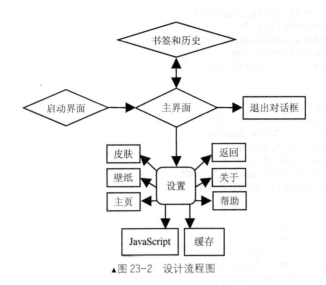

▲图 23-2 设计流程图

以上为土地浏览器的整体设计流程。下一节按照整体的设计流程,一步步来实现相应的功能。

23.3 土地浏览器的开发过程

23.3.1 启动界面的开发

启动界面如图 23-3 所示。

如图 23-3 所示,土地浏览器启动的时候,会有两秒钟的软件启动过程,下方的启动进度动画会循环显示。直到两秒钟以后,进入土地浏览器的正式界面。

创建的步骤如下。

(1)界面的绘制。

(2)帧动画的开发。

(3)**Activity** 窗口焦点更改的监听。

(4)通过多线程进入正式的浏览器界面。

首先是界面的绘制。布局代码如下。

▲图 23-3 土地浏览器的启动界面

```xml
<?xml version="1.0" encoding="utf-8"?>
<RelativeLayout
xmlns:android="http://schemas.android.com/apk/res/android"
    android:layout_width="fill_parent"
    android:layout_height="fill_parent"
    android:orientation="vertical"
    android:background="#eeeedd"
    >
<ImageView
android:id="@+id/logo"
android:layout_width="wrap_content"
```

341

```xml
        android:layout_height="wrap_content"
        android:src="@drawable/logo"
        android:layout_centerHorizontal="true"
        android:layout_marginTop="40dip"
        android:layout_marginBottom="100dip"
        ></ImageView>
    <ImageView
        android:id="@+id/biaoyu"
        android:layout_width="wrap_content"
        android:layout_height="wrap_content"
        android:layout_below="@id/logo"
        android:src="@drawable/biaoyu"
        android:layout_centerHorizontal="true"
        android:layout_marginBottom="100dip"
        ></ImageView>
    <ImageView
        android:id="@+id/frameview"
        android:layout_width="wrap_content"
        android:layout_height="wrap_content"
        android:layout_below="@id/biaoyu"
        android:background="@anim/frameview"
        android:layout_centerHorizontal="true"
        android:layout_marginBottom="100dip"
        ></ImageView>
    <TextView
        android:id="@+id/copyright"
        android:layout_width="wrap_content"
        android:layout_height="wrap_content"
        android:layout_centerHorizontal="true"
        android:text="Copyright ? 2012 土地浏览器"
        android:layout_below="@id/frameview"
        android:textColor="#00c957"
        ></TextView>
</RelativeLayout>
```

代码解释

这里的代码布局采用的是相对布局（RelativeLayout），从上往下分别是 3 行图片和 1 行文本。第 1 行图片为土地浏览器的图标和名称；第 2 行图片为土地浏览器的标语（用土地，万事如意）；第 3 行图片为一个软件启动的循环帧动画。最下面一行文本为表示软件版权的声明文字。

然后是帧动画的绘制。

先把帧动画需要的几张图片放在 res 文件夹下的 drawable 文件夹里面。然后在 res 文件夹下面创建一个 anim 文件夹，在文件夹里面创建一个 frameview.xml 的文件。

文件夹的结构如图 23-4 所示。

frameview.xml 文件的代码如下所示。

```xml
<?xml version="1.0" encoding="utf-8"?>
<animation-list
    xmlns:android="http://schemas.android.com/apk/res/android"
```

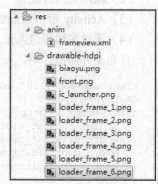

▲图 23-4 文件夹的结构

```xml
    android:oneshot="false"
>
<item
android:drawable="@drawable/loader_frame_1" android:duration="50"
></item>
<item
android:drawable="@drawable/loader_frame_2" android:duration="50"
></item>
<item
android:drawable="@drawable/loader_frame_3" android:duration="50"
></item>
<item
android:drawable="@drawable/loader_frame_4" android:duration="50"
></item>
<item
android:drawable="@drawable/loader_frame_5" android:duration="50"
></item>
<item
android:drawable="@drawable/loader_frame_6" android:duration="50"
></item>
</animation-list>
```

代码解释

在 animation-list 标签内添加有 6 个 item 标签，分别为帧动画循环播放需要的 6 张图片。

然后把该文件作为图片控件的布局，即可将图片显示出来。

比如：**android:background="@anim/frameview"** 就可以将其设为图片的背景，从而实现帧动画。

有了帧动画，还要让其动起来才行啊！

于是我们在 logo.java 文件里面首先分别取得 ImageView 控件的实例，以及 AnimationDrawable 的实例。

代码如下。

```java
private ImageView imageView;
private AnimationDrawable animDrawable;

imageView=(ImageView) findViewById(R.id.frameview);
animDrawable=(AnimationDrawable) imageView.getBackground();
```

然后，通过监听窗口焦点更改的事件，来启动动画。

代码如下。

```java
public void onWindowFocusChanged(boolean hasFocus){
    super.onWindowFocusChanged(hasFocus);
    animDrawable.start();
}
```

代码解释

在以上的 onWindowFocusChanged(boolean hasFocus)中，通过 animDrawable.start();让帧动画动起来。

23.3.2 网址输入栏的设计

刚进入浏览器的时候，是一个固定的界面，当单击输入栏的时候，变为另一个输入界面。如图 23-5 和图 23-6 所示。

▲图 23-5　输入栏单击前　　　　　　▲图 23-6　输入栏单击后

分析：以上网址输入栏的设计，采用的是 **FrameLayout** 布局覆盖的方式，两层布局上下覆盖，单击前，一层显示，一层隐藏。单击事件触发后，上层隐藏，下层显示。

部分输入栏布局的代码如下。

```xml
<FrameLayout
    android:id="@+id/FrameLayout01"
    android:layout_width="fill_parent"
    android:layout_height="wrap_content"
    android:layout_below="@id/progress_horizontal01"
    android:layout_marginTop="5dip"
    >
    <LinearLayout
        android:id="@+id/enter01"
        android:layout_width="fill_parent"
        android:layout_height="wrap_content"
        android:orientation="horizontal"
        android:layout_marginRight="10dip"
        >
        <ImageView
            android:id="@+id/icon"
            android:layout_width="30dip"
            android:layout_height="30dip"
            android:src="@drawable/siyecao"
            android:layout_weight="1"
        ></ImageView>
        <EditText
            android:id="@+id/enterurl01"
            android:layout_width="fill_parent"
            android:layout_height="50dip"
            android:hint="输入网址"
            android:editable="false"
            android:focusable="false"
            android:singleLine="true"
            android:ellipsize="end"
            android:layout_weight="9"
        ></EditText>
    </LinearLayout>
    <LinearLayout
```

```
    android:id="@+id/enter02"
    android:layout_width="fill_parent"
    android:layout_height="wrap_content"
    android:orientation="horizontal"
    android:visibility="gone"
    >
    <EditText
    android:id="@+id/enterurl02"
    android:layout_width="wrap_content"
    android:layout_height="50dip"
    android:hint="输入网址"
    android:singleLine="true"
    android:ellipsize="end"
    android:layout_weight="6"
    ></EditText>
    <ImageView
    android:id="@+id/ImageView01"
    android:layout_width="50dip"
    android:layout_height="50dip"
    android:background="@drawable/front"
    android:layout_weight="1"
    ></ImageView>
    </LinearLayout>

</FrameLayout>
```

💡 **代码解释**

在 FrameLayout 的布局中，嵌套了 2 个 LinearLayout 布局。一个 LinearLayout 是显示的，另一个 LinearLayout 是隐藏的。核心代码是：android:visibility="gone"。

然后，在 main.java 文件中，分别引入以上布局的实例，通过单击显示的布局的编辑框，触发相应的事件，显示的布局隐藏，隐藏的布局显示出来。

关键代码如下。

```
//第一层输入布局
    private LinearLayout myenter01;
    private EditText enterurl01;
    //第二层输入布局
    private LinearLayout myenter02;
    private EditText enterurl02;
    private ImageView okImageView;

// 引入输入框的实例
    myenter01 = (LinearLayout) findViewById(R.id.enter01);
    enterurl01 = (EditText) findViewById(R.id.enterurl01);

    myenter02 = (LinearLayout) findViewById(R.id.enter02);
    enterurl02 = (EditText) findViewById(R.id.enterurl02);
    okImageView = (ImageView) findViewById(R.id.ImageView01);
// 输入框的单击事件
    enterurl01.setOnClickListener(new LinearLayout.OnClickListener() {

        public void onClick(View v) {
```

```
            myenter01.setVisibility(View.GONE);
            myenter02.setVisibility(View.VISIBLE);
        }
    });
```

▶ **代码解释**

在以上的代码中，分别引入了两层布局的实例，以及布局、输入框和图片按钮的实例。然后通过编辑框 enterurl01 的单击事件，实现上层输入框的隐藏，以及下层输入框的显示。核心代码如下。

```
myenter01.setVisibility(View.GONE);
myenter02.setVisibility(View.VISIBLE);
```

同样的道理，当单击下层输入框的图片按钮时，将下层的输入框布局隐藏，上层的输入框显示。

23.3.3 网址输入栏的触屏弹出和收缩

当输入栏处于显示状态时，单击网页的任何一部分，输入栏向上收缩；当有向上的滑动手势时，输入栏收缩；当有向下的滑动手势时，输入栏弹出。

具体的实现方法如下。

首先让 Activity 实现（implements）OnTouchListener 和 OnGestureListener 这两个接口，并且实现其所有的方法。包括 onTouch()、onDown()、onFling()、onLongPress()、onScroll()、onShowPress() 和 onSingleTapUp()。

然后在 onTouch() 方法里，让触摸屏事件传递到手势事件里面。代码如下。

```
public boolean onTouch(View v, MotionEvent event) {
    gestureDetector.onTouchEvent(event);// 将触摸屏事件传入手势事件
    return false;
}
```

在 onDown() 方法里，实现输入框的单击收缩事件。代码如下。

```
public boolean onDown(MotionEvent e) {
    if (flag == true) {
        int height = myRelativeLayout.getHeight();
        Animation myTranslateAnimation = new TranslateAnimation(
0, 0, 0,-height);
        myTranslateAnimation.setDuration(500);
        myRelativeLayout.setAnimation(myTranslateAnimation);
        myRelativeLayout.setVisibility(View.GONE);
        flag = false;
    }
    return true;
}
```

▶ **代码解释**

通过一个 boolean 类型的变量 flag 来标记输入框是否为显示状态。如果是显示状态，则通过一个动画让输入框收缩，然后隐藏。flag 的值设为 false。

在onFling()方法里实现上下手势的收缩和弹出。核心代码如下。

```java
public boolean onFling(MotionEvent e1, MotionEvent e2,
float velocityX, float velocityY) {
    float vx = Math.abs(velocityX);// 取其绝对值
    float vy = Math.abs(velocityY);
    //----begin 设置浮动框的弹出和收回--------------------
    if (vy > vx) {
        if (velocityY > 0) {//设置弹出
            if (flag == false) {

                int height = myRelativeLayout.getHeight();
                Animation myTranslateAnimation = new TranslateAnimation(0,0, -height, 0);
myTranslateAnimation.setDuration(500);
   myRelativeLayout.setAnimation(myTranslateAnimation);
   myRelativeLayout.setVisibility(View.VISIBLE);

                flag = true;
            }

        } else if (velocityY < 0) {//设置收回

            if (flag == true) {
                int height = myRelativeLayout.getHeight();
                Animation myTranslateAnimation = new TranslateAnimation(0,
                    0, 0, -height);
                myTranslateAnimation.setDuration(500);
myRelativeLayout.setAnimation(myTranslateAnimation);
                myRelativeLayout.setVisibility(View.GONE);
                flag = false;
            }

        }

    }
    //-----end 设置左右滑动翻页-----------------------
    return false;
}
```

代码解释

在以上的onFling()中，首先通过Math.abs()，获得VelocityX,VelocityY的绝对值。然后比较大小，如果VelocityY大于VelocityX，则手势是上下滑动的。如果VelocityY的值大于0，向上滑动的手势，浮动框收缩；如果VelocityY的值小于0，向下滑动的手势，浮动框弹出。

23.3.4 网址的获取

loadUrl(String URL)的参数要求输入带http://前缀格式的网址，而我们基本没有输入http://前缀的习惯。有时输入，有时不输入。因此，这里需要进行一个判断，如果带有http://前缀，就不用添加了，如果没有http://前缀，就自动加上。

方法如下。

```java
// 图片按钮的单击事件
okImageView.setOnClickListener(new ImageView.OnClickListener() {
            public void onClick(View v) {
                myenter02.setVisibility(View.GONE);
                myenter01.setVisibility(View.VISIBLE);
                // 取得网址
                strURL = enterurl02.getText().toString();
                int length = strURL.length();
                if (length == 0) {
                    Toast.makeText(main.this, "请输入网址！", Toast.LENGTH_SHORT).show();
                } else {
                    strindex = strURL.substring(0, 7);
                    boolean bln = strindex.equalsIgnoreCase("http://");
                    if (bln == true) {

                        if (URLUtil.isNetworkUrl(strURL)) {// 进行网址的合法性判断

                            myWebView.loadUrl(strURL);

                        } else {
                            Toast.makeText(main.this, "请输入合法的网址，谢谢！",Toast.LENGTH_SHORT).show();
                        }
                    } else if (bln == false) {
                        strURL = ("http://" + strURL);
                        if (URLUtil.isNetworkUrl(strURL)) {
                            myWebView.loadUrl(strURL);
                        } else {
                            Toast.makeText(main.this, "请输入合法的网址，谢谢！",
                                    Toast.LENGTH_SHORT).show();
                        }

                    }

                }
                enterurl02.setText("");

            }
        });
```

代码解释

当单击图片按钮时，首先取得编辑框中输入的网址。如果网址的长度为 0，则提示输入网址；如果网址的长度大于 0，则取其前 7 位，判断是否为：http://，如果结果是 (true)，则直接将其加入 loadUrl(String URL) 的参数中，如果判断结果为否 (false)，则在输入的网址前加入 http:// 前缀，然后载入 loadUrl(String URL) 的参数中。

此外，还通过 URLUtil.isNetworkUrl(String url) 来判断输入的网址是否合法。

23.3.5 如何在本程序中打开浏览器

为了能够成功地实现在本程序中打开浏览器（不是默认的浏览器），必须进行如下的设置。

```
// 设置网页客户端
    myWebView.setWebViewClient(new WebViewClient() {

    });
```

23.3.6 网站标题的获取

为了能够获得网站的标题、图标、打开进度、网址，需要先实现以下的方法。

```
//设置网页 chrome 客户端
    myWebView.setWebChromeClient(new WebChromeClient(){

    });
```

然后在该方法内可以获得网站的标题等内容。

```
//设置标题
        public void onReceivedTitle(WebView view,String title){
            super.onReceivedTitle(view, title);
            title=myWebView.getTitle();
            mytitle.setText(title);
        }
```

23.3.7 网站图标的获取

为了能够获得网站的图标，需要如下 3 步。
第 1 步：取得网页图标的数据库。

```
//欲取得网站的图标，必须设置网站数据库的实例
        final WebIconDatabase db=WebIconDatabase.getInstance();
        db.open(getDir("icons", MODE_PRIVATE).getPath());
```

第 2 步：和获得网站的标题一样，设置网页 chrome 客户端。
第 3 步：在以下的方法内获得网站的图标。

```
//设置图标
        public void onReceivedIcon(WebView view,Bitmap icon){
            super.onReceivedIcon(view, icon);
            icon=myWebView.getFavicon();
            myicon.setImageBitmap(icon);
        }
```

> **提示** 网页的图标的获取，是需要网页图标数据库的支持，这一点必须要注意。这也是重点和核心。

23.3.8 网站打开进度的获得

网站的打开进度也是在网页 chrome 客户端的方法内进行设置的。方法如下。

```
//设置进度条
        public void onProgressChanged(WebView view,int progress){
            myProgressBar.setProgress(progress);
            if(progress==100){
                myProgressBar.setProgress(0);
            }
        }
```

23.3.9 网页网址的获得

网页网址的获得方法也是在网页 chrome 客户端的方法内获得的，方法如下。

```
// 获取网站的网址
        public void onReceivedTouchIconUrl(WebView view, String url,
boolean precomposed) {

            super.onReceivedTouchIconUrl(view, url, precomposed);
            if (precomposed) {
                url = myWebView.getUrl();
                myenterurl.setText(url);
            }
        }
```

23.3.10 网页的触屏滑动翻页

我们可以通过左右滑动，实现网页的上一页或下一页的翻页功能。该功能的实现是通过手势来实现的，而且也是在 onFling(MotionEvent e1, MotionEvent e2, float velocityX, float velocityY) 方法中实现的。具体的代码如下。

```
if(vx>vy){
        if(velocityX>0){//前一页
            if(myWebView.canGoBack()){

                myWebView.goBack();

                int width=myWebView.getWidth();
Animation myTranslateAnimation=new TranslateAnimation(0,width,0,0);
                myTranslateAnimation.setDuration(400);
                myWebView.setAnimation(myTranslateAnimation);

            }
        }else if(velocityX<0){//后一页
            if(myWebView.canGoForward()){

                myWebView.goForward();

                int width=myWebView.getWidth();
Animation myTranslateAnimation=new TranslateAnimation(0,-width,0,0);
```

```
                    myTranslateAnimation.setDuration(400);
                    myWebView.setAnimation(myTranslateAnimation);
            }
        }
    }
```

代码解释

以上代码首先进行 x 轴方向上的手势速度的判断。如果 VelocityX 大于 0，表示手势向右侧滑动；如果 VelocityX 小于 0，表示手势向左滑动。当向左或者向右滑动时，即可进行网页的前一页或后一页的处理。

23.3.11 网页缩放

智能手机的屏幕相对于电脑的屏幕来说，还是比较小的。如果在手机上打开某个网站，可能不适合用手机浏览，因此，手机浏览器必须具备网页的放大和缩小功能。

网页的缩放有多点触摸缩放和按钮的单击事件缩放。

多点触摸缩放的使用方法如下。

```
//创建 WebSettings 的实例
WebSettings myWebSettings=myWebView.getSettings();
//设置使其支持缩放的控制
myWebSettings.setBuiltInZoomControls(true);
myWebSettings.setSupportZoom(true);
```

当然，也可以通过按钮的单击事件，来实现缩放功能。代码如下。

```
//创建 WebSettings 的实例
WebSettings  myWebSettings=myWebView.getSettings();
//放大网页
myWebSettings.setDefaultZoom(WebSettings.ZoomDensity.CLOSE);
//缩小网页
myWebSettings.setDefaultZoom(WebSettings.ZoomDensity.FAR);
```

23.3.12 书签和历史记录

书签和历史记录是浏览器必备的两项基本功能。

书签便于大家更加方便地浏览各个常用的网站，而无需经常输入网址。

历史记录里面记录着我们的上网记录，便于大家查找刚刚登录过的网站。

在本浏览器中，将书签和历史记录综合到了一起，使用起来更加方便。

效果如图 23-7 所示。

书签和历史记录的功能的实现，采用的就是 SQLite 数据库的增

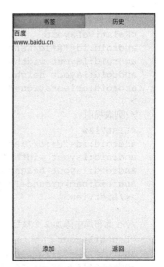

▲图 23-7 书签和历史记录的界面

删改查功能。在本章的本节中，主要谈谈这个界面的设计模式及具体的实现方法。

在以上的界面中，上方的"书签"和"历史"两个按钮，采用的是 GridView 布局的方式，在 GridView 布局的下方，采用的是 FrameLayout 的嵌套布局，因为 FrameLayout 布局是一种覆盖型的布局，在此界面中，我们是覆盖了两层，一层显示，一层隐藏。当单击 GridView 中的"书签"时，下方则显示与"书签"相关的布局；当单击"历史"时，下方则显示与"历史"相关的布局。

以上布局采用的是相互嵌套的方式，因此，相对来说，比较复杂。相关代码如下。

```xml
<?xml version="1.0" encoding="utf-8"?>
<RelativeLayout
xmlns:android="http://schemas.android.com/apk/res/android"
    android:layout_width="fill_parent"
    android:layout_height="fill_parent"
    android:orientation="vertical"
    android:background="#ffffffff"
    >
//网格视图布局，在这里适配"书签"和"历史"按钮
<GridView
android:id="@+id/GridView01"
android:layout_width="fill_parent"
android:layout_height="wrap_content"
android:background="#ffb7b7b7"
></GridView>
//可以覆盖的布局
<FrameLayout
android:id="@+id/FrameLayout01"
android:layout_width="fill_parent"
android:layout_height="wrap_content"
android:layout_below="@id/GridView01"
>
//覆盖的第一层布局
<RelativeLayout
android:id="@+id/Cent01"
android:layout_width="fill_parent"
android:layout_height="wrap_content"
android:orientation="vertical"
>
//列表视图
<ListView
android:id="@+id/ListView01"
android:layout_width="fill_parent"
android:layout_height="fill_parent"
android:background="#ececec"
></ListView>

//在此布局中添加 2 个按钮
<LinearLayout
android:id="@+id/LinearLayout01"
android:layout_width="fill_parent"
android:layout_height="wrap_content"
android:orientation="horizontal"
```

```xml
    android:layout_alignParentBottom="true"
    >
    <Button
    android:id="@+id/Button01"
    android:layout_width="wrap_content"
    android:layout_height="wrap_content"
    android:layout_weight="1"
    android:text="@string/add"
    ></Button>
    <Button
    android:id="@+id/Button02"
    android:layout_width="wrap_content"
    android:layout_height="wrap_content"
    android:layout_weight="1"
    android:text="@string/back"
    ></Button>
    </LinearLayout>
    </RelativeLayout>
    //覆盖的第两层布局，注意：此处为隐藏
    <RelativeLayout
    android:id="@+id/Cent02"
    android:layout_width="fill_parent"
    android:layout_height="wrap_content"
    android:orientation="vertical"
    android:visibility="gone"   //隐藏布局的属性
    >
    //列表视图
    <ListView
    android:id="@+id/ListView02"
    android:layout_width="fill_parent"
    android:layout_height="fill_parent"
    android:background="#c2c2c2"
    >
    </ListView>
    //在此线性布局中添加两个按钮
    <LinearLayout
    android:id="@+id/LinearLayout02"
    android:layout_width="fill_parent"
    android:layout_height="wrap_content"
    android:orientation="horizontal"
    android:layout_alignParentBottom="true"
    >
    <Button
    android:id="@+id/Button03"
    android:layout_width="wrap_content"
    android:layout_height="wrap_content"
    android:layout_weight="1"
    android:text="@string/manager"
    >
    </Button>
    <Button
    android:id="@+id/Button04"
    android:layout_width="wrap_content"
    android:layout_height="wrap_content"
    android:layout_weight="1"
```

```xml
        android:text="@string/back"
        >
</Button>
</LinearLayout>
</RelativeLayout>



</FrameLayout>
</RelativeLayout>
```

以上是书签和历史记录布局的代码。其中 GridView 布局部分，是需要进行适配，才可以有内容的，因为 GridView 属于容器视图。

给 GridView 适配内容的代码如下。

```java
private GridView  myGridView;

//引入网格视图的实例
myGridView=(GridView) findViewById(R.id.GridView01);
//设置网格视图的属性
myGridView.setNumColumns(2);//2 列
myGridView.setGravity(Gravity.CENTER);//居中
myGridView.setVerticalSpacing(10);//垂直空间为 10
myGridView.setHorizontalSpacing(10);//水平间距为 10

    ArrayList arrayList=new ArrayList();

    HashMap hashMap=new HashMap();
    hashMap.put("itemword", "书签");
    arrayList.add(hashMap);

    hashMap=new HashMap();
    hashMap.put("itemword", "历史");
    arrayList.add(hashMap);

    SimpleAdapter simpleAdapter=new
SimpleAdapter(bookmarkandhistory.this, arrayList, R.layout.gridviewitem, new String[]
{"itemword"}, new int[]{R.id.TextView01});
    myGridView.setAdapter(simpleAdapter);
//注意: R.layout.gridviewitem 布局为一行 TextView 的文本
```

给 GridView 布局适配好了内容，接下来就是响应每一个选项的单击事件。代码如下。

```java
//上下两层视图的布局
    private  RelativeLayout myRelativeLayout01;      //书签的布局
private  RelativeLayout myRelativeLayout02;      //历史记录的布局
//创建上下两层视图的布局的实例
    myRelativeLayout01=(RelativeLayout) findViewById(R.id.Cent01);
    myRelativeLayout02=(RelativeLayout) findViewById(R.id.Cent02);
//当单击书签选项时，响应的关键代码如下:
myRelativeLayout01.setVisibility(View.VISIBLE);      //显示书签布局
myRelativeLayout02.setVisibility(View.GONE);         //隐藏历史布局
```

```
//当单击历史选项时，响应的关键代码如下：
myRelativeLayout02.setVisibility(View.VISIBLE);    //显示历史布局
myRelativeLayout01.setVisibility(View.GONE);       //隐藏书签布局
```

其他部分就是 SQLite 数据库的增删改查的综合运用，在此就不赘述了。

23.3.13 底部菜单

在本浏览器中，当单击菜单按键时，会在下方弹出一行布局，这就是菜单项，可以放大、缩小，具有主页、书签和历史以及设置功能。效果如图 23-8 所示。

这里的设计采用给 GridView 容器布局适配内容的方式进行添加。核心布局代码如下。

```
<GridView
android:id="@+id/GridView01"
android:layout_width="fill_parent"
android:layout_height="50dip"
android:visibility="gone"
android:layout_alignParentBottom="true"
android:background="#ffb7b7b7"
></GridView>
```

▲图 23-8 底部的菜单

代码解释

android:visibility="gone"表示该 GridView 处于隐藏状态。因此，当我们单击 menu(菜单)按键的时候，触发相应的事件，使 GridView 视图显示出来。

android:layout_alignParentBottom="true"表示使 GridView 视图处于整体父视图布局的最底部。这也就是我们看到的实际效果，菜单选项处于最底部。

给 GridView 容器视图添加适配内容的方法跟向书签和历史的 GridView 布局添加内容的方法类似。关键的核心代码如下。

```
private GridView  myGridView;
//创建网格视图的实例
myGridView=(GridView) findViewById(R.id.GridView01);
        //设置菜单项的属性
        myGridView.setNumColumns(5);
        myGridView.setGravity(Gravity.CENTER);
        myGridView.setVerticalSpacing(10);
        myGridView.setHorizontalSpacing(10);
        //创建数组列表
        ArrayList arrayList=new ArrayList();
        //创建哈希映射，并向哈希映射中添加图片
        HashMap hashMap=new HashMap();
        hashMap.put("itemimage", R.drawable.fangda);
        arrayList.add(hashMap);

        hashMap=new HashMap();
        hashMap.put("itemimage", R.drawable.suoxiao);
```

```
            arrayList.add(hashMap);

            hashMap=new HashMap();
            hashMap.put("itemimage", R.drawable.home);
            arrayList.add(hashMap);

            hashMap=new HashMap();
            hashMap.put("itemimage", R.drawable.history);
            arrayList.add(hashMap);

            hashMap=new HashMap();
            hashMap.put("itemimage", R.drawable.set);
            arrayList.add(hashMap);
            //创建适配器，并将数组列表传入
adapter=new SimpleAdapter(this,arrayList,R.layout.bottommenu,new String[]{"itemimage"},
new int[]{R.id.item});

            myGridView.setAdapter(adapter);
```

※ 代码解释

SimpleAdapter 中的参数项 R.layout. bottommenu，就是我们看到的每一张图片的布局。

23.3.14 关于设置

当我们单击底部菜单的设置项时，便会弹出设置对话框，如图 23-9 所示。

设置对话框主要包括皮肤设置、壁纸设置、主页设置、JavaScript 设置、缓存设置、帮助、关于、返回共 8 项内容。

实现的过程如下。

创建一个对话框，无图标、无标题、无按钮，只是向该对话框中添加一个 2 行 4 列的 GridView 的布局，通过设置布局中每一项的单击事件，即可实现设置。

关键核心代码如下。

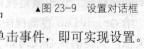

▲图 23-9 设置对话框

```
//建立设置对话框
    final AlertDialog setBuilder=new Builder(main.this).create();
        //载入设置对话框的视图
        LayoutInflater inflater=LayoutInflater.from(main.this);
        View view=inflater.inflate(R.layout.setview, null);
        //创建网格视图的实例
        setGridView=(GridView) view.findViewById(R.id.GridView01);
        //数组列表
        ArrayList  arrayList=new ArrayList();
        //哈希映射
        HashMap map=new HashMap();
        map.put("imageitem", R.drawable.skin);
        map.put("textitem", "皮肤");
        arrayList.add(map);
```

```
            map=new HashMap();
            map.put("imageitem", R.drawable.bizhi);
            map.put("textitem", "壁纸");
            arrayList.add(map);

            map=new HashMap();
            map.put("imageitem", R.drawable.zhuye);
            map.put("textitem", "主页");
            arrayList.add(map);

            map=new HashMap();
            map.put("imageitem", R.drawable.js);
            map.put("textitem", "JavaScript");
            arrayList.add(map);

            map=new HashMap();
            map.put("imageitem", R.drawable.huancun);
            map.put("textitem", "缓存");
            arrayList.add(map);

            map=new HashMap();
            map.put("imageitem", R.drawable.help);
            map.put("textitem", "帮助");
            arrayList.add(map);

            map=new HashMap();
            map.put("imageitem", R.drawable.about);
            map.put("textitem", "关于");
            arrayList.add(map);

            map=new HashMap();
            map.put("imageitem", R.drawable.menu_return);
            map.put("textitem", "返回");
            arrayList.add(map);
            //将数组列表中的数据添加到适配器中
            SimpleAdapter setsa=new SimpleAdapter(main.this, arrayList, R.layout.setviewitem,
    new String[]{"imageitem","textitem"}, new int[]{R.id.ImageView01,R.id.TextView01});
            //设置适配器
            setGridView.setAdapter(setsa);
            //添加视图
            setBuilder.setView(view);

            //显示对话框
            setBuilder.show();
```

代码解释
载入视图时，采用的方法如下。

```
LayoutInflater inflater=LayoutInflater.from(main.this);
View view=inflater.inflate(R.layout.setview,null);
```

此外，应该注意的是，引入布局的控件的实例时，应该这样写：

```
GridView myGridView=(GridView) view.findViewById(R.id.GridView01);
```

23.3.15 皮肤

为了满足使用者的个性化需求，土地浏览器也可以对输入框的皮肤予以设置，就像图 23-10 和图 23-11 所示的两张不同的皮肤效果。

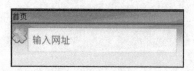

▲图 23-10 皮肤效果 1

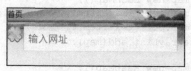

▲图 23-11 皮肤效果 2

具体的设置方法如下。

当我们单击皮肤选项时，便会弹出一个皮肤设置对话框，通过勾选自己喜欢的皮肤项，即可完成设置，如图 23-12 所示。

关于对话框的创建前面已有提到，这里不再赘述。关键核心代码如下。

```
//皮肤的布局
private RelativeLayout skinLayout;
//皮肤布局的实例
skinLayout=(RelativeLayout) findViewById(R.id.skin01);
//默认设置
skinLayout.setBackgroundColor(Color.parseColor("#ffd7d7d7"));
//带图片的设置，如下
skinLayout.setBackgroundResource(R.drawable.skin_title_jingdian);
```

▲图 23-12 皮肤设置

当我们完成了设置以后，当下是会显示出来。可是，当我们退出程序后，以后再次登录程序，设置便会失效，需要重新设置，体验非常不友好。因此，此处需要有数据库记录设置项，等下次再重新登录时，可以立即查询数据库，自动完成设置。

这里采用 **SharedPreferences** 来进行存储。代码如下。

```
private SharedPreferences skinsp;
private SharedPreferences.Editor  skinEditor;
//创建实例
skinsp=main.this.getSharedPreferences("skinset", MODE_PRIVATE);
skinEditor=skinsp.edit();

//比如：当我们单击默认皮肤时，保存方法如下
skinEditor.putInt("skin",0);//默认皮肤在列表中的索引为 0
skinEditor.commit();
//其他保存项以此类推

//当我们重新打来程序时，在 onCreate(Bundle savedInstanceState){
//方法体
//}中重新查询，然后进行设置，如下所示
int skinvalue=skinsp.getInt("skin",0);//此处的 0 为默认值
//如果查询的结果为 0 时，进行如下的设置
skinLayout.setBackgroundColor(Color.parseColor("#ffd7d7d7"));
```

23.3.16 壁纸设置

在土地浏览器中，也专门为 WebView 视图创建了壁纸功能。具体的实现与皮肤是非常类似的，就是给 WebView 创建一个背景图片，效果如图 23-13 所示。

此处的设置是通过一个列表对话框进行选择，然后完成设置，并将设置数据进行保存，待下次打开时，可以再次实现效果。

关键的核心代码如下。

```
//先把背景设为完全的透明
myWebView.setBackgroundColor(0);
//然后再设置背景图片
myWebView.setBackgroundResource(R.drawable.chuntian);
```

关于数据的保存，这里就不再赘述了。

23.3.17 主页设置

在土地浏览器中，主页设置采用的是对话框的方式来保存数据及查询数据。当数据设置好了以后，单击底部菜单的主页项，便会打开我们设置好的主页。如果没有设置主页，则会打开默认的主页（如以百度网为默认主页）。

效果如图 23-14 所示。

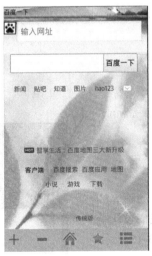

▲图 23-13　百度网的壁纸效果

▲图 23-14　主页设置

主页设置的设置过程是：首先从编辑框中提取输入的数据；然后通过 SharedPreferences，将数据保存到相应的数据文件中。

当单击底部菜单的主页项时，从 SharedPreferences 中查询保存的数据，并将数据整理成网址的形式，然后打开。

关键的核心代码如下。

```
private SharedPreferences zhuyesp;
private SharedPreferences.Editor zhuyeEditor;
//创建实例
zhuyesp=main.this.getSharedPreferences("zhuyeset", MODE_PRIVATE);
zhuyeEditor=zhuyesp.edit();
//取得编辑框的值
String zhuyename=zhuyenameEditText.getText().toString();   //网站名称
String zhuyeurl=zhuyeurlEditText.getText().toString();    //网址
//将编辑框中的值进行保存
zhuyeEditor.putString("name", zhuyename);
zhuyeEditor.putString("url", zhuyeurl);
zhuyeEditor.commit();

//单击主页项,查询数据,打开网站的核心代码
//查询主页设置中的值
queryurlString=zhuyesp.getString("url", "http:   //www.baidu.cn");
//判断网址的前缀是否包含 http://
String strindex=queryurlString.substring(0,7);    //提取字符串的前 7 个字符
boolean bln=strindex.equalsIgnoreCase("http:   //");
       if(bln==true){
       //判断参数中的字符串是否是合法的网址
       if(URLUtil.isNetworkUrl(queryurlString)){
       myWebView.loadUrl(queryurlString);
       }else{
Toast.makeText(main.this, "网址不合法!", Toast.LENGTH_LONG).show();
          }
       }else if(bln==false){
       queryurlString="http://"+queryurlString;//添加前缀
       if(URLUtil.isNetworkUrl(queryurlString)){
       myWebView.loadUrl(queryurlString);
       }else{
Toast.makeText(main.this, "网址不合法!", Toast.LENGTH_LONG).show();
          }
       }
```

23.3.18　JavaScript 设置

在浏览器中,为了支持动态网页的展示,例如,图片、动画等,有必要使 WebView 支持 JavaScript 功能。在土地浏览器中,我们设计了一个列表对话,通过单击"打开"或"关闭"来实现,如图 23-15 所示。

JavaScript 设置的核心代码如下。

```
//创建 WebSettings 的实例对象
WebSettings myWebSettings=myWebView.getSettings();
//使其支持 JavaScript
myWebSettings.setJavaScriptEnabled(true);
//使其不支持 JavaScript
myWebSettings.setJavaScriptEnabled(false);
```

▲图 23-15　JavaScript 设置

23.3.19 缓存设置

为了使网页浏览起来更加流畅,可以通过设置网页打开缓存,以支持缓存。当然,也可以关闭缓存功能。这里的实现过程跟 JavaScript 类似,也是设计了一个列表菜单,通过选择列表项,进行打开或关闭的选择,如图 23-16 所示。

缓存设置的核心代码如下。

```
//创建 WebSettings 的实例对象
WebSettings myWebSettings=myWebView.getSettings();
//打开缓存功能
myWebSettings.setAppCacheEnabled(true);

//关闭缓存功能
myWebSettings.setAppCacheEnabled(false);
```

23.3.20 缓存删除

如果打开了缓存,随着网页浏览量的增多,缓存的网页会占据很多的内存空间,此时,便需要删除缓存。

在土地浏览器中,我们把删除缓存的功能设计到了退出对话框里面,如图 23-17 所示。

▲图 23-16 缓存设置

▲图 23-17 删除缓存

删除缓存的核心代码如下。

```
//取得文件类的实例
File file=CacheManager.getCacheFileBaseDir();
//判断文件是否存在等
   if(file!=null&&file.exists()&&file.isDirectory()){
                    for(File item:file.listFiles()){
                        item.delete();
                    }
```

```
                    file.delete();
        }
        main.this.deleteDatabase("webview.db");
        main.this.deleteDatabase("webviewCache.db");
```

23.3.21 其他

在本章讲解了浏览器开发中的主要功能。当然还有许多的功能没有实现，例如，支持文件的上传和下载、在线音频和视频的播放等。这些功能有待于大家的继续完善和升级。

23.4 本章小结

在土地浏览器开发这一章中，首先讲到了为什么要开发浏览器，开发浏览器的意义，然后，一一列举了土地浏览器中的各项功能，接下来，根据列举的各项功能，分别详细讲解了各项功能的实现过程。

第 24 章 综合案例六——地图跟踪

从本章你可以学到：

- 了解百度地图主要功能
- 学会百度地图的基本使用

百度地图 Android SDK 是一套基于 Android 1.5 及以上版本设备的应用程序接口，不仅提供构建地图的基本接口，还提供本地搜索、路线规划、定位等服务。它利用 GPS、WiFi 和基站三种定位方式的结合，定位服务量化指标优秀，网络接口返回速度快，覆盖率达到 96%。

我们可以使用百度地图 Android SDK 开发适用于移动设备的地图应用，通过接口，可以轻松访问百度服务和数据，构建功能丰富、交互性强的地图应用程序。

该套 SDK 提供的服务是免费的，任何非营利性程序均可使用。

下面我们以百度地图的 apidemo 的源码为基础，示例百度地图的使用。

24.1 百度地图示例应用分析

24.1.1 百度地图 SDK 开发准备

（1）首先到 http://dev.baidu.com/注册一个百度开发者账号，然后到 http://dev.baidu.com/wiki/static/imap/key/申请一个应用的 key，如图 24-1 所示。

请妥善保存 Key，地图初始化时需要用到该 Key。

（2）http://dev.baidu.com/wiki/imap/index.php?title=Android%E5%B9%B3%E5%8F%B0/%E7%9B%B8%E5%85%B3%E4%B8%8B%E8%BD%BD 下载 API 开发包 BaiduMapApi_Lib_Android_1.3.3.zip，里面有两个文件 baidumapapi.jar 和 libBMapApiEngine_v1_3_3.so，这就是百度地图 sdk 文件。

（3）新建一个工程，取名：百度地图示例，package com.baidumap.demo。在工程目录里新建 libs 文件夹，把 baidumapapi.jar 复制到 libs 根目录下，把 libBMapApiEngine_v1_3_3.so 复制到 libs\armeabi 目录下。然后在项目的属性->Java Build Path->Libraries 中选择 "Add External JARs"，选定 baidumapapi.jar，确定后返回，这样我们就可以在程序中使用百度地图 API 了。最终的项目结构图，如图 24-2 所示。

▲图 24-1　申请应用的 key　　　　　　　　　▲图 24-2　项目结构

（4）需要在 Manifest 中添加使用权限。

```
<uses-permission android:name="android.permission.ACCESS_NETWORK_STATE"/>
<uses-permission android:name="android.permission.ACCESS_FINE_LOCATION"/>
<uses-permission android:name="android.permission.INTERNET"/>
<uses-permission android:name="android.permission.WRITE_EXTERNAL_STORAGE"/>
<uses-permission android:name="android.permission.ACCESS_WIFI_STATE"/>
<uses-permission android:name="android.permission.CHANGE_WIFI_STATE"/>
<uses-permission android:name="android.permission.READ_PHONE_STATE"/>
```

（5）在需要显示地图的布局 xml 文件中添加地图控件。

```
<com.baidu.mapapi.MapView android:id="@+id/bmapsView"
    android:layout_width="fill_parent"
    android:layout_height="fill_parent"
    android:clickable="true" />
```

24.1.2　百度地图示例程序讲解

BMapDemoApp.class 是继承自 Application 的应用类，也就是我们这个程序的应用类。我们通过在 AndroidMenifest.xml 设置 android:name=".BMapDemoApp"设置。

```
<application
    android:icon="@drawable/icon" android:label="@string/app_name"
    android:name=".BMapDemoApp" android:debuggable="true">
```

由于 Application 类的生命期和应用程序运行的生命期一致，所以常用来放置共享对象。

BMapDemoApp 里的关键代码如下。

```
1.    static BMapDemoApp mDemoApp;
2.    BMapManager mBMapMan = null;
3.    public String mStrKey = "2C70D4F3E0810C7BF615DFFCDF9244D6AC2C6CCC";
4.    boolean m_bKeyRight = true;
5.    @Override
6.    public void onCreate() {
7.        mDemoApp = this;
8.        mBMapMan = new BMapManager(this);
9.        mBMapMan.init(this.mStrKey, new MyGeneralListener());
10.       mBMapMan.getLocationManager().setNotifyInternal(10, 5);
11.       super.onCreate();
12.   }
13.   @Override
14.   public void onTerminate() {
15.       // TODO Auto-generated method stub
16.       if (mBMapMan != null) {
17.           mBMapMan.destroy();
18.           mBMapMan = null;
19.       }
20.       super.onTerminate();
21.   }
22.   static class MyGeneralListener implements MKGeneralListener {
23.       @Override
24.       public void onGetNetworkState(int iError) {
25.           Log.d("MyGeneralListener", "onGetNetworkState error is "+ iError);
26.           Toast.makeText(BMapDemoApp.mDemoApp.getApplicationContext(), "您的网络出错啦!",
27.           Toast.LENGTH_LONG).show();
28.       }
29.       @Override
30.       public void onGetPermissionState(int iError) {
31.           Log.d("MyGeneralListener", "onGetPermissionState error is "+ iError);
32.           if (iError == MKEvent.ERROR_PERMISSION_DENIED) {
33.               // 授权 Key 错误:
34.               Toast.makeText(BMapDemoApp.mDemoApp.getApplicationContext(),
35.               "请输入正确的授权 Key!",
36.               Toast.LENGTH_LONG).show();
37.               BMapDemoApp.mDemoApp.m_bKeyRight = false;
38.           }
39.       }
40.   }
```

第 6 行的 onCreate 函数是整个程序运行的入口,我们在这里进行需要全局共享对象 mBMapMan 的初始化工作。

第 9 行我们把之前申请的 key 值 mStrKey 作为参数传给 mBMapMan.init。其中的 MyGeneralListener 对象是监听对象,用户反馈 mBMapMan 初始化时的异常。

第 14 行的 onTerminate 函数是整个程序被终止时调用,在这里我们把 mBMapMan 销毁掉。

MapViewDemo.class:这个类继承自百度 MapActivity,是我们地图示例程序实现主要功能的类。它的布局文件 mapviewdemo.xml 里的地图控件具体展现地图功能。地图控件代码段如下。

```
1.    <com.baidu.mapapi.MapView
```

```
2.    android:id="@+id/bmapsView"
3.    android:layout_width="fill_parent"
4.    android:layout_height="fill_parent"
5.    android:clickable="true" />
```

▲图 24-3　程序主界面

图 24-3 所示是程序运行后的界面。具体代码在 onCreate 函数里实现，关键代码段如下。

```
1.    setContentView(R.layout.mapviewdemo);
2.    app = (BMapDemoApp)this.getApplication();
3.    if (app.mBMapMan == null) {
4.        app.mBMapMan = new BMapManager(getApplication());
5.        app.mBMapMan.init(app.mStrKey, new BMapDemoApp.MyGeneralListener());
6.    }
7.    if (!app.m_bKeyRight) {
8.        Toast.makeText(this, "授权Key错误！", Toast.LENGTH_LONG);
9.    }
10.   app.mBMapMan.start();
11.   super.initMapActivity(app.mBMapMan);
12.   mapView = (MapView)findViewById(R.id.bmapView);
13.   mapView.setBuiltInZoomControls(true);
14.   mapView.setDrawOverlayWhenZooming(true);
15.   mapView.setDoubleClickZooming(true);
16.   findview();
```

第 2-9 行从 BMapDemoApp 对象获取到 mBMapMan 对象，并判断是否有异常。

第 10-11 行开启百度地图 API，并初始化地图 Activity。

第 12-15 行获取到地图控件 mapView，并设置基本属性。

这个示例程序提供了 6 个功能：标注手机的位置、查找附近、查询公交线路、查询 2 地点之间的线路、卫星图层和离线地图。示例如图 24-4 所示。

▲图 24-4　功能菜单项

创建菜单的主要代码段如下。

```
1.   public static final int MYLOC = Menu.FIRST;
2.   public static final int ZHOUBIAN = Menu.FIRST + 1;
3.   public static final int GONGJIAO = Menu.FIRST + 2;
4.   public static final int CHUXING = Menu.FIRST + 3;
5.   public static final int GEO = Menu.FIRST + 4;
6.   public static final int OFFLINE = Menu.FIRST + 5;

7.   public boolean onCreateOptionsMenu(Menu aMenu) {
8.       super.onCreateOptionsMenu(aMenu);
9.       aMenu.add(0, MYLOC, 0, R.string.MYLOC);
10.      aMenu.add(0, ZHOUBIAN, 0, R.string.ZHOUBIAN);
11.      aMenu.add(0, GONGJIAO, 0, R.string.GONGJIAO);
12.      aMenu.add(0, CHUXING, 0, R.string.CHUXING);
13.      aMenu.add(0, GEO, 0, R.string.GEO);
14.      aMenu.add(0, OFFLINE, 0, R.string.OFFLINE);
15.      return true;
16.  }
```

第 1-6 行定义了 6 个菜单项 id。

第 7-16 是菜单创建函数，具体菜单项的文字信息放在资源文件 strings.xml 里。

当单击第一个菜单项"我的位置"时，地图带我们到当前所在的位置点，并显示大致的位置信息，如图 24-5 所示。

▲图 24-5 个人位置定位图示

虽然显示的信息和实际情况有一点误差，但误差范围不大。

这个功能点的关键代码段如下。

```
1.    // myloc 定位图层
2.    mLocationOverlay = new MyLocationOverlay(this, mapView);
3.    // 注册定位事件
4.    mLocationListener = new LocationListener(){
5.        @Override
6.        public void onLocationChanged(Location location) {
7.            if (location != null){
8.                //获取到自己的位置并保存到 mypt
9.                mypt = new GeoPoint((int)(location.getLatitude()*1e6),
10.                   (int)(location.getLongitude()*1e6));
11.           }
12.       }
13.   };
14.   app.mBMapMan.getLocationManager().requestLocationUpdates(mLocationListener);
15.   case MYLOC:
16.   if(!mapView.getOverlays().contains(mLocationOverlay))
17.   {
18.       mapView.getOverlays().add(mLocationOverlay);
19.   }
20.
21.   mSearch.reverseGeocode(mypt);
22.   mapView.getController().setZoom(16);
23.   mapView.getController().animateTo(mypt);
24.   break;
```

第 1-14 行是在 onCreate 函数里的代码，定义了一个定位图层 mLocationOverlay。在 14 行注册了一个定位监听器 mLocationListener，当手机位置发生变化时系统把地址信息传给它。这个监听器里的 9-10 行代码使我们能够实时获得手机所在的经纬度并保存到 mypt 变量里。

第 15-24 行是菜单项处理函数 onOptionsItemSelected 里对于单击"我的位置"的处理项。

第 16-19 行给地图控件加上定位图层 mLocationOverlay。这个图层将在地图上显示一个蓝色圆点标注我们所在的位置。

第 21 行根据位置监听器获得的 mypt 坐标信息通过 mSearch.reverseGeocode 反解析出地理位置"浙江省杭州市上城区南山路 284 号"这些信息。

第 22 行用来设定地图控件的缩放比例。

第 23 行获得地图控件的控制器并将地图转移到当前位置 mypt。

当我们单击菜单"查找附近"时，界面展示如图 24-6 所示。

▲图 24-6　查找附近功能示例图

我们能搜索指定城市、指定关键词的相关信息，并在地图上标识出。

这个部分的关键代码如下。

```
1.    mSearch = new MKSearch();
2.    mSearch.init(app.mBMapMan, new MKSearchListener(){
3.    public void onGetPoiResult(MKPoiResult res, int type, int error) {
4.    {
5.    // 将地图移动到第一个 POI 中心点
6.    if (res.getCurrentNumPois() > 0) {
7.    // 将 poi 结果显示到地图上
8.    PoiOverlay poiOverlay = new PoiOverlay(MapViewDemo.this, mapView);
9.    poiOverlay.setData(res.getAllPoi());
```

```
10.    mapView.getOverlays().clear();
11.    mapView.getOverlays().add(poiOverlay);
12.    mapView.invalidate();
13.    mapView.getController().animateTo(res.getPoi(0).pt);
14.    mapView.getController().setZoom(16);
15.    } else if (res.getCityListNum() > 0) {
16.    String strInfo = "在";
17.    for (int i = 0; i < res.getCityListNum(); i++) {
18.    strInfo += res.getCityListInfo(i).city;
19.    strInfo += ",";
20.    }
21.    strInfo += "找到结果";
22.    Toast.makeText(MapViewDemo.this, strInfo, Toast.LENGTH_LONG).show();
23.    }
24.    }
25.    }
26.    public void onGetDrivingRouteResult(MKDrivingRouteResult res,
27.    int error) {}
28.    public void onGetTransitRouteResult(MKTransitRouteResult res,
29.    int error) { }
30.    public void onGetWalkingRouteResult(MKWalkingRouteResult res,
31.    int error) {}
32.    public void onGetAddrResult(MKAddrInfo res, int error) {}
33.    public void onGetBusDetailResult(MKBusLineResult result, int iError) {         }
34.    @Override
35.    public void onGetSuggestionResult(MKSuggestionResult res, int arg1) { }
36.    });
37.    }

38.    case ZHOUBIAN:
39.    if(SearchInCity.isShown()){
40.    SearchInCity.setVisibility(View.INVISIBLE);
41.    issearch=false;
42.    }else
43.    {
44.    unshowall();
45.    SearchInCity.setVisibility(View.VISIBLE);
46.    issearch=true;
47.    }
48.    break;

49.    SearchInCity=(LinearLayout)this.findViewById(R.id.SearchInCity);
50.    mBtnSearch = (Button)findViewById(R.id.search);
51.    mBtnSearch.setOnClickListener(clickListener);

52.    void busSearchButtonProcess(View v)
53.    {
54.    EditText editCity = (EditText)findViewById(R.id.buscity);
55.    EditText editSearchKey = (EditText)findViewById(R.id.bussearchkey);
56.    mCityName = editCity.getText().toString();
57.    mSearch.poiSearchInCity(mCityName, editSearchKey.getText().toString());
58.    }
```

第 1 行 **MKSearch** 类是百度地图移动版 **API** 集成的搜索服务类，所提供的服务包括位置检索、周边检索、范围检索、公交检索、驾乘检索、步行检索。

第 2-37 行我们初始化 MKSearch 类对象 mSearch 并注册了监听器对象 MKSearchListener。在这个监听器对象里我们重写了 onGetPoiResult 函数，百度地图搜索到相关信息后调用这个函数把信息传给程序。

第 8-14 行定义了搜索服务图层 poiOverlay，该图层将搜索到的信息展现在地图控件上并标注出。

第 38-48 行是菜单项处理，当单击"查找附近"时，显示顶部的输入框。

第 49-51 行是顶部的输入框布局对象和里面的按钮。

第 52-58 行，单击"开始"按钮，通过百度搜索服务 poiSearchInCity 进行查找信息。其结果通过第 3 行的 onGetPoiResult 函数反馈。

当单击"公交"菜单项后，界面展示如图 24-7 所示。

▲图 24-7　公交查找示例图

图 24-7 中所示为搜索到的北京 55 路公交的路线图。
该功能关键代码如下。

```
1.    void busSearchButtonProcess(View v)
2.    {
3.        EditText editCity = (EditText)findViewById(R.id.buscity);
4.        EditText editSearchKey = (EditText)findViewById(R.id.bussearchkey);
5.        mCityName = editCity.getText().toString();
6.        mSearch.poiSearchInCity(mCityName, editSearchKey.getText().toString());
7.    }
```

```
8.
9.     public void onGetBusDetailResult(MKBusLineResult result, int iError) {
10.        RouteOverlay routeOverlay = new RouteOverlay(MapViewDemo.this, mapView);
11.        routeOverlay.setData(result.getBusRoute());
12.        mapView.getOverlays().clear();
13.        mapView.getOverlays().add(routeOverlay);
14.        mapView.invalidate();
15.        mapView.getController().setZoom(16);
16.        mapView.getController().animateTo(result.getBusRoute().getStart());
17.    }
```

第 1-7 行是单击"开始"后的处理函数，获取城市和公交路线号后通过百度地图服务 poiSearchInCity 查询。

第 9-17 行 onGetBusDetailResult 函数是 MKSearchListener 监听器里的公交路线信息获取函数。百度地图服务通过它把路线信息反馈给程序。通过路线图层 routeOverlay 在地图控件上展示路线信息。

当单击"路线"菜单项时，界面展现如图 24-8 所示。

▲图 24-8 路线查找示例图

图 24-8 中展示了杭州从滨江到西湖的驾车路线。

该功能的关键代码如下。

```
1.    void routeSearchButtonProcess(View v) {
2.        EditText routecity = (EditText)findViewById(R.id.routecity);
3.        EditText editSt = (EditText)findViewById(R.id.start);
4.        EditText editEn = (EditText)findViewById(R.id.end);
```

```
5.      MKPlanNode stNode = new MKPlanNode();
6.      stNode.name = editSt.getText().toString();
7.      MKPlanNode enNode = new MKPlanNode();
8.      enNode.name = editEn.getText().toString();
9.      if (mBtnDrive.equals(v)) {
10.     mSearch.drivingSearch(routecity.getText().toString(), stNode, routecity.getText().toString(), enNode);
11.     } else if (mBtnTransit.equals(v)) {
12.     mSearch.transitSearch(routecity.getText().toString(), stNode, enNode);
13.     } else if (mBtnWalk.equals(v)) {
14.     mSearch.walkingSearch(routecity.getText().toString(), stNode, routecity.getText().toString(), enNode);
15.     }
16.     }
17.     public void onGetDrivingRouteResult(MKDrivingRouteResult res,
18.     int error) {
19.     RouteOverlay routeOverlay = new RouteOverlay(MapViewDemo.this, mapView);
20.     routeOverlay.setData(res.getPlan(0).getRoute(0));
21.     mapView.getOverlays().clear();
22.     mapView.getOverlays().add(routeOverlay);
23.     mapView.invalidate();
24.     mapView.getController().setZoom(14);
25.     mapView.getController().animateTo(res.getStart().pt);
26.     }
27.     public void onGetTransitRouteResult(MKTransitRouteResult res,
28.     int error) {
29.     TransitOverlay routeOverlay = new TransitOverlay(MapViewDemo.this, mapView);
30.     routeOverlay.setData(res.getPlan(0));
31.     mapView.getOverlays().clear();
32.     mapView.getOverlays().add(routeOverlay);
33.     mapView.invalidate();
34.     mapView.getController().setZoom(14);
35.     mapView.getController().animateTo(res.getStart().pt);
36.     }
37.     public void onGetWalkingRouteResult(MKWalkingRouteResult res,
38.     int error) {
39.     RouteOverlay routeOverlay = new RouteOverlay(MapViewDemo.this, mapView);
40.     routeOverlay.setData(res.getPlan(0).getRoute(0));
41.     mapView.getOverlays().clear();
42.     mapView.getOverlays().add(routeOverlay);
43.     mapView.invalidate();
44.     mapView.getController().setZoom(14);
45.     mapView.getController().animateTo(res.getStart().pt);
46.     }
```

第1-16行是按键处理函数，根据单击的是驾车、公交还是步行的按钮分别调用 drivingSearch、transitSearch 或 walkingSearch 函数。

第17-46行的3个函数分别对应3种出行方式的路线信息回调函数。路径信息通过 routeOverlay 图层展现在地图控件上。

当单击"卫星图"菜单项后，界面展现如图24-9所示。

▲图 24-9　卫星视图

该功能的代码很简单，通过 mapView.setSatellite(true)来设置显示卫星视图。
离线地图部分功能，请读者自学。

24.2　本章小结

本章我们以一个百度地图的示例，学习了通过百度地图 SDK 开发手机地图应用程序的过程，并讲解了百度地图 SDK 中主要功能 API 的用法。

后　记

终于，完稿了~

可以在这里和大家分享一下本书的一些故事了，静静的~

关于第一版

清晰记得 2008 年 10 月笔者离开深圳只身来到北京，和靳岩策划并撰写本书第一版的情形。那个时间段 Android 还是移动互联网的新秀，并不为多少人熟知，国内关于 Android 技术的文档和资料很少，懂 Android 开发的更是少的可怜。我们觉得 Android 是个非常棒的系统，也非常确信 Android 之后会有不俗的表现，并深知开发者在整个 Android 生态圈应该扮演一个非常关键的角色。为了让更多的人学会 Android 开发，我们基于当时最新的 1.6 版 Android SDK 撰写了国内第一本 Android 技术书籍。

2009 年 4 月，在人民邮电出版社出版的时候正好 Android 被国内第一批嗅觉敏锐的开发者接受，越来越多 Java 阵营开发者开始转向 Android 开发者阵营，而本书确实让很多人快速了解了 Android 开发知识，成为 Android 第一批的开发者。

而后出版社的编辑和市场部人员时不时地告诉我那本书卖得很好，一次又一次加印，甚至一度成为 IT 界最畅销的图书之一，这些成绩都让我们觉得非常兴奋。而最欣慰的是 Android 果然不负众望站在了智能手机领军地位，而这批 Android 开发者也逐渐成为各个公司 Android 技术的带头人。

随着时间的推移，我们也一头扎进了移动互联网创业浪潮，创办的 eoeAndroid.com 社区成为国内 Android 开发者活动的大本营，然后接着创办了 eoeMobile 公司。随着公司的发展和规模的扩大，尤其是创业公司，时间都不是自己的，所以也一直没有找到机会更新这本书。

所以，后来出版社再次告诉我本书又加印的时候我反而慢慢有点愧疚的感觉，我甚至一度劝读者别买这本书，因为第一版真的有点老了，怕误导了读者。从 2009 年到 2012 年，差不多 3 年多的时间，Android SDK 也从那时的 1.5、1.6 版本发展到现在的 4.x 版本，书内有不少内容真的有点旧了。但是出版社还是时常反映还有很多人在买这本书,也多次询问我们是否有可能找时间更新一版。

关于第二版

其实曾经动过几次想更新一版的念头,但都因为时间问题没能最终落实,直到 2012 年 9 月出版社再次反馈说书又再次加印了,我终于"狠下心"着手策划本书的第二版。欣慰的是现在终于可以落笔写下最后一些文字,也就是第二版顺利撰写完成,即将上市和各位见面了。

回顾这本书的策划和撰写过程还是很有意思的,2012 年 9 月份我决定更新本书第二版后,开始想怎么组织和策划,最开始想在第一版的基础上稍微调整,后来打算按照第一版的框架完善,而最终决定的时候则仅仅参考了第一版的结构,从头到尾都重新策划和组织了,基本没有用第一版稿件中的文字和代码。第二版所有的大纲、章节、文字、图片和代码都是重新选择和撰写的。如果问这一版和第一版还有什么关联的话,那应该就是这两个版本都是我策划的,这两版都是为了帮助不了解 Android 开发的人快速而又系统地掌握 Android 开发技术。

策划完大纲,要开始撰写内容,如果仅仅靠我一个人来写的话估计到明年的这个时候都不一定能写完,幸运的是有 eoeAndroid 社区,在社区中认识了很多技术非常棒的朋友,于是我在社区召集了几名同伴一起撰写,先后加入写作的有 kris、hexer、haoliuyou、River、Vincent4J、huaxiannv 和 cailiang。

多人撰写的好处是可以发挥每个人的长处,将每个知识点都写得特别详细,也可以并行撰写而大大加快速度,但也可能存在每个人的写作风格不同的问题,每个人写的知识点涉及其他知识点的时候会有些许问题或断链。幸运的是这些我们之前都处理过,开始写作前通过很多规范来统一每个人的风格,也通过在线 IM 和 Dropbox 及时沟通保持信息的同步,最后还会进行统一的校审,总体下来,效果很不错,感谢所有参与写作的各位。

相比第一版,本次更新我们不仅完善了第一版出版后大家反馈的不足和问题,还从结构上做了非常大的调整,我们力求把本书写得让我们自己和大家都满意,让本书成为每一个进入 Android 开发阵营读者的标准教材,也希望有更多学校和培训学校能采取本书作为学习教材。

致谢

写书是很消耗精力的苦差事,除了要消耗脑力策划、组织和撰写有价值的内容外,还要选择案例,熬夜调试程序,力求把每一页都做到尽善尽美,不留遗憾,所以,认真写本书是非常辛苦的。

本书的撰写由 eoe 社区中的会员完成,首先要感谢 eoeAnroid 社区中的所有的朋友们,是你们的督促和努力,让 Android 的明天更美好,让我们大家对 Android 的未来充满信心。

再要感谢参与本书撰写的朋友们,他们是 kris、hexer、haoliuyou、River、Vincent4J、huaxiannv 和 cailiang,谢谢大家牺牲自己的休息时间为 Android 发展做出的贡献,是大家的努力让这本书如期而至,摆在了大家的面前。

接着要感谢为本书的出版做了辛苦工作的张涛编辑、李大微编辑、封面美术编辑等工作人员,是大家的努力保证了本书的顺利出版。

最后感谢我的太太 Tina,你是我的动力!

后记

　　本书写完是一个小小的里程碑，eoe 社区藏龙卧虎，而我们这个图书撰写小 team 还是很有战斗力的，来 eoe 社区大家可以看到我们活跃的身影，以后我们还会给大家带来更多有价值的东西，敬请期待！

　　天亮了，早安。

　　By Iceskysl@eoe
　　于北京